Lösungen

zum Schülerbuch

Lernstufen *Mathematik*

Klasse 10 A/B
Nordrhein-Westfalen

Cornelsen

Erarbeitet von: Axel Siebert

Redaktion: Inga Knoff
Grafik und technische Umsetzung: Axel Siebert, Cornelsen Schulverlage GmbH

www.cornelsen.de

1. Auflage, 1. Druck 2016

Druck: H. Heenemann, Berlin

ISBN 978-3-06-042124-4

Inhalt

Bei der Erstellung dieses Stoffverteilungsplans gehen wir von 34 zur Verfügung stehenden Schulwochen aus. Das Schuljahr besteht zwar aus etwa 38 Schulwochen, davon bleiben aber 4 im Stoffverteilungsplan unberücksichtigt, da der Mathematikunterricht wegen Klassenfahrten, Projektwochen, usw. in der Regel nicht in 38 Schuljahreswochen planmäßig stattfindet.

Inhalt (ausgegraute Inhalte sind für Typ A nicht relevant)	Seite	Typ A
Lineare Gleichungen und lineare Funktionen		
Noch fit?	6	
Lineare Gleichungen lösen	8	
Lineare Funktionen beschreiben	10	
Zeichnen nach der Geradengleichung	12	
Methode Zeichnen nach der Geradengleichung	15	1.–6. (6 W.)
Vom Graphen zur Geradengleichung	16	
Thema Gleichungen und Funktionen im Beruf	18	
Klar so weit?	20	
Vermischte Übungen	22	
Teste dich!	24	
Zusammenfassung	26	
+ Lineare Gleichungssysteme		
Noch fit?	28	
Lineare Gleichungssysteme grafisch lösen	30	
Das Gleichsetzungsverfahren	32	
Das Additionsverfahren	34	
Methode Sachaufgaben mit linearen Gleichungssystemen lösen	36	
Klar so weit?	38	
Vermischte Übungen	40	
Teste dich!	42	
Zusammenfassung	44	
Berechnungen an Körpern		
Noch fit?	46	
Prismen und Zylinder erkennen und berechnen	48	
Pyramiden erkennen und berechnen	50	
	52	
Oberflächeninhalt von Kegeln		
Volumen von Kegeln	54	
Oberflächeninhalt von Kugeln	56	7.–13. (7 W.)
Volumen von Kugeln	58	
Methode Zusammengesetzte Körper berechnen	60	
Thema Berechnungen an Körpern im Beruf	62	
Klar so weit?	64	
Vermischte Übungen	66	
Teste dich!	70	
Zusammenfassung	72	

Inhalt (W - Wiederholungsinhalt, kann bei Zeitmangel entfallen)	Seite	Typ B
Lineare Gleichungen und lineare Funktionen		
W Noch fit?	6	
W Lineare Gleichungen lösen	8	
W Lineare Funktionen beschreiben	10	
Zeichnen nach der Geradengleichung	12	
Methode Zeichnen nach der Geradengleichung	15	1.–3. (3 W.)
Vom Graphen zur Geradengleichung	16	
Thema Gleichungen und Funktionen im Beruf	18	
Klar so weit?	20	
Vermischte Übungen	22	
Teste dich!	24	
Zusammenfassung	26	
+ **Lineare Gleichungssysteme**		
W Noch fit?	28	
Lineare Gleichungssysteme grafisch lösen	30	
Das Gleichsetzungsverfahren	32	
Das Additionsverfahren	34	4.–7.
Methode Sachaufgaben mit linearen Gleichungssystemen lösen	36	(4 W.)
Klar so weit?	38	
Vermischte Übungen	40	
Teste dich!	42	
Zusammenfassung	44	
Berechnungen an Körpern		
W Noch fit?	46	
W Prismen und Zylinder erkennen und berechnen	48	
W Pyramiden erkennen und berechnen	50	
Oberflächeninhalt von Kegeln	52	
Volumen von Kegeln	54	
Oberflächeninhalt von Kugeln	56	8.–11. (4 W.)
Volumen von Kugeln	58	
Methode Zusammengesetzte Körper berechnen	60	
Thema Berechnungen an Körpern im Beruf	62	
Klar so weit?	64	
Vermischte Übungen	66	
Teste dich!	70	
Zusammenfassung	72	

Vorschlag für einen Stoffverteilungsplan

Inhalt (ausgegraute Inhalte sind für Typ A nicht relevant)	Seite	Typ A
+ Quadratische Funktionen und Gleichungen		
Noch fit?	74	
Quadratische Funktionen	76	
Die Normalparabel	78	
Die Parabel $y = ax^2$	80	
Die Normalparabel verschieben	82	
Die binomischen Formeln	84	
Quadratische Gleichungen	86	
Allgemeinquadratische Gleichungen lösen	88	
Methode Allgemeinquadratische Funktionen mit einer Tabellenkalkulation zeichnen	90	
Thema Quadratische Funktionen im Beruf	91	
Klar so weit?	92	
Vermischte Übungen	94	
Teste dich!	98	
Zusammenfassung	100	
Prozent- und Zinsrechnung		
Noch fit?	102	
Prozentrechnung mit Formeln	104	
Vermehrter und verminderter Grundwert	106	
Zinsrechnung	108	
Zinseszins berechnen	110	
Der Zinsfaktor	112	14.–19.
Methode Zinsrechnung mit einer Tabellenkalkulation	114	(6 W.)
Thema Prozent- und Zinsrechnung im Beruf	115	
Klar so weit?	116	
Vermischte Übungen	118	
Thema Vorsicht! Schuldenfalle	121	
Teste dich!	122	
Zusammenfassung	124	
+ Wachstum		
Noch fit?	126	
Positives und negatives Wachstum	128	
Lineares Wachstum	130	
+ Exponentielles Wachstum	132	
Methode Wachstum mit einer Tabellenkalkulation beschreiben	135	
Thema Wachstum im Beruf	136	
Klar so weit?	138	
Vermischte Übungen	140	
Teste dich!	144	
Zusammenfassung	146	

Inhalt (W - Wiederholung, kann bei Zeitmangel entfallen)	Seite	Typ B
+ **Quadratische Funktionen und Gleichungen**		
W Noch fit?	74	
Quadratische Funktionen	76	
Die Normalparabel	78	
Die Parabel $y = ax^2$	80	
Die Normalparabel verschieben	82	
Die binomischen Formeln	84	
Quadratische Gleichungen	86	
Allgemeinquadratische Gleichungen lösen	88	12.–16. (5 W.)
Methode Allgemeinquadratische Funktionen mit einer Tabellenkalkulation zeichnen	90	
Thema Quadratische Funktionen im Beruf	91	
Klar so weit?	92	
Vermischte Übungen	94	
Teste dich!	98	
Zusammenfassung	100	
Prozent- und Zinsrechnung		
W Noch fit?	102	
W Prozentrechnung mit Formeln	104	
W Vermehrter und verminderter Grundwert	106	
W Zinsrechnung	108	
Zinseszins berechnen	110	
Der Zinsfaktor	112	17.–19.
Methode Zinsrechnung mit einer Tabellenkalkulation	114	(3 W.)
Thema Prozent- und Zinsrechnung im Beruf	115	
Klar so weit?	116	
Vermischte Übungen	118	
Thema Vorsicht! Schuldenfalle	121	
Teste dich!	122	
Zusammenfassung	124	
+ **Wachstum**		
W Noch fit?	126	
Positives und negatives Wachstum	128	
Lineares Wachstum	130	
+ Exponentielles Wachstum	132	
Methode Wachstum mit einer Tabellenkalkulation beschreiben	135	20.–22. (3 W.)
Thema Wachstum im Beruf	136	
Klar so weit?	138	
Vermischte Übungen	140	
Teste dich!	144	
Zusammenfassung	146	

Inhalt (ausgegraute Inhalte sind für Typ A nicht relevant)	Seite	Typ A
+ Trigonometrie		
Noch fit?	148	
Die Steigung in rechtwinkligen Dreiecken	150	
Der Tangens eines Winkels	152	
Der Sinus eines Winkels	154	
Der Kosinus eines Winkels	156	
Streckenberechnungen am rechtwinkligen Dreieck	158	
Methode Den Sinussatz entdecken und beweisen	161	
Die Sinusfunktion	162	
Thema Trigonometrie im Beruf	165	
Klar so weit?	166	
Vermischte Übungen	168	
Teste dich!	172	
Zusammenfassung	174	
Statistische Darstellungen		
Noch fit?	176	
Daten auswerten	178	
Daten darstellen	180	
+ Boxplots	184	
Manipulationen in Darstellungen	186	20.–24. (5 W.)
Thema Statistische Darstellungen im Beruf	189	
Klar so weit?	190	
Vermischte Übungen	192	
Thema Blutspende	195	
Teste dich!	196	
Zusammenfassung	198	
Vernetzte Aufgaben		
Thema Verdienstmöglichkeiten in Ausbildungsberufen	200 202	25.–26. (2 W.)
Thema Die erste eigene Wohnung	204	
Thema Die Erde		
Kannst du das?	205-222	
Ergänzend können die *Noch fit?*-Seiten der +-Kapitel bearbeitet werden.		27.–31. (5 W.)
Bist du vorbereitet?		
Mathematik im Überblick	224	
Vorbereitung auf die Abschlussprüfungen	225	32.–34. (3 W.)
Vorbereitung auf einen Berufseinstellungstest	229	
Übergang zur weiterführenden Schule	231	

Inhalt (W - Wiederholung, kann bei Zeitmangel entfallen)	Seite	Typ B
+ **Trigonometrie**		
W Noch fit?	148	
Die Steigung in rechtwinkligen Dreiecken	150	
Der Tangens eines Winkels	152	
Der Sinus eines Winkels	154	
Der Kosinus eines Winkels	156	
Streckenberechnungen am rechtwinkligen Dreieck	158	23.–27. (5 W.)
Methode Den Sinussatz entdecken und beweisen	161	
Die Sinusfunktion	162	
Thema Trigonometrie im Beruf	165	
Klar so weit?	166	
Vermischte Übungen	168	
Teste dich!	172	
Zusammenfassung	174	
Statistische Darstellungen		
W Noch fit?	176	
W Daten auswerten	178	
W Daten darstellen	180	
+ Boxplots	184	
Manipulationen in Darstellungen	186	28.–30. (3 W.)
Thema Statistische Darstellungen im Beruf	189	
Klar so weit?	190	
Vermischte Übungen	192	
Thema Blutspende	195	
Teste dich!	196	
Zusammenfassung	198	
Vernetzte Aufgaben		
Thema Verdienstmöglichkeiten in Ausbildungsberufen	200 202	31. (1 W.)
Thema Die erste eigene Wohnung	204	
Thema Die Erde		
W **Kannst du das?**	205-222	
Bist du vorbereitet?		
Mathematik im Überblick	224	
Vorbereitung auf die Abschlussprüfungen	225	32.–34. (3 W.)
Vorbereitung auf einen Berufseinstellungstest	229	
Übergang zur weiterführenden Schule	231	

Lineare Gleichungen und lineare Funktionen

Noch fit?

1

a) $8x$ b) $-3y$
c) 0 d) $2{,}3x$
e) $-10a$ f) $17{,}2b$

2

a) ② b) ⑤ c) ④
d) ① e) ③

3

a) Vorzeichenfehler bei den Termen mit y. Korrektur: $9x - 14y$
b) Vorzeichenfehler bei $15a$. Korrektur: $-15a + 4$
c) $-8x$ und $+8c$ sowie $+12$ und -18 wurden falsch addiert. Korrektur: $8c - 8x - 8y - 6$
d) Vorzeichenfehler bei den Termen mit x und mit y. Korrektur: 0
e) Es ist $-(-7) = +7$, nicht -7. Korrektur: $8a - 6b + 7$
f) Es ist $-(+7x) = -7x$, nicht $+7x$. Außerdem lassen sich die Terme mit x weiter zusammenfassen. Korrektur: $12x + 15y - 7x = 5x + 15y$
g) Das Minuszeichen vor der Klammer wurde nicht beachtet. Außerdem lassen sich die Terme mit x weiter zusammenfassen. Korrektur: $-7{,}5y + 12x - x = 11x - 7{,}5y$

4

a) $u = 2(a + b) = 14$ cm
b) $u = 4c = 32$ cm
c) $u = 8a + 4b = 40$ cm
d) $u = a + b + 2c = 23$ cm

1

a) $14a - 3b$ b) $12x - 21y$
c) $3a + 2b + 2c + d$ d) $4x + 3y - 7z$
e) $10a - 13z - 13$

2

a) $6c - 6d + 7$ b) $10y - 31$
c) $24x + 36y - 18$ d) $6a + 14b$

4

a)
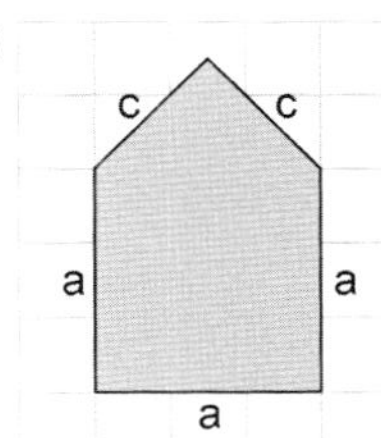

$u = 3a + 2c$

b)
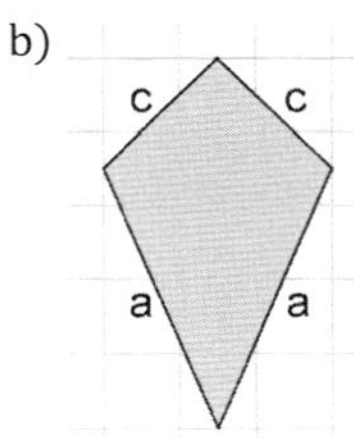

$u = 2(a + c)$

c)
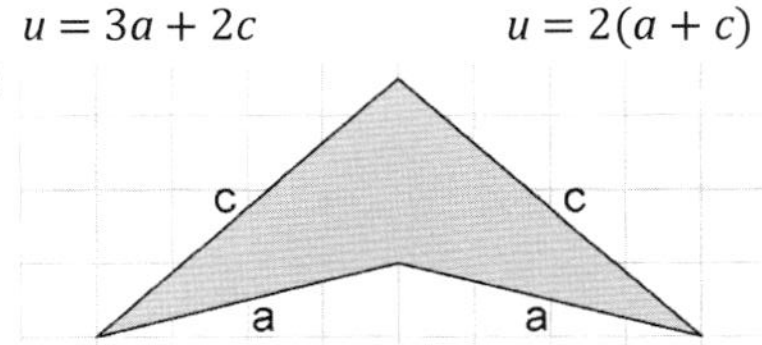

$u = 2(a + c)$

d)
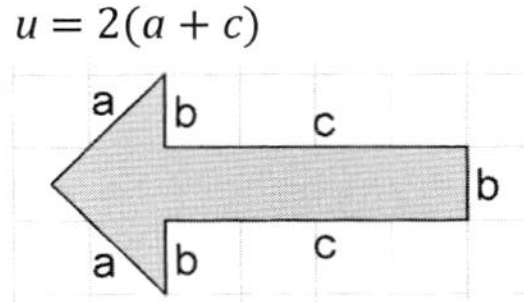

$u = 2a + 3b + 2c$

5

a) $3x + 5 = 14$
b) – Auf beiden Seiten der Gleichung dieselbe Zahl addieren oder subtrahieren (bei beiden Waagschalen dasselbe hinzufügen oder wegnehmen):
$3x + 5 = 14 \quad | -5$
$3x = 9$
– Beide Seiten der Gleichung durch dieselbe von Null verschiedene Zahl dividieren (bei beiden Waagschalen denselben Anteil wegnehmen):
$3x = 9 \quad | :3$
$x = 3$

Weitere mögliche Umformungen:
– Beide Seiten der Gleichung mit derselben von Null verschiedenen Zahl multiplizieren.
– Linke und rechte Seite vertauschen.
– Terme vereinfachen.

6

a) $14 + 3x = 41$; $3x = 27$; $x = 9$
b) J: Alter von Jana; T: Alter von Tine
$J = T + 3$; $J + T = 21$;
$T + 3 + T = 21$; $2T = 18$; $T = 9$; $J = 12$
Jana ist 12 Jahre alt, Tine 9 Jahre.

7

① falsch, da der Graph keine Gerade ist
② wahr, da der Graph am Anfang steil ansteigt
③ wahr, da der Graph in der Mitte ein langes Stück waagerecht verläuft
④ falsch, sie wurden nach der Pause wieder schneller (der Graph steigt zum Schluss wieder steiler an)

8

a) $y = 3x$

x	-3	-2	-1	0	1	2	3
y	-9	-6	-3	0	3	6	9

b) $y = 0{,}4x - 2{,}5$

x	-1,5	-1	-0,5	0	0,5	1	1,5
y	-3,1	-2,9	-2,7	-2,5	-2,3	-2,1	-1,9

5

a) Gleichung: $6x + 3 = 2x + 15$
Umformungsschritte:
– Auf beiden Seiten der Gleichung dieselbe Zahl addieren oder subtrahieren (bei beiden Waagschalen dasselbe hinzufügen oder wegnehmen):
$6x + 3 = 2x + 15 \quad | -2x$
$4x + 3 = 15 \quad | -3$
$4x = 12$
– Beide Seiten der Gleichung durch dieselbe von Null verschiedene Zahl dividieren (bei beiden Waagschalen denselben Anteil wegnehmen):
$4x = 12 \quad | :4$
$x = 3$

b) – Beide Seiten der Gleichung mit derselben von Null verschiedenen Zahl multiplizieren.
– Linke und rechte Seite vertauschen.
– Terme vereinfachen.

6

$2x + 4x = 144$; $6x = 144$; $x = 24$
Die gesuchte Zahl ist 24.

7

individuell

8

a) Die Wertetabelle gehört zur Gleichung ② $y = 2x + 1{,}5$.
Graph siehe Abbildung.
b) ① $y = 1{,}5x + 2$

x	-3	-2	-1	0	1	2	3
y	-2,5	-1	0,5	2	3,5	5	6,5

8 *(Fortsetzung)*

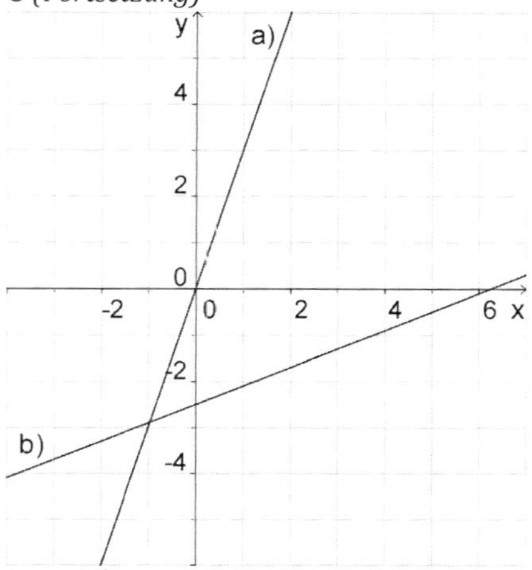

8 *(Fortsetzung)*

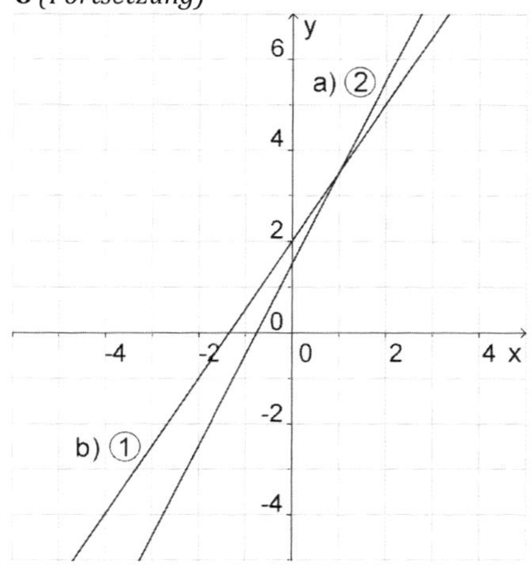

Lineare Gleichungen lösen

8 Entdecken

1

Die Waage befindet sich im Gleichgewicht, sie stellt eine Gleichung dar. Die Körper mit der Aufschrift x symbolisieren jeweils die Variable x, die Kugeln jeweils die Zahl 1.

a) $3x + 5 = 11 \quad | -5$

b) $3x = 6 \quad | :3$

$x = 2$

2

① ist zulässig.
② ist unzulässig, auf <u>beiden</u> Seiten der Gleichung $4x$ subtrahieren ist richtig.
③ ist zulässig, führt aber nicht weiter.
④ ist unzulässig, es muss stets auf beiden Seiten der Gleichung dasselbe addiert werden.
⑤ ist hier nicht möglich; nach Subtraktion von $4x$ auf beiden Seiten der Gleichung enthält die rechte Seite $10x - 4x$ oder $-4x + 10x$, dies ergibt beim Zusammenfassen $6x$.
⑥ ist unzulässig, Division durch Null ist nicht erlaubt.
⑦ ist zulässig, vereinfacht die Gleichung aber nur unwesentlich.

3

a) Eine Variable ist ein Buchstabe (in diesem Falle x), für den Zahlen eingesetzt werden können. Ein Term kann eine Variable, eine Zahl oder eine sinnvolle Verbindung von Variablen und/oder Zahlen durch Rechenzeichen sein. Eine Gleichung ist eine Verbindung zweier Terme durch ein Gleichheitszeichen.

b) $x = 3$ ist Lösung: $4 \cdot 3 + 7 = 19$; $6 \cdot 3 + 1 = 19$; $19 = 19$

c) $4x + 7 = 6x + 1$; $7 = 2x + 1$; $6 = 2x$; $x = 3$

9 Üben und anwenden

1

a) $x = 17$ b) $y = 30$
c) $x = 6$ d) $y = 10$
e) $x = 7$ f) $x = -3$
g) $x = 3$ h) $x = -6$
i) $x = -2$ j) $a = 1{,}5$

2

a) Im zweiten Schritt wurde 12 auf der linken Seite addiert und auf der rechten subtrahiert. Außerdem wurde im dritten Schritt nur die linke Seite durch 4 dividiert. Korrektur:

$4x - 12 = 14 \quad | +12$
$4x = 26 \quad | :4$
$x = 6{,}5$

3

a) $x = 9$ b) $y = 6$
c) $y = -12$ d) $x = 4$
e) $x = 8$ f) $x = 6$

4

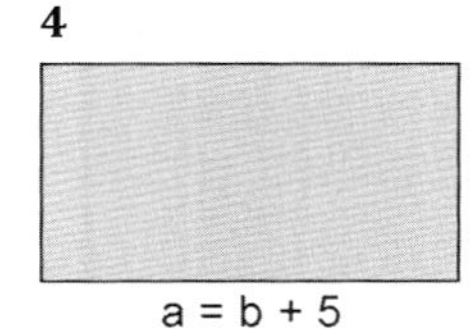

$2(b + 5 + b) = 34$ (Maße in cm)
$2b + 5 = 17$; $2b = 12$; $b = 6$; $a = 11$
Das Rechteck ist 11 cm lang und 6 cm breit.

5

Gleichung ② ist die richtige, denn um den Gesamtpreis zu erhalten, wird die Entfernung mit dem Kilometerpreis multipliziert und dazu die Grundgebühr addiert.
Die Fahrstrecke war 12 km lang.

1

a) $x = 3$
b) $x = 37$
c) $x = 3$
d) $x = 4$
e) $a = -2$

2

b) Im ersten Schritt wurde $8x$ auf der linken Seite addiert und auf der rechten Seite subtrahiert. Außerdem wurde -9 zu 9. Im dritten Schritt wurde bei der Division auf der rechten Seite das Vorzeichen nicht beachtet. Korrektur:

$-3x + 12 = 8x - 9 \quad | -8x$
$-11x + 12 = -9 \quad | -12$
$-11x = -21 \quad | :(-11)$
$x = \frac{21}{11} = 1\frac{10}{11}$

3

a) $x = 1$ b) $y = 7$
c) $x = 5$ d) $a = 4{,}875$
e) $y = 0{,}6$

4

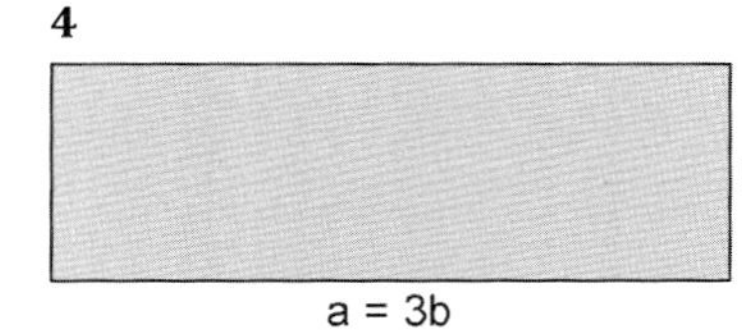

$2(3b + b) = 120$ (Maße in m)
$8b = 120$; $b = 15$; $a = 45$
Das Rechteck ist 45 m lang und 15 m breit.

5

a) Welche Seitenlängen hat das Rechteck?
Gleichung ③; $x = 10$; $x - 4 = 6$
Das Rechteck ist 6 cm lang und 10 cm breit.

b) Wie alt sind Anja und Micha?
Gleichung ②; $x = 28$; $x + 4 = 32$
Anja ist 32 Jahre alt, Micha 28 Jahre.

6
Wie viele Packungen Apfelsaft kaufte Ben?
$0{,}65 \cdot x + 0{,}75 \cdot 5 = 5{,}05$
$0{,}65 \cdot x = 1{,}30;\; x = 2$
Ben kaufte zwei Packungen Apfelsaft.

5 *(Fortsetzung)*
c) Um welche Zahl handelt es sich?
Gleichung ④; $x = 16$
Die gesuchte Zahl ist 16.
d) Welche Seitenlängen hat das Rechteck?
Gleichung ①; $x = 13;\; x + 4 = 17$
Das Rechteck ist 17 cm lang und 13 cm breit.

6
Welche Eintrittspreise gelten für Erwachsene und für Kinder?
Sei x der Preis für Kinder in €.
$3 \cdot 2x + 4 \cdot x = 120;\; 10x = 120;\; x = 12$
Erwachsene zahlen 24 €, Kinder 12 €.

Lineare Funktionen beschreiben

10 Entdecken

1

a)

Zeit x in min	1	2	3	4	5	6	7	8	9	10
Wassermenge y in ml	20	40	60	80	100	120	140	160	180	200

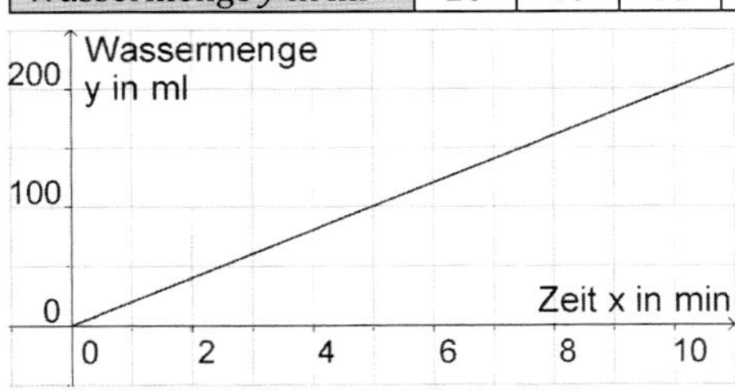

b) $y = 20x$
Aus dem Wasserhahn tropfen pro Minute 20 ml Wasser.

2
Graph I gehört zum oberen Gefäß, da dieses den kleineren Querschnitt hat und das Wasser folglich darin schneller ansteigt. Graph II gehört zum unteren Gefäß.
a) Das Wasser steigt im oberen Gefäß gleichmäßig um 2 cm pro Minute, im unteren Gefäß um 1,5 cm pro Minute.

2 *(Fortsetzung)*
b)

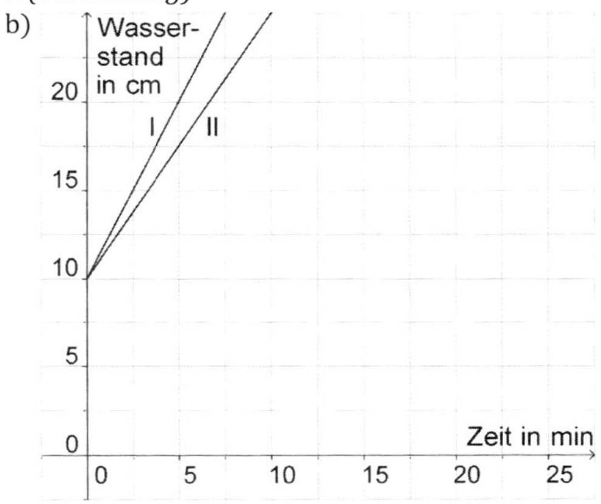

11 Üben und anwenden

1

a)

x	−2	−1	0	1	2	3
y	−4	−1	2	5	8	11

$m = 3;\; b = 2$

b)

x	−2	−1	0	1	2	3
y	−3	−1	1	3	5	7

$m = 2;\; b = 1$

c)

x	−2	−1	0	1	2	3
y	3,5	2	0,5	−1	−2,5	−4

$m = -1{,}5;\; b = 0{,}5$

d)

x	−2	−1	0	1	2	3
y	−4	−3	−2	−1	0	1

$m = 1;\; b = -2$

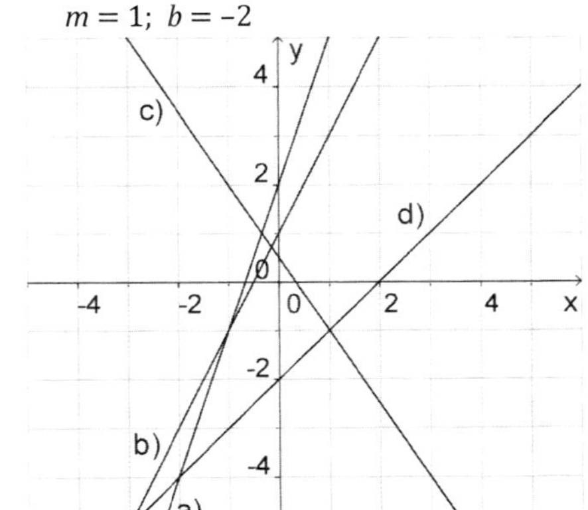

1

a)

x	−3	−2	−1	0	1	2
y	−0,5	0	0,5	1	1,5	2

$m = 0{,}5;\; b = 1$

b)

x	−2	−1	0	1	2	3
y	−6	−3,5	−1	1,5	4	6,5

$m = 2{,}5;\; b = -1$

c)

x	−2	−1	0	1	2	3
y	−8	−3,5	1	5,5	10	14,5

$m = 4{,}5;\; b = 1$

d)

x	−2	−1	0	1	2	3
y	−9	−5,5	−2	1,5	5	8,5

$m = 3{,}5;\; b = -2$

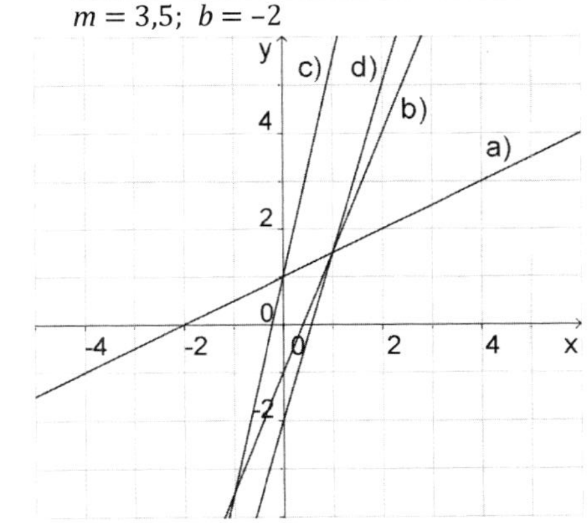

11 2

a) $y = 2x + 3$

x	−3	−2	−1	0	1	2
y	−3	−1	1	3	5	7

b) $y = 3x + 5$

x	−3	−2	−1	0	1	2
y	−4	−1	2	5	8	11

c) $y = 3x + 0,5$

x	−3	−2	−1	0	1	2
y	−8,5	−5,5	−2,5	0,5	3,5	6,5

d) $y = 5x + 2,2$

x	−2	−1	0	1	2	3
y	−7,8	−2,8	2,2	7,2	12,2	17,2

e) $y = 4x - 2$

x	−2	−1	0	1	2	3
y	−10	−6	−2	2	6	10

f) $y = 0,5x - 2$

x	−1	0	1	2	3	4
y	−2,5	−2	−1,5	−1	−0,5	0

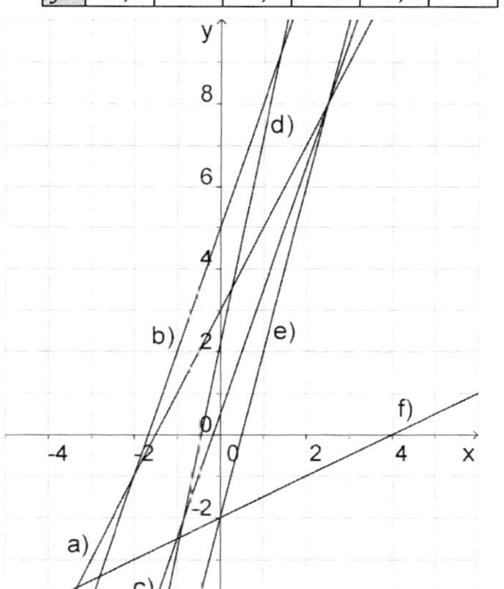

2

a) $y = 2x - 3,5$

x	−2	−1	0	1	2	3
y	−7,5	−5,5	−3,5	−1,5	0,5	2,5

b) $y = -x - 1$

x	−2	−1	0	1	2	3
y	1	0	−1	−2	−3	−4

c) $y = \frac{3}{4}x - 2$

x	−4	−2	0	2	4	6
y	−5	−3,5	−2	−0,5	1	2,5

d) $y = -\frac{5}{8}x$

x	−4	−2	0	2	4	6
y	2,5	1,25	0	−1,25	−2,5	−3,75

e) $y = 2$

x	−2	−1	0	1	2	3
y	2	2	2	2	2	2

f) $y = -1,8x + 2,8$

x	−2	−1	0	1	2	3
y	6,4	4,6	2,8	1	−0,8	−2,6

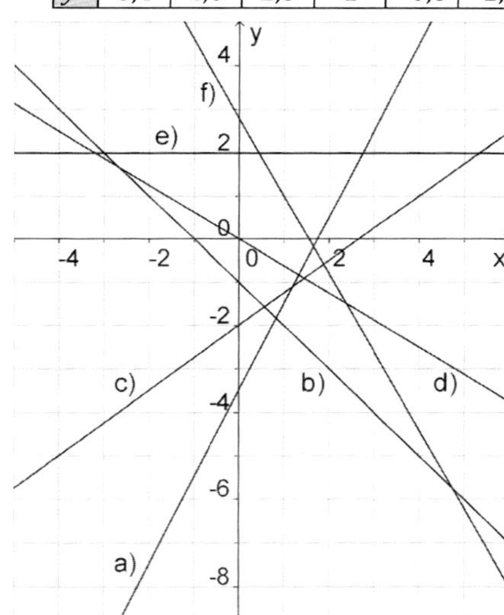

Wenn m negativ ist, ist der Funktionsgraph eine fallende Gerade.

11 3

Die Funktionen a), b), e) und f) sind linear, denn sie besitzen Gleichungen der Form $y = mx + b$.
Die Gleichungen der Funktionen c) und d) lassen sich nicht auf diese Form bringen, deshalb sind es keine linearen Funktionen.

3

Die Funktionen a), b), d), e) und f) sind linear, denn sie besitzen Gleichungen der Form $y = mx + b$; die Gleichung von b) lässt sich vereinfachen zu $y = 3x - 3$.
Die Funktion c) ist keine lineare Funktion, denn ihre Gleichung lässt sich nicht auf die Form $y = mx + b$ bringen.

4

Es passt Gleichung ②.
y: Haarlänge in cm
m: Zuwachs pro Monat in cm
b: Anfangslänge in cm

4

Es passt Gleichung ②.
y: Füllhöhe in dm
m: Abnahme der Füllhöhe je Stunde in dm
b: anfängliche Füllhöhe in dm

5

a) $y = 1,5x + 5$ (x: Zeit in Minuten; y: Füllhöhe in cm)

Zeit x in min	0	1	2	3	4	5	6	7	8	9	10
Füllhöhe y in cm	5	6,5	8	9,5	11	12,5	14	15,5	17	18,5	20

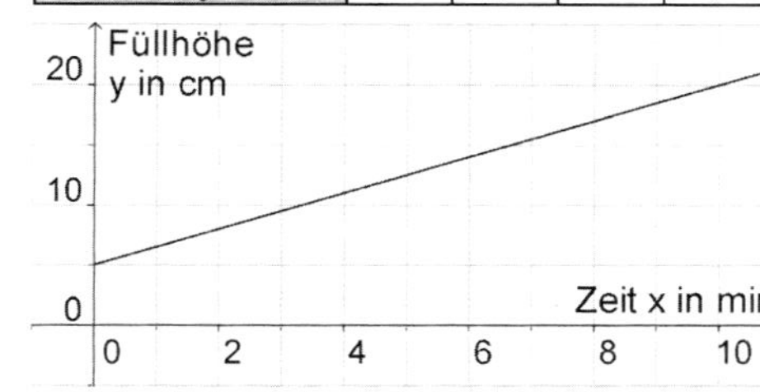

b) Ein Füllstand von 20 cm ist nach 10 Minuten erreicht.

Zeichnen nach der Geradengleichung

12 Entdecken

1

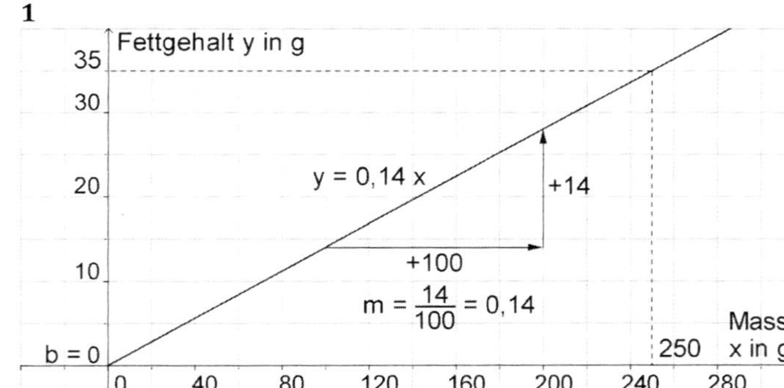

12 **2**

a) $m = \frac{1}{2}$; $b = 2$

b)

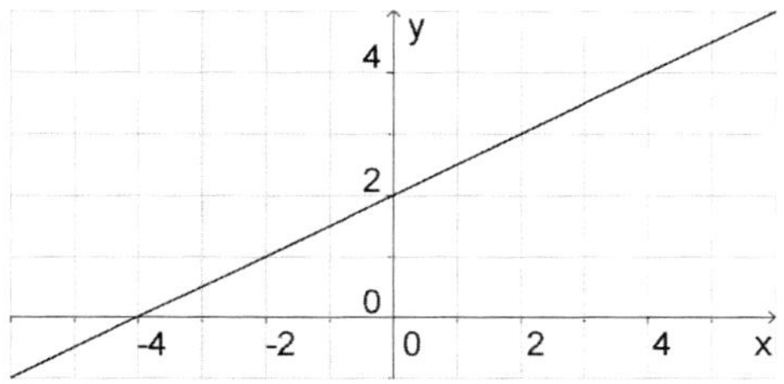

13 Üben und anwenden

1

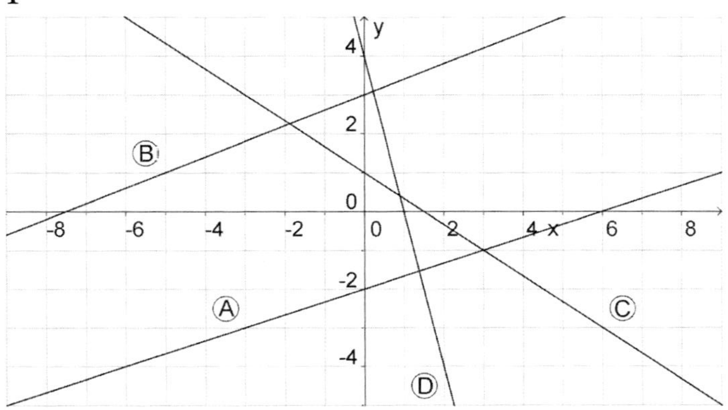

2

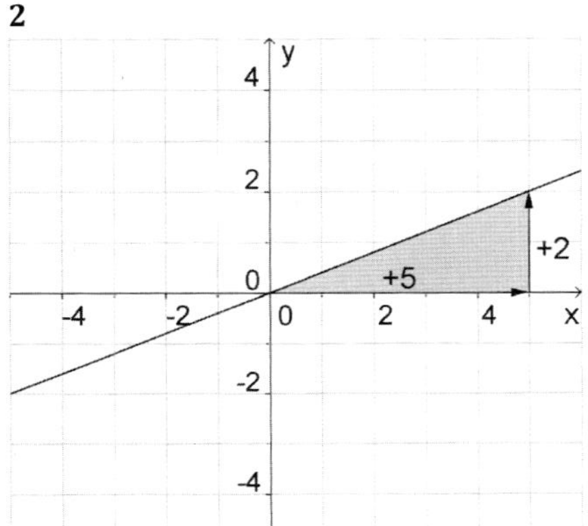

2

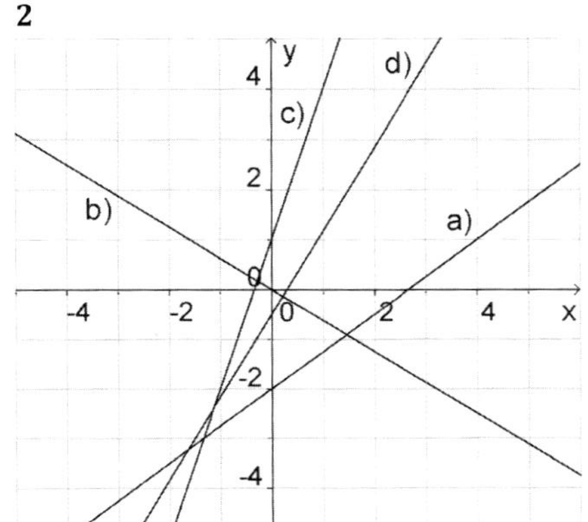

13 **3**

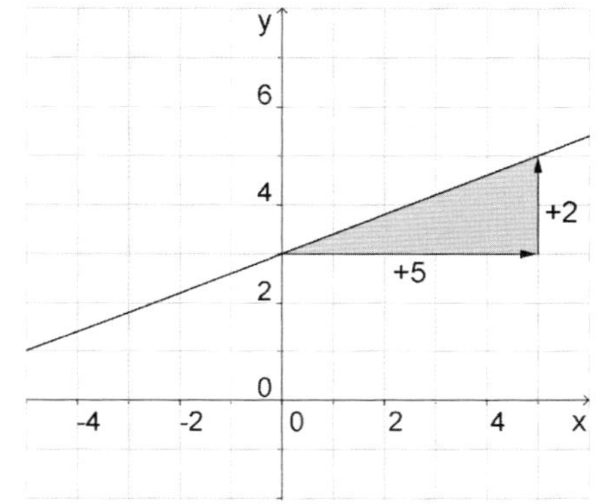

Das Steigungsdreieck wird am Punkt (0 | 3) beginnend gezeichnet.

3

a)

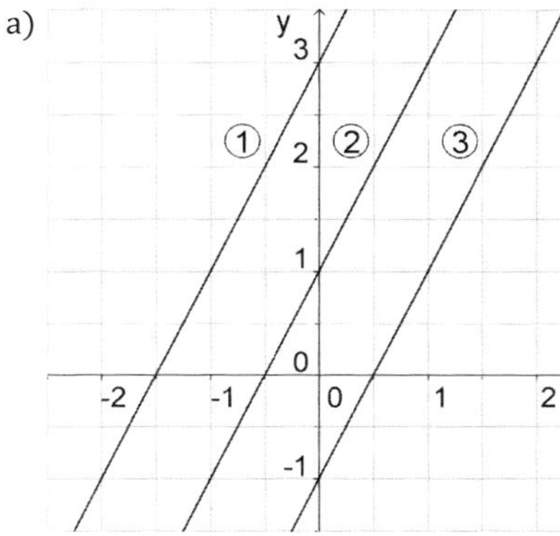

Alle drei Graphen sind parallel zueinander und für alle drei Graphen gilt $m = 2$.

b)

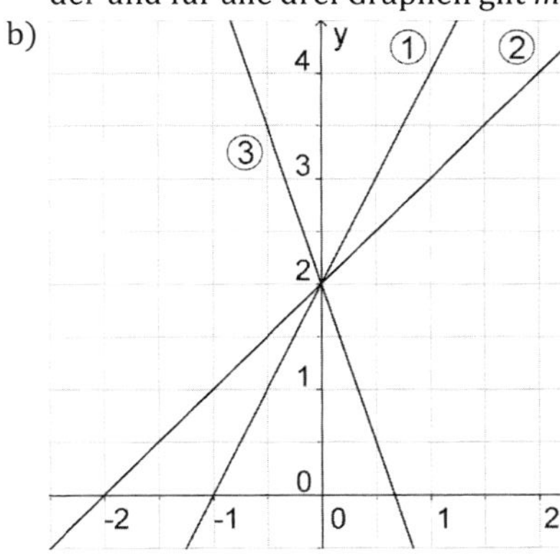

Alle drei Graphen verlaufen durch den gemeinsamen Punkt (0 | 2) und für alle drei Graphen gilt $b = 2$.

4

a) Kevin zeichnete das Steigungsdreieck vom Punkt (0 | 2) ausgehend zuerst eine Einheit nach rechts und dann $\frac{2}{5}$ Einheiten nach oben. Niklas hingegen zeichnete 5 Einheiten nach rechts und 2 Einheiten nach oben.

b) Das Verfahren von Niklas ist genauer, da das Dreieck größer ist und die Gitterpunkte des Karorasters besser genutzt werden können.

c) individuelle Lösungen

5

Individuelle Lösungen. Die Geraden sind parallel zueinander.

5

Individuelle Lösungen. Die Geraden verlaufen alle durch den Punkt (0 | –3).

13 **6**

Bei $m = 2$ geht man eine Einheit nach rechts und zwei Einheiten nach oben. Wegen $2 = \frac{4}{2}$ ist es auch möglich, vier Einheiten nach rechts und zwei Einheiten nach unten zu gehen.
Bei $m = -1{,}5 = -\frac{3}{2}$ geht man zwei Einheiten nach rechts und drei Einheiten nach unten.

7

a) $y = 2x + 3$ b) $y = -x - 4$
c) $y = 0{,}5x + 2$ d) $y = 1{,}8x + 2{,}8$

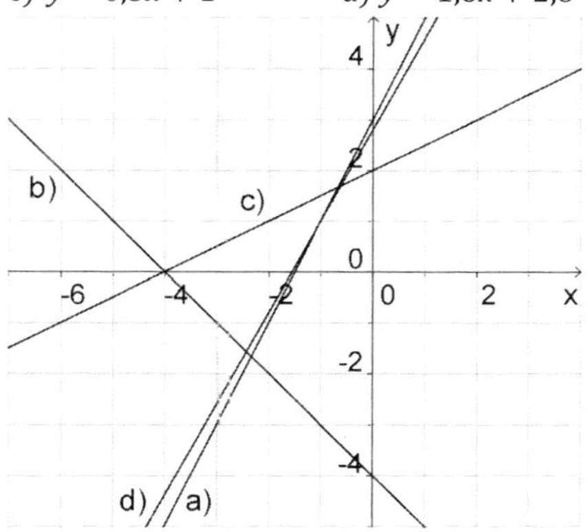

8

a) $y = x + 1$ b) $y = 2x - 1$
c) $y = -4x - 1$ d) $y = 3x + 6$

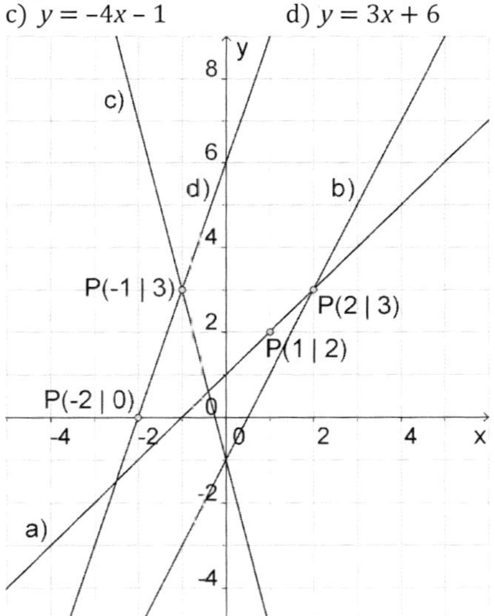

7

a) $y = -2x + 3$ b) $y = -2{,}5x - 1$
c) $y = 2$ d) $y = -0{,}3x + 0{,}8$

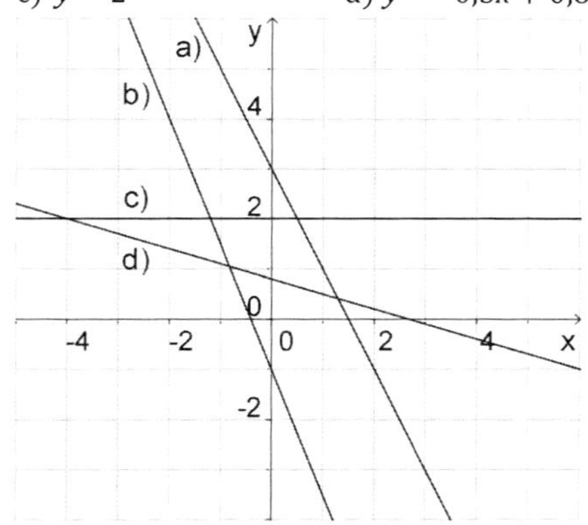

8

a) $y = -2x + 3$ b) $y = -2{,}5x - 1$
c) $y = 2$ d) $y = -0{,}3x + 0{,}8$

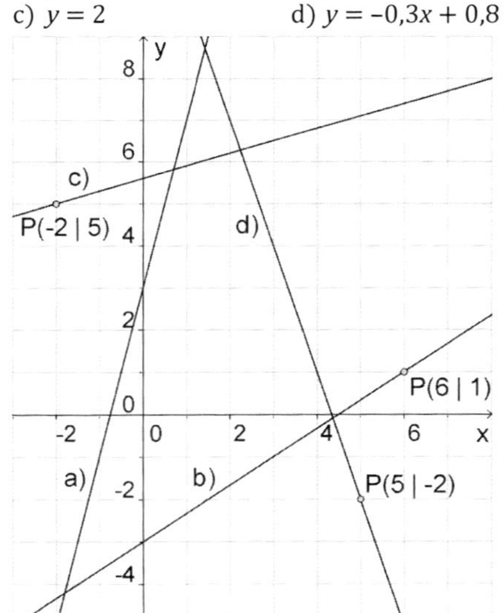

13 **9**

a) $A(0 \mid 3)$; $B(1 \mid 4{,}5)$
b) $C(0 \mid 1)$; $D(0{,}5 \mid 3{,}5)$
c) $E(0 \mid 0{,}5)$; $F(-1 \mid 3{,}5)$
d) $G(-3 \mid 0)$; $H(1{,}5 \mid 1{,}5)$

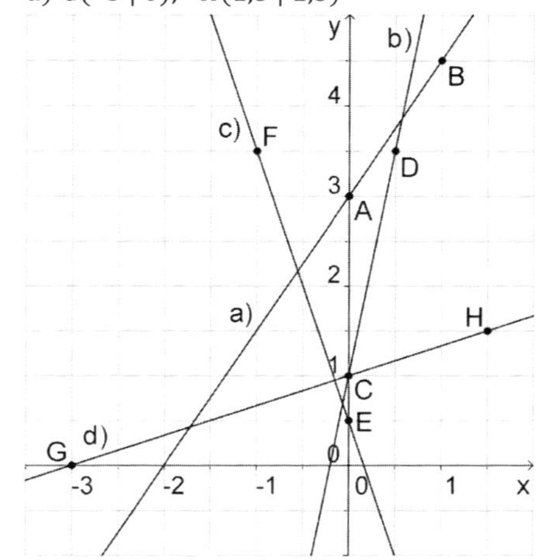

10

Mögliche Lösungswege:

- In der Funktionsgleichung für x die Zahl -3 einsetzen und prüfen, ob sich dann $y = -2{,}5$ ergibt:
  $1{,}5 \cdot (-3) + 2 = -4{,}5 + 2 = -2{,}5$
  Der Graph verläuft durch den Punkt P.
- Den Graphen der Funktion zeichnen und prüfen, ob der Punkt P auf der Geraden liegt (siehe Abbildung).

9

$y = 2x - 4$:
$A(0 \mid -4)$; $B(1 \mid -2)$; $C(2 \mid 0)$
$y = -1{,}6x - 2{,}3$:
$D(0 \mid -2{,}3)$; $E(1 \mid -3{,}9)$; $F(-2 \mid 0{,}9)$

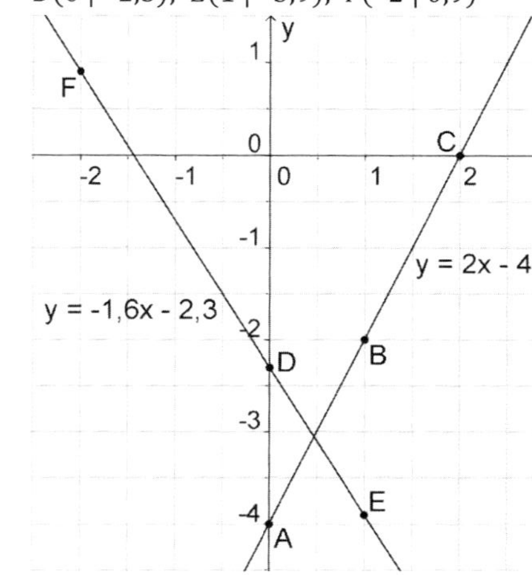

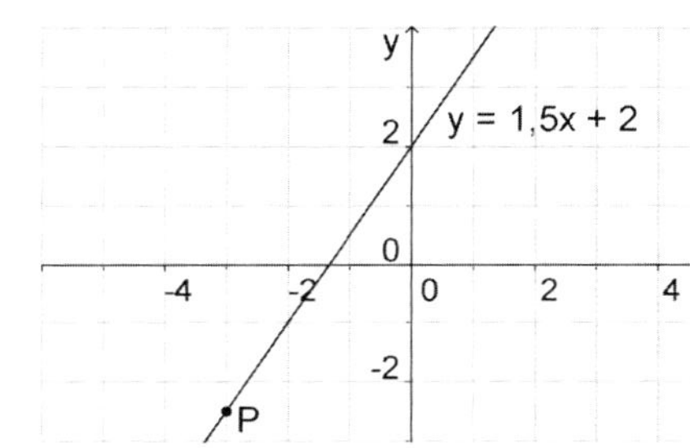

14 **11**

a) Auf der Geraden liegt nur der Punkt $T(-3 \mid -11)$.
b) Auf der Geraden liegt nur der Punkt $S(3 \mid 7{,}4)$.

11

a) $A(1 \mid \mathbf{5})$
b) $B(\mathbf{-2} \mid 1)$
c) $C(-6 \mid \mathbf{-9})$
d) $D(\mathbf{2} \mid 7)$

12

a) Beispiel: $y = 2x + 7$; $x = 0$ einsetzen: $y = 2 \cdot 0 + 7 = 7$
Die Gerade schneidet die y-Achse im Punkt $(0 \mid 7)$.
b) $y = 0$ einsetzen: $0 = 3x + 6$; $3x = -6$; $x = -2$
Die Gerade schneidet die x-Achse im Punkt $(-2 \mid 0)$.

14 **13**

a) $x = 6$ b) $x = -2$

c) $x = 1,5$ d) $x = 4,4$

13

a) $y = -2x + 5$; Nullstelle: $x = 2,5$

b) $y = 2x - 3$; Nullstelle: $x = 1,5$

c) $y = \frac{1}{3}x + 3$; Nullstelle: $x = -9$

d) $y = 0,5x - 3$; Nullstelle: $x = 6$

e) $y = -\frac{2}{3}x$; Nullstelle: $x = 0$

f) $y = \frac{4}{3}x - 4$; Nullstelle: $x = 3$

14

a) Nach 14 Tagen hat die Pflanze eine Höhe von 148 cm erreicht. Eine Höhe von 1,90 m hat sie nach 20 Tagen erreicht.

b)

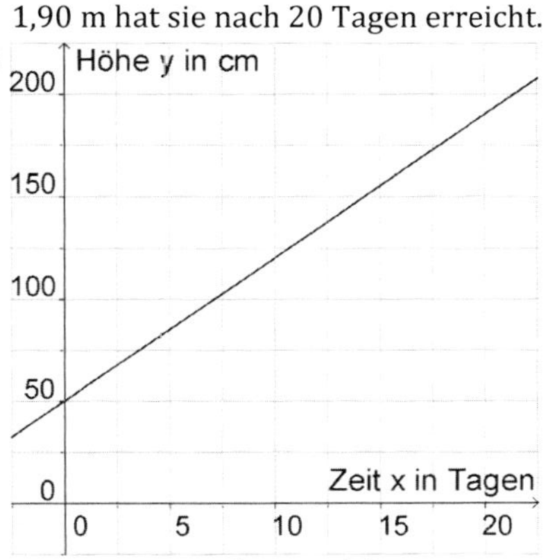

Weitere Werte (Beispiele):

x in Tagen	2	5	7	10	22
y in cm	64	85	98	120	204

c) x ist die Zeit in Tagen, diese wird mit dem Längenzuwachs pro Tag (7 für 7 cm) multipliziert. Hierzu wird die Anfangslänge (50 für 50 cm) addiert. Dies liefert die Höhe y der Pflanze in cm.

14

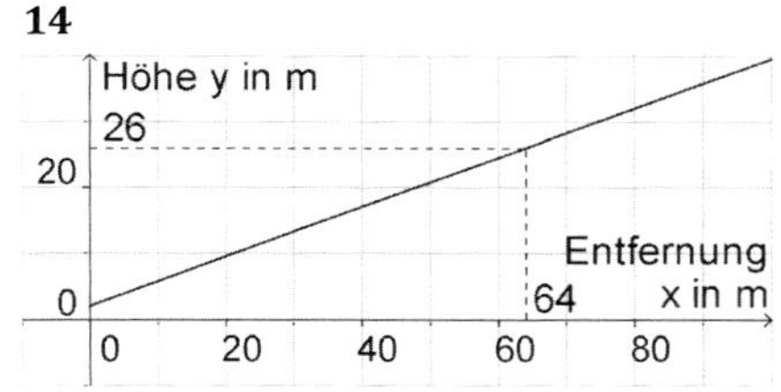

Die Strecke bis zum Baum ist 64 m lang.

Lerncheck

1

a) Füllhöhe: $h = \frac{V}{\pi r^2} = \frac{883{,}125\ \text{m}^3}{\pi \cdot (12{,}5\ \text{m})^2} \approx 1{,}80\ \text{m}$; Gesamttiefe: $1{,}80\ \text{m} + 0{,}10\ \text{m} = 1{,}90\ \text{m}$

Das Becken ist 1,90 m tief.

b) Beide Pumpen zusammen schaffen 300 Liter pro Minute. Um das Becken zu entleeren, benötigen sie 2943,75 Minuten, das sind 2 Tage, 1 Stunde, 3 Minuten und 45 Sekunden.

14 **2**

a)

Monatliche Ausgaben	in €	in %	Winkel im Kreisdiagramm
Miete	614,00 €	25 %	90°
Lebenshaltung	982,40 €	40 %	144°
Auto	409,33 €	$16\frac{2}{3}$ %	60°
Sparbetrag	450,27 €	$18\frac{1}{3}$ %	66°

Die Familie spart im Jahr 5403,24 €.

b)

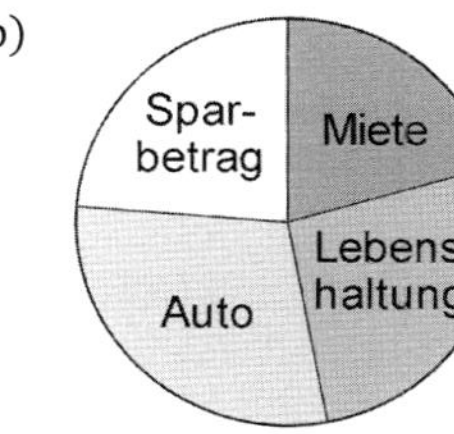

b)

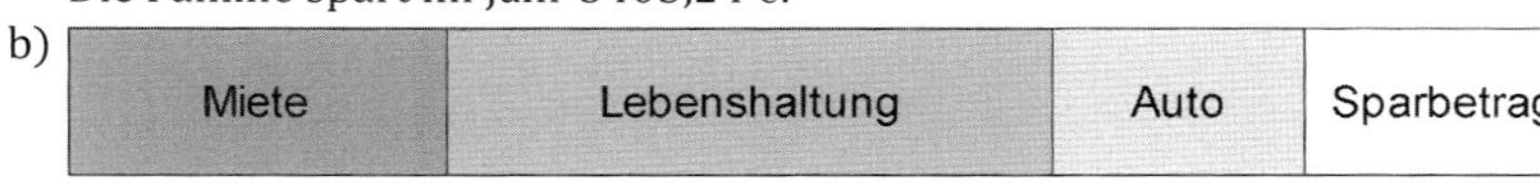

3

$\alpha = \beta + 18°$; $\gamma = \alpha + 21° = \beta + 18° + 21° = \beta + 39°$

$\alpha + \beta + \gamma = 180°$; $\beta + 18° + \beta + \beta + 39° = 180°$; $3\beta + 57° = 180°$; $3\beta = 123°$

$\beta = 41°$; $\alpha = 59°$; $\gamma = 80°$

Methode: Arbeiten mit einem Funktionenplotter

15 Üben und anwenden

1

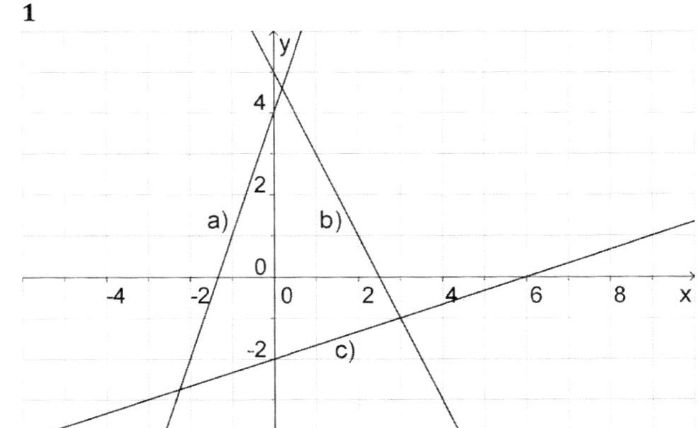

15 2

a) $y = -0{,}5x + 3$
b) $y = 2x$
c) $y = -0{,}5x - 1$

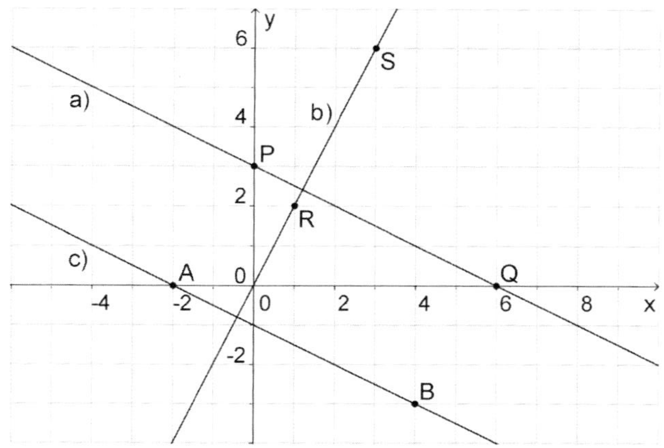

3

Zum Zeichnen mit einem Funktionenplotter werden die Funktionsgleichungen benötigt. Um diese zu bestimmen, sind für jede Gerade die Steigung m und der Achsenabschnitt b aus der Zeichnung abzulesen. Steigt der Graph um q Einheiten an, wenn man p Einheiten nach rechts geht, dann ist $m = \frac{q}{p}$, wobei q auch negativ sein kann (bei fallender Gerade).

Der Achsenabschnitt b ist die y-Koordinate des Schnittpunkts des Graphen mit der y-Achse.

Die Funktionsgleichungen sind:

a) $y = -\frac{2}{3}x - 2$
b) $y = 0{,}5x - 2$
c) $y = -1{,}5x + 6$
d) $y = 2x + 6$

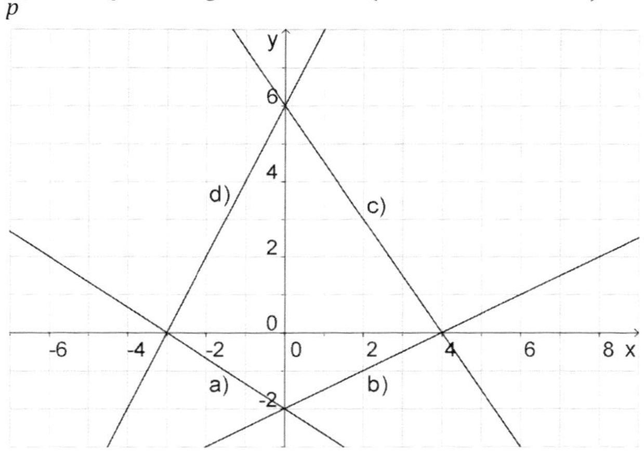

Vom Graphen zur Geradengleichung

16 Entdecken

1

a) Die Kerze war zu Beginn 8 cm hoch (y-Koordinate des Schnittpunkts des Graphen mit der y-Achse).
b) Die Kerze brennt in einer Stunde um 2 cm ab. (Geht man auf dem Graphen eine Einheit nach rechts, so fällt der Graph um 2 Einheiten.
c) Die Kerze ist nach 4 Stunden abgebrannt (x-Koordinate des Schnittpunkts des Graphen mit der x-Achse).
d) $y = -2x + 8$

2

a) ① $y = 1{,}5x$ ② $y = \frac{1}{2}x + 5$ ③ $y = -0{,}5x + 2$ ④ $y = 1{,}5x$

b), c) Gruppenarbeit

Zum Weiterarbeiten

Gruppenarbeit

Nachgedacht

Wenn P_1 links von P_2 liegt, so muss man, um von P_1 zu P_2 zu gelangen, $x_2 - x_1$ Einheiten nach rechts und $y_2 - y_1$ Einheiten in vertikaler Richtung gehen. Als Steigung ergibt sich also $m = \frac{y_2 - y_1}{x_2 - x_1}$. Liegt P_1 rechts von P_2, so ergibt sich ebenfalls $m = \frac{y_1 - y_2}{x_1 - x_2} = \frac{y_2 - y_1}{x_2 - x_1}$.

Rechnerisch lässt sich die Formel wie folgt herleiten:

$y_1 = mx_1 + b$; $y_2 = mx_2 + b$; $y_2 - y_1 = mx_2 - mx_1 = m(x_2 - x_1)$; $m = \frac{y_2 - y_1}{x_2 - x_1}$ für $x_2 \neq x_1$.

17 Üben und anwenden

1

Geht man 4 Einheiten nach rechts, so steigt der Graph um eine Einheit an.
Die Steigung beträgt also $m = \frac{1}{4}$.
Die Gerade schneidet die y-Achse im Punkt $(0 \mid 1)$. Folglich ist $b = 1$. Die Geradengleichung lautet somit: $y = \frac{1}{4}x + 1$.

1

Geht man 30 Einheiten nach rechts, so steigt der Graph um 20 Einheiten an.
Die Steigung beträgt also $m = \frac{20}{30} = \frac{2}{3}$.
Die Gerade schneidet die y-Achse im Punkt $(0 \mid 20)$. Folglich ist $b = 20$. Die Geradengleichung lautet somit: $y = \frac{2}{3}x + 20$.

2

a) $y = -0{,}5x + 2$
b) $y = 0{,}25x - 1$

2

a) $y = x$
b) $y = x + 4$
c) $y = 2x + 2$
d) $y = -0{,}6x + 3$
e) $y = -\frac{2}{3}x - 2$

17 **3**

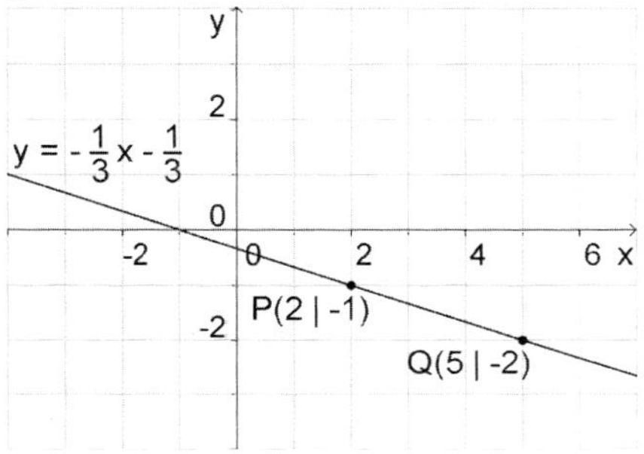

3

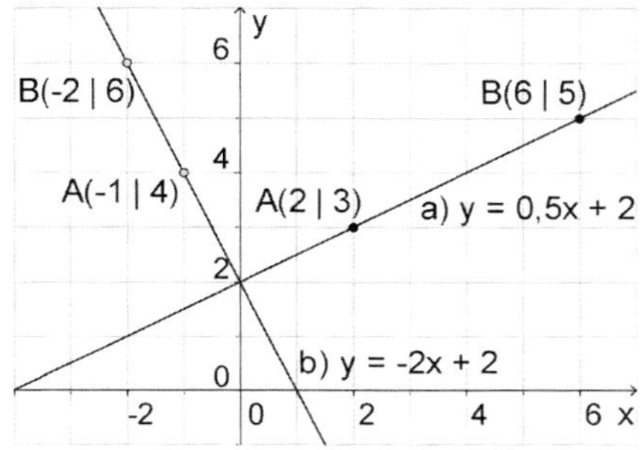

4
a) Der Anschaffungspreis betrug 4000 €.
b) Der Wertverlust nach drei Jahren betrug 1500 €.
c) $y = -500x + 4000$

4
a) Kerze A brennt 6 Stunden, Kerze B 7,5 Stunden.
b) Da die Kerzen gleichmäßig schnell abbrennen, muss ihre waagerechte Querschnittsfläche in jeder Höhe dieselbe sein. Die Kerzen können also z. B. zylindrisch oder quaderförmig sein.
c) Kerze A: $y = -2{,}5x + 15$
Kerze B: $y = -2x + 15$

Zum Weiterarbeiten
Partnerarbeit

Thema: Gleichungen und Funktionen im Beruf

18 Heizungs- und Sanitärinstallateur

1
a)

Zeit x in h	1	2	3	4	5	6	7	8	9	10
Kosten y in €	75	115	155	195	235	275	315	355	395	435

b)

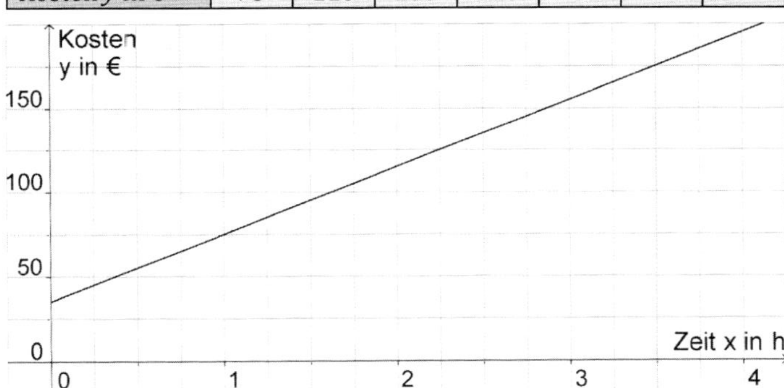

18 **1** *(Fortsetzung)*
c) $y = 40x + 35$
d) Die voraussichtlichen Kosten betragen 175 €.

2
a) Gleichung ① gehört zum grünen Graphen, Gleichung ② zum orangefarbenen.
b) 14 Kupferrohre kosten beim Angebot ① 109,20 €, beim Angebot ② 102,60 €. Eric sollte deshalb das Angebot ② wählen.

3
Für 100 € können maximal sieben Wasserhähne bestellt werden. Diese kosten 97,95 €.

4
individuell

19 Modeschneider

1
a) Der laufende Meter Seide kostet 20 €.
b) $y = 20x$ (x: Länge in m; y: Preis in €)
c)

Meter	0,6	1,2	1,5	2,0	2,8
Preis in €	12	24	30	40	56

2
a) Die Gleichung ④ $y = 8x + 55$ beschreibt den Sachverhalt richtig.
b) Die Fertigstellung von 16 Röcken dauert 183 Minuten (3 Stunden und 3 Minuten).

3
a)

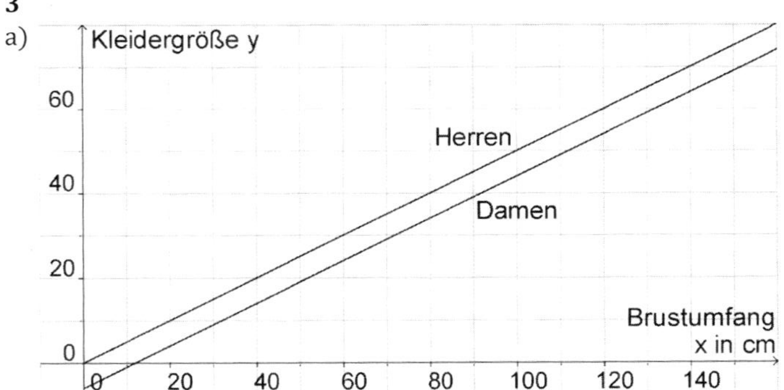

Die Graphen sind zwei zueinander parallele Geraden mit der Steigung 0,5. Die Gerade für Damen schneidet die y-Achse im Punkt (0 | –6), die Gerade für Herren geht durch den Koordinatenursprung.
b) Die Behauptung ist wahr, denn aus $y = 0{,}5x$ folgt $x = 2y$.
c) Wenn es sich um eine weibliche Schneiderpuppe handelt, ist sie auf Größe 40 eingestellt. Handelt es sich um eine männliche Puppe, so hat sie die Größe 46.
d) Kai hat einen Brustumfang von 88 cm.

4
individuell

Klar so weit?

20 Lineare Gleichungen lösen

1

$5x-7$	-22	3	-9	1
x	-3	2	3,2	1,6

$5x-7$	16	-15	-12	28
x	4,6	$-1,6$	-1	7

1

a) $x = 4$ b) $y = \frac{12}{11}$ c) $x = -\frac{4}{3}$

d) $a = \frac{9}{13}$ e) $x = \frac{15}{14}$ f) $x = \frac{37}{39}$

2

a) $x = 7$ b) $x = 3$

c) $x = 7$ d) $x = 4$

2

a) $x = 7,75$ b) $x = 1,5$

c) $x = -10,5$ d) $x = 0,4$

3

a) $J + (J - 2) = 30$ (J: Alter von Jonas); $2J = 32$; $J = 16$; $J - 2 = 14$
Jonas ist 16 Jahre alt, seine Schwester 14 Jahre.

b) $2A + A = 21$ (A: Anzahl der Reisen nach Aachen); $3A = 21$; $A = 7$; $2A = 14$
Herr Berger für 14-mal nach Bonn und 7-mal nach Aachen.

c) $3Ä + Ä = 6$ ($Ä$: Masse der Äpfel in kg); $4Ä = 6$; $Ä = 1,5$; $3Ä = 4,5$
Frau Yilmaz kaufte 4,5 kg Kartoffeln und 1,5 kg Äpfel.

Lineare Funktionen beschreiben

4

a) ① $y = 2x + 2$

x	-2	-1	0	1	2	3
y	-2	0	2	4	6	8

② $y = 2x - 2$

x	-2	-1	0	1	2	3
y	-6	-4	-2	0	2	4

③ $y = -2x$

x	-2	-1	0	1	2	3
y	4	2	0	-2	-4	-6

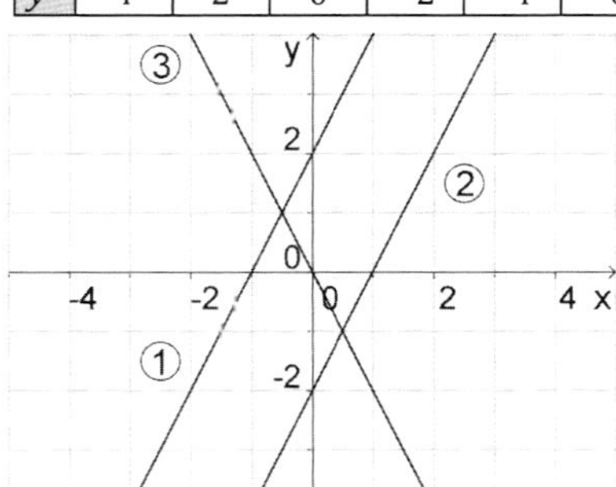

4

a) ① $y = 2x + 2$

x	-2	-1	0	1	2	3
y	-2	0	2	4	6	8

② $y = -2x + 1$

x	-2	-1	0	1	2	3
y	5	3	1	-1	-3	-5

③ $y = -2x - 3$

x	-2	-1	0	1	2	3
y	1	-1	-3	-5	-7	-9

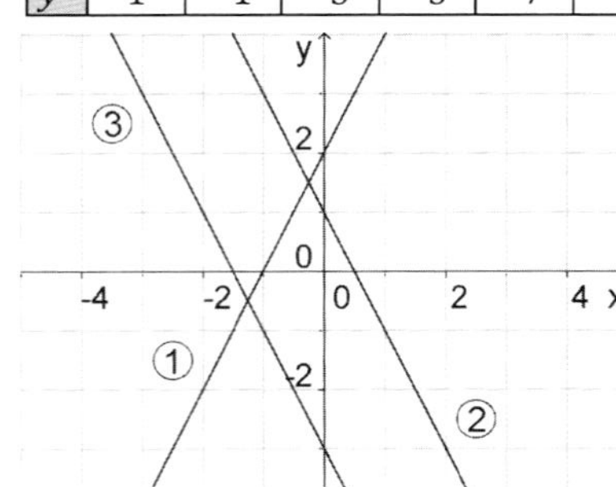

20 4 *(Fortsetzung)*

b) ① $y = 0,5x + 3$

x	-6	-4	-2	0	2	4
y	0	1	2	3	4	5

② $y = 1,5x + 0,5$

x	-2	-1	0	1	2	3
y	$-2,5$	-1	0,5	2	3,5	5

③ $y = 2,5x - 3$

x	-2	-1	0	1	2	3
y	-8	$-5,5$	-3	$-0,5$	2	4,5

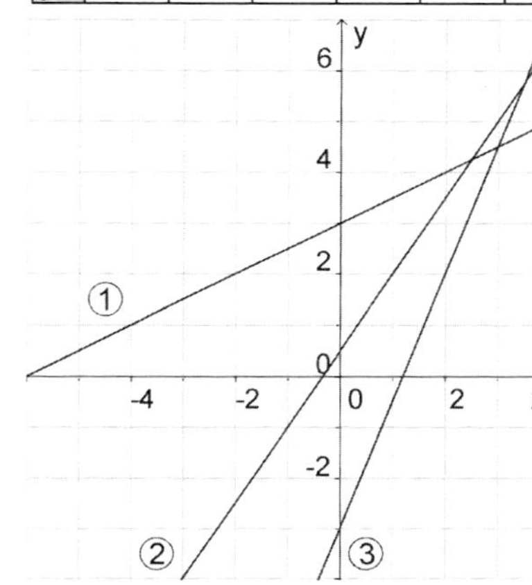

5

a) f: $y = -x$ (Steigung ist -1)
g: $y = x$ (Steigung ist 1)

b) f: $y = 0,5x + 1$ (Achsenabschnitt ist 1)
g: $y = 4x - 4$ (Achsenabschnitt ist -4)

4 *(Fortsetzung)*

b) ① $y = 0,5x - 2$

x	-4	-2	0	2	4	6
y	-4	-3	-2	-1	0	1

② $y = -0,5x - 2$

x	-6	-4	-2	0	2	4
y	1	0	-1	-2	-3	-4

③ $y = -0,5x + 1$

x	-4	-2	0	2	4	6
y	3	2	1	0	-1	-2

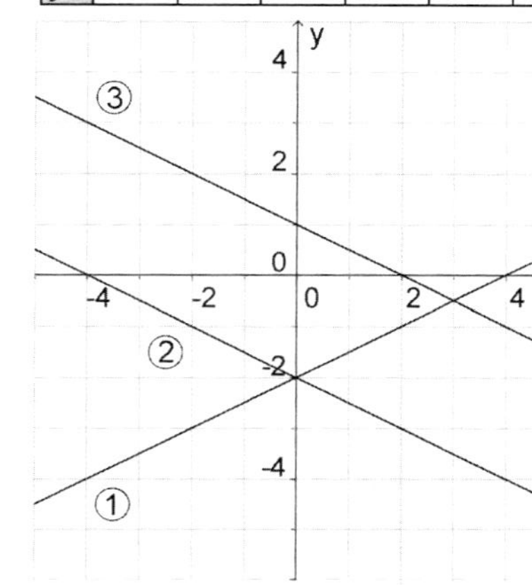

5

a) Es passt die Gleichung ②, da die Zeit mit dem Tageszuwachs multipliziert und hierzu die Anfangshöhe addiert werden muss und nicht umgekehrt.

b)

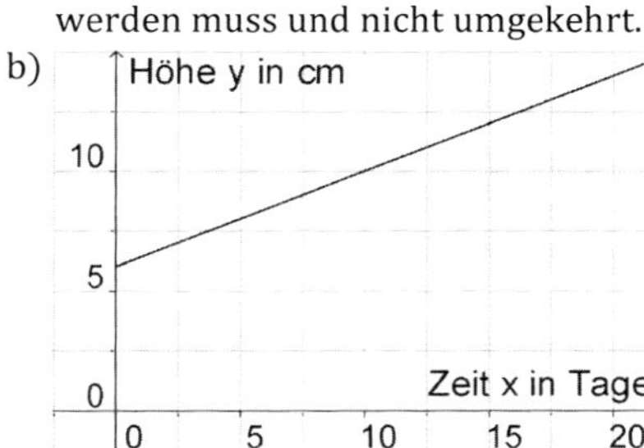

Nach 12 Tagen ist die Bohnenpflanze 10,8 cm hoch. Bis die Pflanze ihre Höhe verdoppelt, also eine Höhe von 12 cm erreicht hat, dauert es 15 Tage.

21 Zeichnen nach der Geradengleichung

6

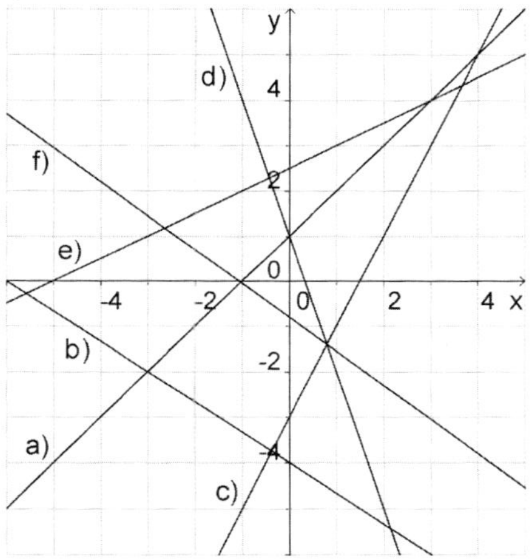

6

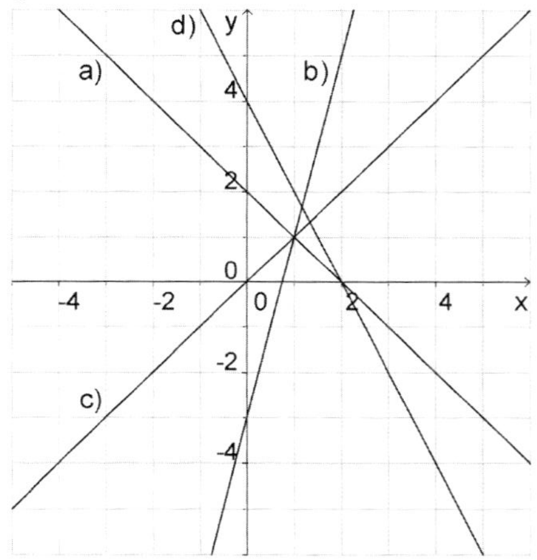

Die Funktionen a) und d) sind fallend; die Funktionen b) und c) sind steigend.

7

Auf der Geraden liegen folgende Punkte:
$P(2 \mid 3)$ wegen $2{,}5 \cdot 2 - 2 = 3$;
$S(0 \mid -2)$ wegen $2{,}5 \cdot 0 - 2 = -2$;
$T(-2 \mid -7)$ wegen $2{,}5 \cdot (-2) - 2 = -7$.
Die anderen Punkte liegen nicht auf der Geraden, denn deren Koordinaten erfüllen die Geradengleichung nicht.

7

Auf der Geraden liegen folgende Punkte:
$Q(0 \mid 2)$ wegen $-0{,}75 \cdot 0 + 2 = 2$;
$R(2 \mid 0{,}5)$ wegen $-0{,}75 \cdot 2 + 2 = 0{,}5$;
$U(-6 \mid 6{,}5)$ wegen $-0{,}75 \cdot (-6) + 2 = 6{,}5$.
Die anderen Punkte liegen nicht auf der Geraden, denn deren Koordinaten erfüllen die Geradengleichung nicht.

Vom Graphen zur Geradengleichung

8

a) $y = 2x + 1$
b) $y = -3x + 4$
c) f: $y = 0{,}25x - 1$
g: $y = 0{,}1x + 0{,}5$
h: $y = \frac{1}{3}x + 1$

8

f: $y = -\frac{4}{3}x + 1$
g: $y = 2x + 2$
h: $y = 0{,}25x$
k: $y = 0{,}5x - 3$
m: $y = -\frac{1}{3}x - 2$

21 9

a) $y = 5x - 1$ b) $y = -2x + 11$
c) $y = 3x - 11$ d) $y = 1{,}5x + 3{,}5$
e) $y = -2{,}8x - 2{,}4$

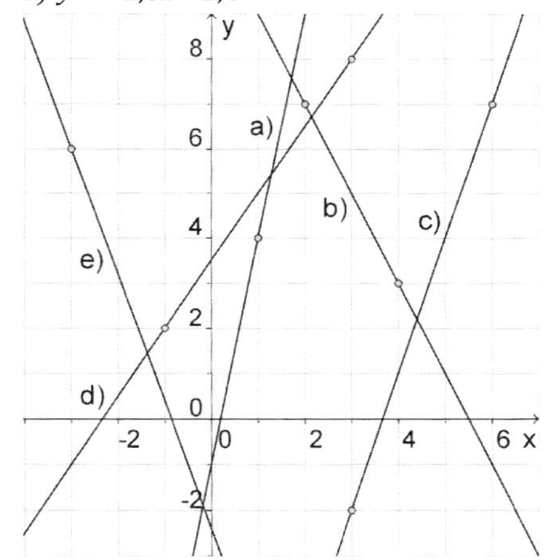

9

a) $y = 0{,}5x + 1$ b) $y = -3x$
c) $y = 0{,}75x - 1{,}5$ d) $y = -\frac{1}{3}x + \frac{10}{3}$
e) $y = 0{,}5x - 0{,}5$ f) $y = -x + 4$

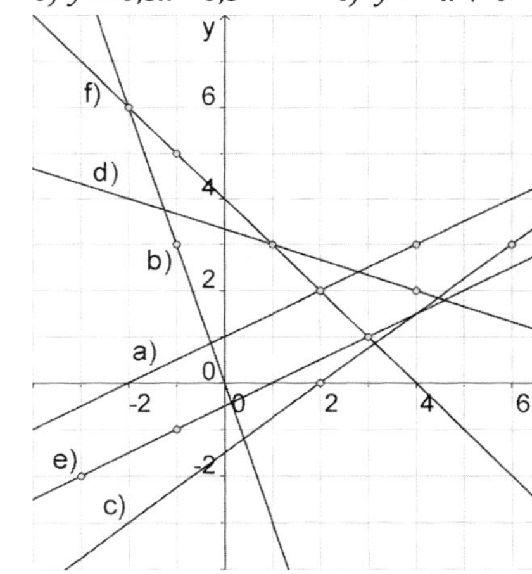

22 Vermischte Übungen

1

a) $x = 3$; Probe: $61 = 61$
b) $y = 0{,}4$; Probe: $14{,}4 = 14{,}4$
c) $x = 1{,}5$; Probe: $-7{,}5 = -7{,}5$
d) $a = 0{,}4$; Probe: $-1{,}4 = -1{,}4$
e) $a = \frac{1}{6}$; Probe: $5{,}5 = 5{,}5$

1

a) $x = 14{,}5$; Probe: $113{,}5 = 113{,}5$
b) $x = -1$; Probe: $4 = 4$
c) $x = 4$; Probe: $31 = 31$
d) $x = 12$; Probe: $-14 = -14$
e) $a = 0$; Probe: $12 = 12$

2

Alle vier Funktionen sind lineare Funktionen. Ihre Graphen sind Geraden.

a) Der Graph ist eine steigende Gerade. Er schneidet die x-Achse im Punkt $(-\frac{4}{3} \mid 0)$ und die y-Achse im Punkt $(0 \mid 4)$. Die Funktion besitzt die Steigung 3. Das bedeutet: Wenn man auf der Geraden eine Einheit nach rechts geht, geht man gleichzeitig 3 Einheiten nach oben. Der Graph verläuft durch den III., II. und I. Quadranten.
b) Der Graph ist eine fallende Gerade. Er schneidet die x-Achse im Punkt $(-0{,}5 \mid 0)$ und die y-Achse im Punkt $(0 \mid -1)$. Die Funktion besitzt die Steigung -2. Das bedeutet: Wenn man auf der Geraden eine Einheit nach rechts geht, geht man gleichzeitig 2 Einheiten nach unten. Der Graph verläuft durch den II., III. und IV. Quadranten.

22 **2** *(Fortsetzung)*

c) Der Graph ist eine fallende Gerade durch den Koordinatenursprung. Die Funktion besitzt die Steigung $-1{,}5 = -\frac{3}{2}$. Das bedeutet: Wenn man auf der Geraden 2 Einheiten nach rechts geht, geht man gleichzeitig 3 Einheiten nach unten. Die Funktion besitzt die Nullstelle $x = 0$. Der Graph verläuft durch den II. und IV. Quadranten.

d) Der Graph ist eine steigende Gerade. Er schneidet die x-Achse im Punkt $(\frac{5}{6} \mid 0)$ und die y-Achse im Punkt $(0 \mid -\frac{2}{3})$. Die Funktion besitzt die Steigung $\frac{4}{5}$. Das bedeutet: Wenn man auf der Geraden 5 Einheiten nach rechts geht, geht man gleichzeitig 4 Einheiten nach oben. Der Graph verläuft durch den III., IV. und I. Quadranten.

3

a) $y = -2x + 5$ b) $y = 2x - 3$

c) $y = \frac{1}{3}x + 3$ d) $y = 2{,}5x$

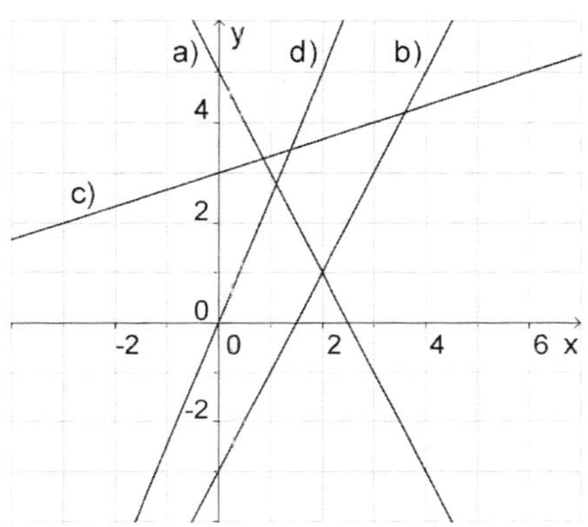

4

Die Gerade muss die Steigung $\frac{1}{2}$ besitzen und durch den Koordinatenursprung verlaufen. Deshalb gehört Graph a) zu der Geradengleichung.

5

$y = 2x - 1$

3

a) $y = 0{,}5x - 3$ b) $y = \frac{2}{3}x - 2$

c) $y = 2x - 4$ d) $y = \frac{5}{3}x$

e) $y = -0{,}75x + 2$ f) $y = 1{,}5x - 3$

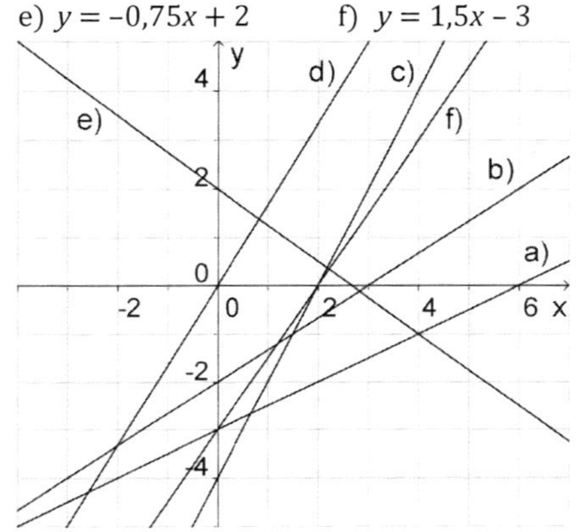

4

a) $y = \frac{1}{3}x + 1$

b) $y = x - 1$

c) $y = -0{,}5x + 2$

5

$y = 0{,}4x + 6{,}2$

22 **6**

a) Die Gerade für den PKW verläuft durch den Koordinatenursprung und hat die Steigung 1,5. Die Gerade für den LKW schneidet die y-Achse im Punkt $(0 \mid 140)$ und ist fallend mit der Steigung $-\frac{14}{13}$.

b) PKW: $y = 1{,}5x$; LKW: $y = -\frac{14}{13}x + 140$

c) Für den Begegnungspunkt gilt:

$y = 1{,}5x = -\frac{14}{13}x + 140;\ 19{,}5x = -14x + 1820;\ 33{,}5x = 1820;\ x \approx 54{,}33;\ y \approx 81{,}5$

PKW und LKW begegnen sich etwa 81,5 km von Paderborn entfernt.

d) Der PKW erreicht sein Ziel nach etwa einer Stunde und 33 Minuten, der LKW nach etwa zwei Stunden und 10 Minuten.

Berechnung für den PKW: $140 = 1{,}5x;\ x = 93\frac{1}{3}$; Zeit: 1 h 33 min 20 s

Berechnung für den LKW: $0 = -\frac{14}{13}x + 140;\ 14x = 1820;\ x = 130$; Zeit: 2 h 10 min

Die abgelesenen Zeiten werden durch die Berechnung bestätigt, wobei das berechnete Ergebnis beim PKW um 20 Sekunden genauer ist als das abgelesene. In der Praxis ist dieser geringe Zeitunterschied allerdings bedeutungslos, da die Fahrzeuge die angegebenen Geschwindigkeiten über so eine lange Strecke ohnehin nicht exakt einhalten können.

Nachgedacht

Die Gerade $y = 3$ verläuft parallel zur x-Achse durch den Punkt $(0 \mid 3)$.
Die Gerade $x = 5$ verläuft parallel zur y-Achse durch den Punkt $(5 \mid 0)$.

23 **7**

a) Tim überholt Jan um 9:45 Uhr.

b) Bis zu ihrem Treffen haben beide 3,75 km zurückgelegt.

7

a) Die Entfernung zwischen Lübeck und Hamburg beträgt 60 km. Jutta und Meike waren beide die ganze Zeit mit gleichmäßiger Geschwindigkeit unterwegs. Jutta benötigte für die Gesamtstrecke vier Stunden, fuhr also mit 15 km/h. Meike benötigte sechs Stunden, fuhr also mit 10 km/h. Das sind realistische Geschwindigkeiten für eine Fahrradtour oder eine Kutschfahrt.

b) Jutta: $m = 15$; $y = 15x$
Meike: $m = -10$; $y = -10x + 60$

c) individuell

23 8

a) $P(6 \mid 6)$: $18 - 2 \cdot 6 = 6$
$Q(-4 \mid 25)$: $18 - 2 \cdot (-4) = 26 \neq 25$
$R(4{,}5 \mid 9)$: $18 - 2 \cdot 4{,}5 = 9$
Die Punkte P und R liegen auf dem Graphen, der Punkt Q nicht.

b) $A(-2 \mid \mathbf{22})$; $B(\mathbf{7} \mid 4)$; $C(\mathbf{3} \mid 12)$; $D(3{,}5 \mid \mathbf{11})$

9

a)

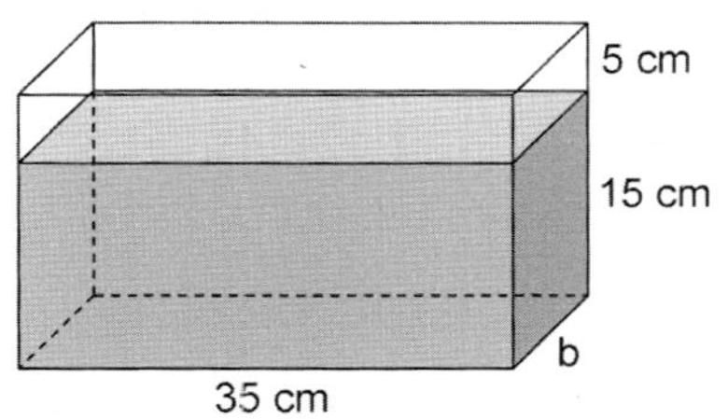

b) Die Breite des Aquariums beträgt 15 cm, das Volumen 10,5 dm³.

c) Um das Becken bis 5 cm unter den Rand zu füllen, werden 7,875 Liter Wasser benötigt.

10

a)

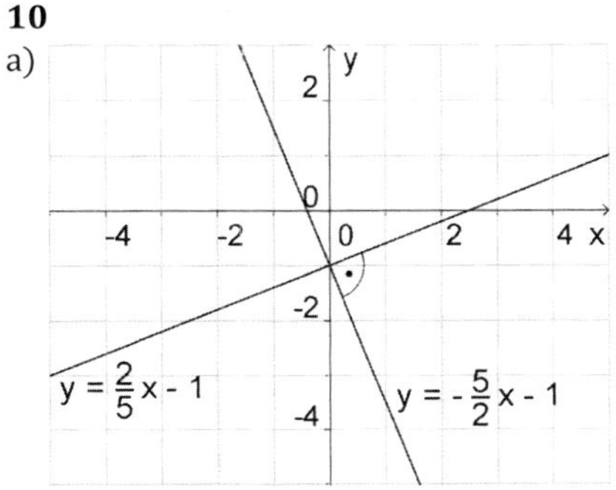

Die beiden Geraden stehen senkrecht aufeinander.

8

a) $-2 \cdot 2 - 2 = -4 - 2 = -6 \neq -4$

b) $m = -1$
Geradengleichung: $y = -x - 2$

c) $b = 0$
Geradengleichung: $y = -2x$

9

a) $u = 2\pi r$; $r = \frac{u}{2\pi} = \frac{37{,}1 \text{ cm}}{2\pi} \approx 5{,}905$ cm
$V = \pi r^2 h$; $h = \frac{V}{\pi r^2} \approx 4{,}99 \text{ cm} \approx 5$ cm
$M = 2\pi r h \approx 185 \text{ cm}^2$
Die Körperhöhe beträgt etwa 4,99 cm, die Mantelfläche etwa 185 cm².

b) Wenn der Umfang verdoppelt wird, verdoppelt sich auch der Radius, und das Volumen vervierfacht sich.
Wenn der Umfang verdreifacht wird, verdreifacht sich auch der Radius, und das Volumen verneunfacht sich.
Allgemein: Wird der Umfang mit dem Faktor k vervielfacht, dann vervielfacht sich das Volumen um den Faktor k^2.

10

a)

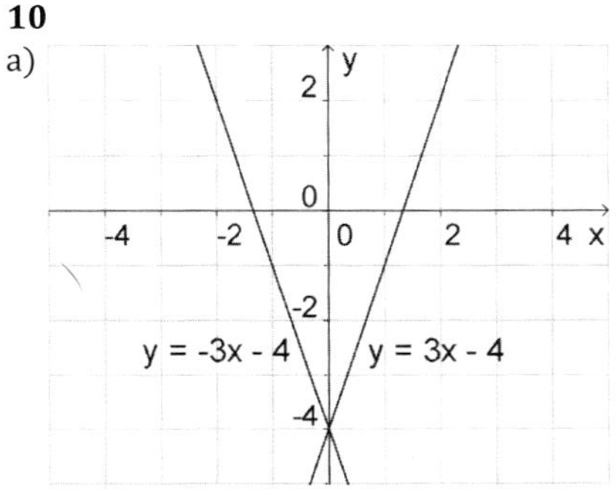

23 10 *(Fortsetzung)*

b) Beispiel:

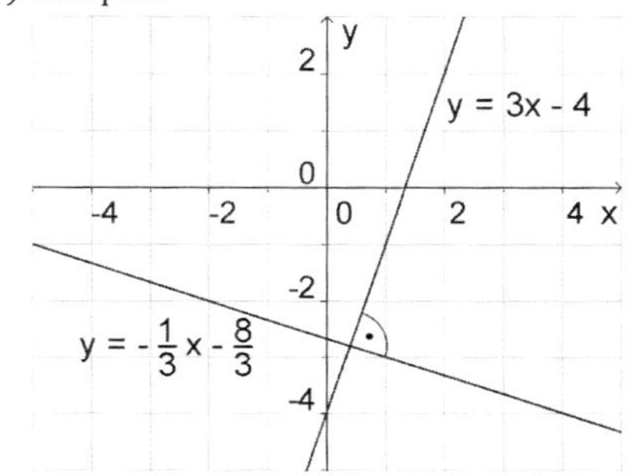

c) Zwei Geraden, die nicht zu den Koordinatenachsen parallel sind, stehen genau dann aufeinander senkrecht, wenn für ihre Steigungen m_1 und m_2 gilt:
$m_2 = -\frac{1}{m_1}$.

10 *(Fortsetzung)*

b)

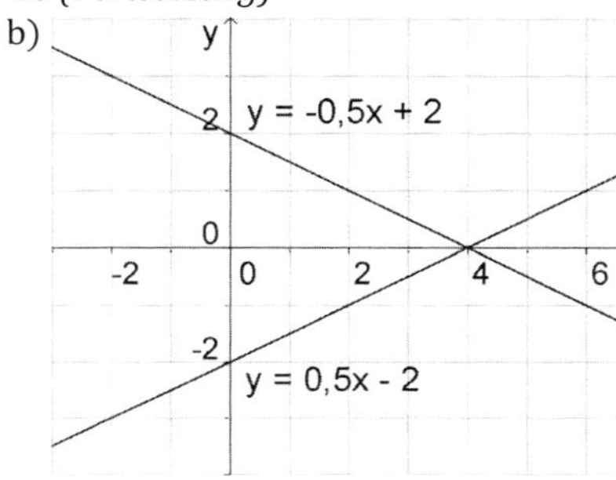

c) siehe a) und b)

d) Gegeben sei eine Gerade mit der Gleichung $y = mx + b$.
Die an der y-Achse gespiegelte Gerade hat dann die Gleichung $y = -mx + b$.
Die an der x-Achse gespiegelte Gerade hat dann die Gleichung $y = -mx - b$.

Lineare Gleichungssysteme

28 Noch fit?

1
a) 14 b) −7,5 c) 54

2
a) $x = -12$ b) $x = -2$ c) $x = -3$

3
a) $0{,}8x + 0{,}5y = 7$ b) $3x + y = 2{,}3$
d) $2x + y = 20$ e) $2x + 4y = 60$

4
$y = 4x - 2$

x	−3	−2	−1	0	1	2	3
y	−14	−10	−6	−2	2	6	10

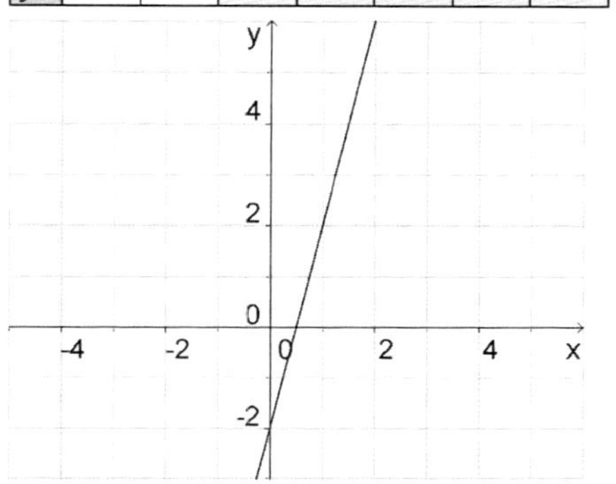

1
a) 26 b) −1,5 c) −7

2
a) $y = -24$ b) $x = -6$ c) keine Lösung

c) $2x + 3y = 48$
f) $x + 2y = 10$

4
$y = 0{,}5x + 1$

x	−2	−1	0	1	2	3
y	0	0,5	1	1,5	2	2,5

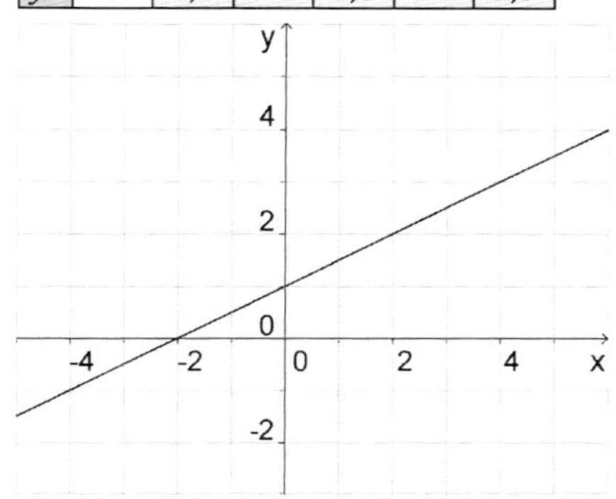

5
Individuelle Lösungen. Mögliche Darstellungsformen: Wortvorschrift, Funktionsgleichung, Wertetabelle, Graph.

6

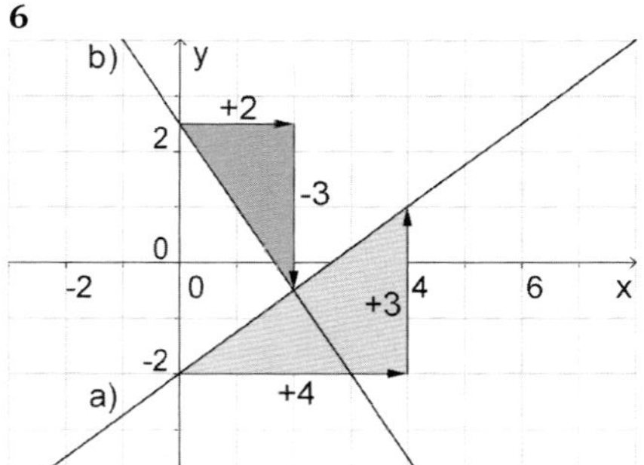

6

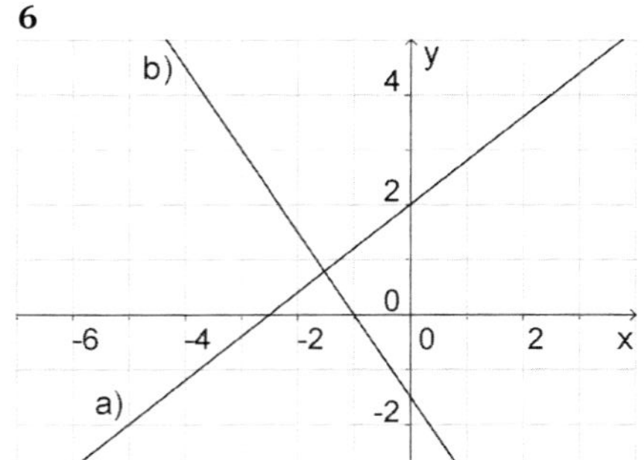

28 7
a) z. B. $P(0 \mid 2)$; $Q(1 \mid 3)$; $R(-2 \mid 0)$
b) z. B. $P(0 \mid 5)$; $Q(2 \mid 9)$; $R(-2{,}5 \mid 0)$
c) z. B. $P(0 \mid -4)$; $Q(5 \mid -7)$; $R(-10 \mid 2)$
d) z. B. $P(0 \mid -1{,}5)$; $Q(1 \mid -0{,}7)$; $R(5 \mid 2{,}5)$

29 8
a) $m = 1$; $b = 0$; $y = x$
b) $m = 1$; $b = 4$; $y = x + 4$
c) $m = 2$; $b = 2$; $y = 2x + 2$

7
a) $P(\mathbf{6} \mid -1)$ b) $P(\frac{\mathbf{2}}{\mathbf{3}} \mid 3)$
c) $P(-\mathbf{6\frac{2}{3}} \mid -7)$ d) $P(\mathbf{28} \mid 5)$

8
a) $y = -\frac{4}{3}x - 1$ b) $y = 2x + 3$
c) $y = 0{,}4x + 1$

9
a) Ja, denn alle Punkte liegen auf einer Geraden.
b) Nein, denn die Funktion $y = mx + b$ verläuft nur für $b = 0$ durch den Ursprung.
c) Ja, im Punkt $(0 \mid b)$.
d) Das gilt nur für $m \neq 0$, der Schnittpunkt liegt dann bei $S(-\frac{b}{m} \mid 0)$.
e) Nein, die y-Werte steigen um den Wert m.

10
a) $y = 0{,}4x + 35$
b) Für 500 km zahlt man 235 €.
c) Frau Meyer ist 305 km gefahren.

10
a) Im Tarif Relax zahlt man 23,70 €.
Im Tarif Flatrate zahlt man 25 €.
b) Sarah telefonierte 175 min (2h 55 min).
c) Bei fünf Gesprächsstunden ist die Flatrate 3,50 € günstiger als der Tarif Relax.

11
a) $3 \cdot 4 + 5 \cdot 6 = 42$; $(4 \mid 6)$ ist Lösung.
b) $2 \cdot 12 - 8 = 24 - 8 = 16 \neq 15$;
$(12 \mid 8)$ ist keine Lösung.
c) $-4 \cdot 5 + 8 \cdot (-1) = -20 - 8 = -28$;
$(5 \mid -1)$ ist Lösung.

11
a) z. B. $(-1 \mid 1)$; $(3 \mid 3)$
b) z. B. $(1 \mid 2)$; $(3 \mid 5)$
c) z. B. $(2 \mid -1)$; $(4 \mid 4)$

12
a)
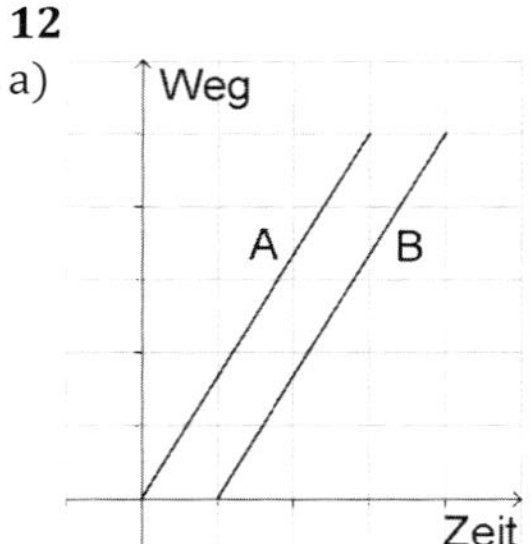

Die Graphen sind zueinander parallel.

b)
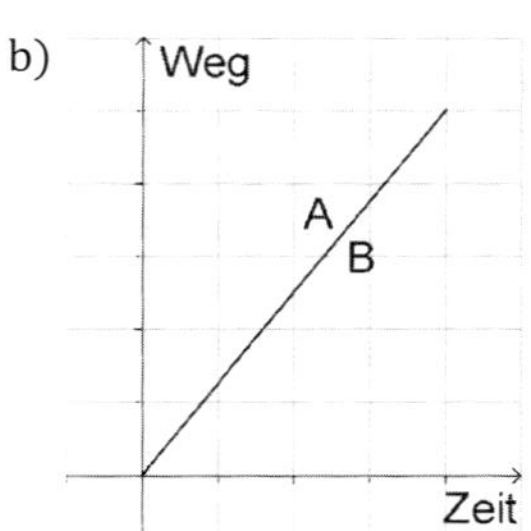

Die Graphen sind identisch.

c)
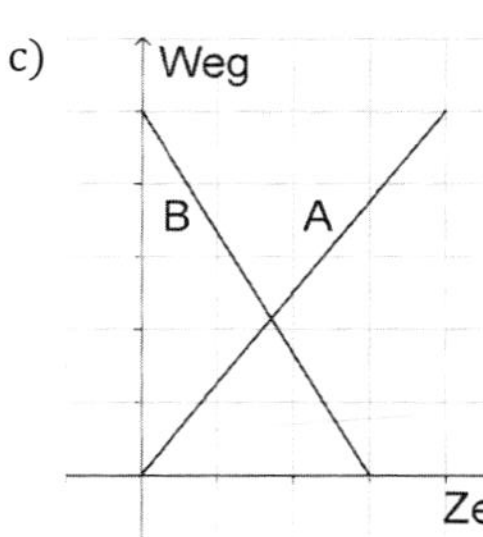

Die Steigungen der Graphen haben unterschiedliche Vorzeichen und Beträge.

Lineare Gleichungssysteme grafisch lösen

30 Entdecken

1

a) Beide Gleichungen sind richtig, denn zum einen ist die Summe der Anzahlen von Nuss- und Erdbeertorten gegeben ($x + y = 56$), zum anderen gibt es dreimal so viele Erdbeertorten wie Nusstorten ($y = 3x$).

b) $y = -x + 56$

c)

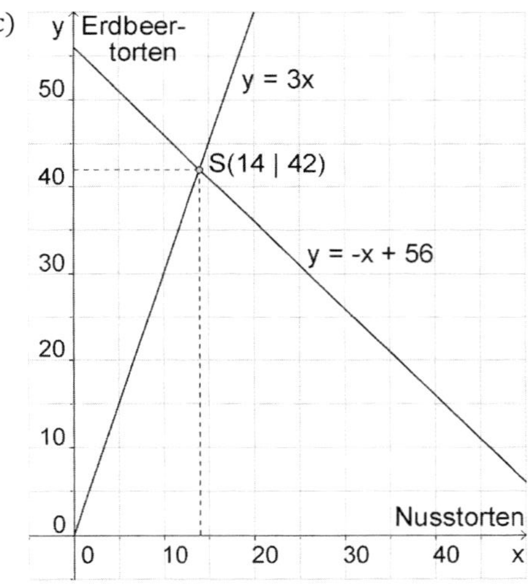

d) Die Geraden schneiden sich im Punkt $S(14 \mid 42)$. Das bedeutet, es sind 14 Nusstorten und 42 Erdbeertorten.

2

a)

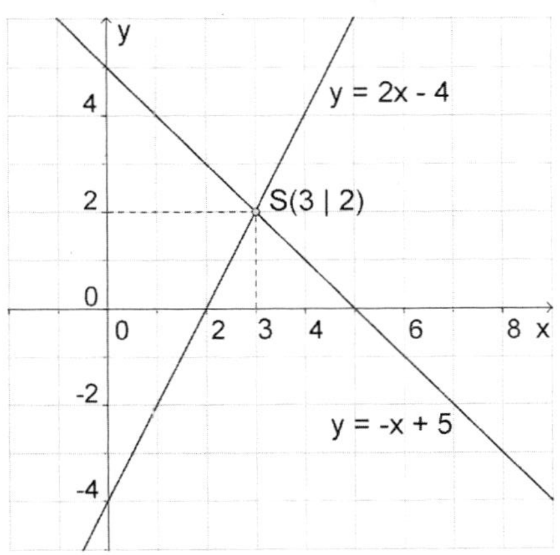

b) Die Geraden schneiden sich im Punkt $S(3 \mid 2)$.

c) $2 = 2 \cdot 3 - 4$
$2 = -3 + 5$
Die Koordinaten des Schnittpunktes erfüllen beide Funktionsgleichungen.

31 Üben und anwenden

1

x	$y = 2x$	$y = x + 4$	Ergebnis gleich?
0	$y = 2 \cdot 0 = 0$	$y = 0 + 4 = 4$	nein
1	$y = 2 \cdot 1 = 2$	$y = 1 + 4 = 5$	nein
2	$y = 2 \cdot 2 = 4$	$y = 2 + 4 = 6$	nein
3	$y = 2 \cdot 3 = 6$	$y = 3 + 4 = 7$	nein
4	$y = 2 \cdot 4 = \mathbf{8}$	$y = 4 + 4 = 8$	ja

2

I $x = y + 40$; II $x + y = 140$

Leon hat 90 und Moritz 50 Fußballsticker.

3

Die Graphen treffen sich im Punkt $(6 \mid 2)$.

a) $2 = -6 + 8$

$2 = -\frac{1}{2} \cdot 6 + 5$

b) Die beiden Kerzen sind nach 6 Stunden gleich hoch, und zwar 2 cm.
Die erste Kerze ist zu Beginn 8 cm hoch und brennt pro Stunde um 1 cm ab.
Die zweite Kerze ist anfangs 5 cm hoch und brennt pro Stunde um 0,5 cm ab.
Nach 6 Stunden erreichen beide Kerzen also die Höhe 2 cm.

4

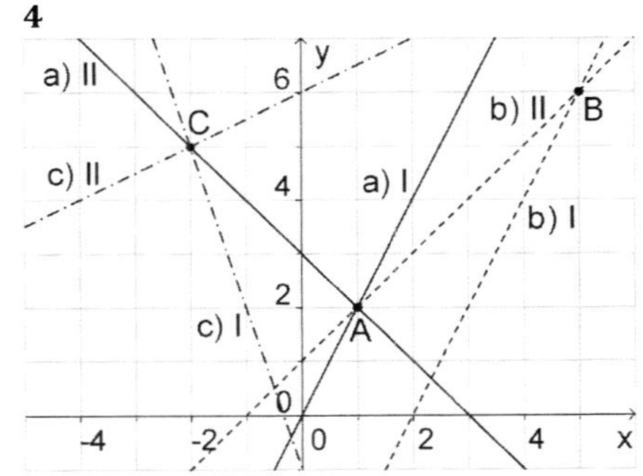

a) $x = 1$; $y = 2$ (Punkt A)
b) $x = 5$; $y = 6$ (Punkt B)
c) $x = -2$; $y = 5$ (Punkt C)

1

x	$y = 2x + 8$	$y = -0,5x + 18$	Ergebnis gleich?
0	8	18	nein
1	10	17,5	nein
2	12	17	nein
3	14	16,5	nein
4	**16**	16	ja

2

I $x + y = 84$; II $x - 2 = y + 2$

Ein Bauer hat 44, der andere 40 Kühe.

3

a)

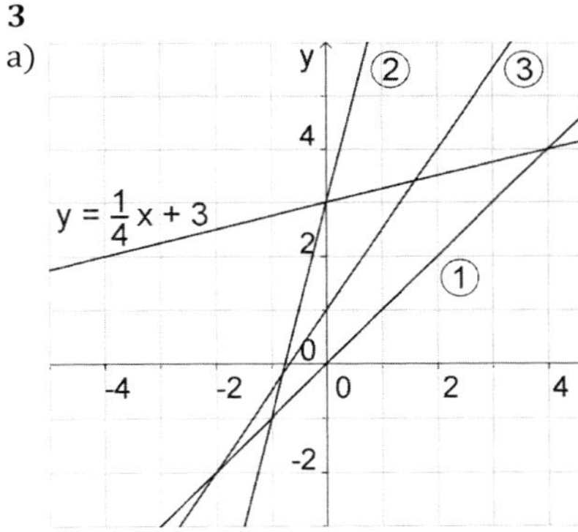

b) ① $(4 \mid 4)$ ② $(0 \mid 3)$ ③ $(1,6 \mid 3,4)$

4

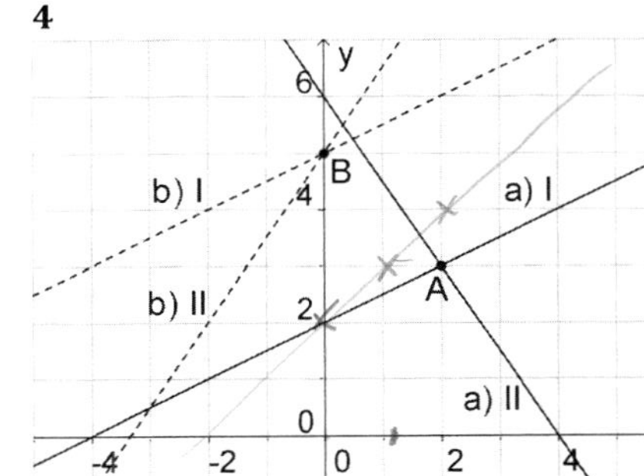

a) I $y = 0,5x + 2$; II $y = -1,5x + 6$
Lösung: $x = 2$; $y = 3$ (Punkt A)
b) I $y = 0,5x + 5$; II $y = 1,5x + 5$
Lösung: $x = 0$; $y = 5$ (Punkt B)

31 **4** *(Fortsetzung)*

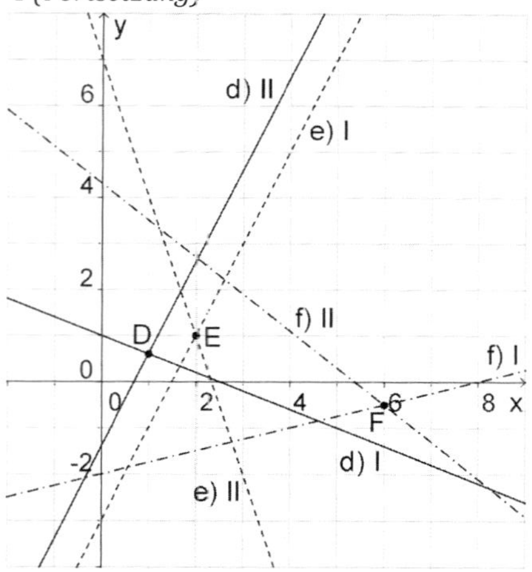

d) $x = 1$; $y = 0{,}6$ (Punkt *D*)
e) $x = 2$; $y = 1$ (Punkt *E*)
f) $x = 6$; $y = -0{,}5$ (Punkt *F*)

5

a)

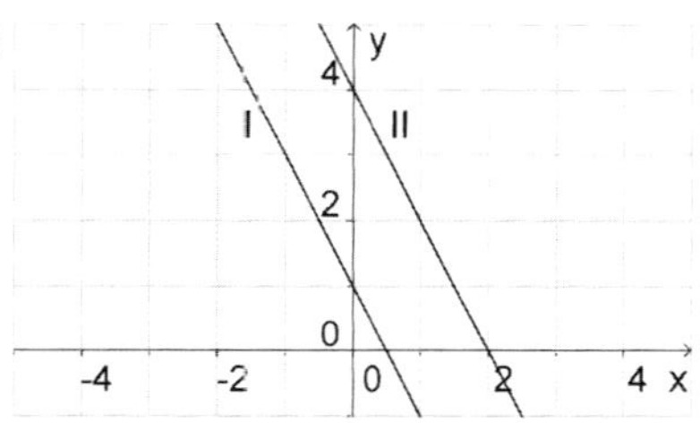

Die beiden Geraden sind zueinander parallel. Das Gleichungssystem hat deshalb keine Lösung.

b) individuelle Lösungen

4 *(Fortsetzung)*

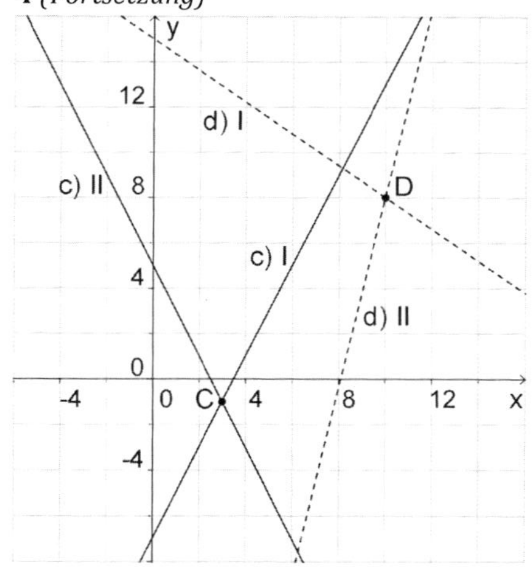

c) I $y = 2x - 7$; II $y = -2x + 5$
Lösung: $x = 3$; $y = -1$ (Punkt *C*)
d) I $y = -0{,}7x + 15$; II $y = 4{,}2x - 34$
Lösung: $x = 10$; $y = 8$ (Punkt *D*)

c)

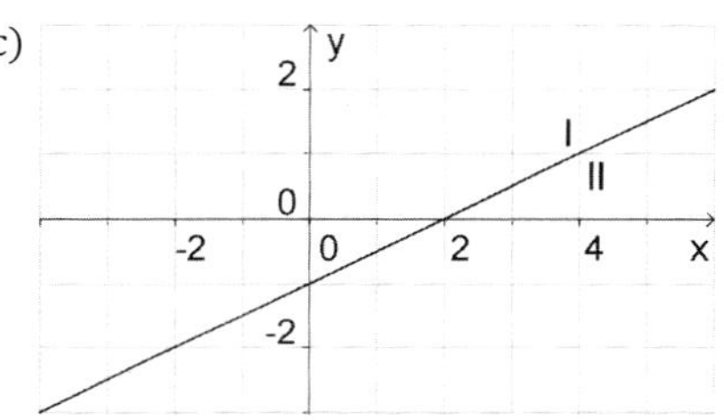

Die beiden Geraden sind identisch. Das Gleichungssystem hat deshalb unendlich viele Lösungen: alle Zahlenpaare $(x \mid 0{,}5x - 1)$ mit beliebig reellem x. Weitere Beispiele: individuell.

Das Gleichsetzungsverfahren

32 Entdecken

1

Es empfiehlt sich bei dieser Aufgabe, für die *x*- und die *y*-Achse unterschiedliche Koordinateneinheiten zu wählen (Beispiel siehe Zeichnung) und ein möglichst großes Blatt zu verwenden, z. B. DIN A4. Beim Zeichnen der Geraden ist besondere Sorgfalt erforderlich, da es sein kann, dass die Geraden durch keine Gitterpunkte des Karorasters verlaufen. Die Koordinaten des Schnittpunktes sind vor allem bei kleinem Bildformat nur näherungsweise aus der Grafik ablesbar. Die exakte Lösung ist $x = \frac{8}{3}$; $y = -13$.

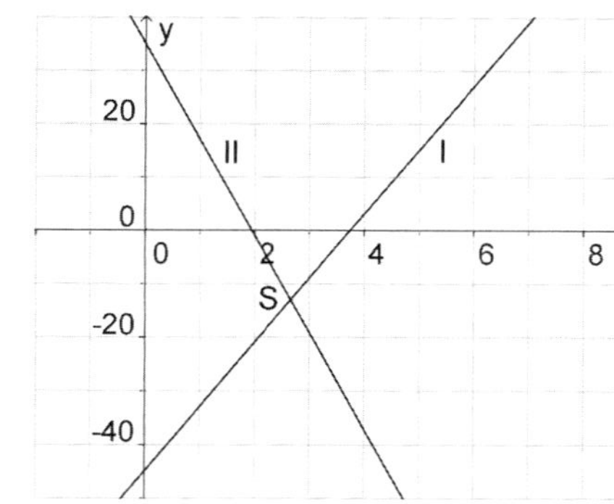

2

I $h + 2m = 2{,}1$; II $h + m = 1{,}8$

Auf der ersten Waage befindet sich ein Meerschweinchen mehr als auf der zweiten und der Gewichtsunterschied beträgt 0,3 kg. Folglich wiegt ein Meerschweinchen 0,3 kg. Da ein Meerschweinchen und ein Hase zusammen 1,8 kg schwer sind, wiegt ein Hase folglich 1,8 kg – 0,3 kg = 1,5 kg.

33 Üben und anwenden

1

②	I $y = 5x - 2$;	II' $y = 16 - x$
③	$5x - 2 = 16 - x$	$\mid +x$
	$6x - 2 = 16$	$\mid +2$
	$6x = 18$	$\mid :6$
	$x = 3$	
①	$y = 5 \cdot 3 - 2 = 13$	

2

a) $x = -1$; $y = -2$
b) $x = 2$; $y = 5$
c) $x = -1$; $y = -2$
d) $x = -5$; $y = 0$

1

Da die Terme $-2x + 8$ und $0{,}5x - 3{,}5$ jeweils gleich *y* sind, sind sie auch untereinander gleich:

$-2x + 8 = 0{,}5x - 3{,}5 \quad \mid +2x$
$8 = 2{,}5x - 3{,}5 \quad \mid +3{,}5$
$11{,}5 = 2{,}5x \quad \mid :2{,}5$
$x = 4{,}6$
$y = -2 \cdot 4{,}6 + 8 = -1{,}2$

Probe an der Gleichung II:
$-1{,}2 = 0{,}5 \cdot 4{,}6 - 3{,}5$; $-1{,}2 = -1{,}2$ (wahr)

2

a) $x = 1{,}2$; $y = 2{,}2$
b) $a = -1{,}75$; $b = 0{,}25$
c) $m = -4{,}9$; $n = -0{,}8$
d) $x = 0{,}5$; $y = 0{,}75$

33 **3**

Bei dem erstgenannten Gleichungssystem kann $2y - 3 = 3y - 5$ gesetzt werden, da beide Terme gleich x sind. Hieraus erhält man: $-3 = y - 5$; $y = 2$; $x = 2 \cdot 2 - 3 = 1$.
Bei dem zweitgenannten Gleichungssystem können beide Gleichungen wie folgt nach x aufgelöst werden: I' $x = -3y + 9$; II' $x + 4y = 11$; II'' $x = -4y + 11$.
Danach kann die Gleichsetzung erfolgen: $-3y + 9 = -4y + 11$; $y = 2$; $x = -3 \cdot 2 + 9 = 3$.

4

a) I $y = -2{,}8x + 7$; $x = 5$; $y = -7$
b) II $x = -y + 16$; $x = 13$; $y = 3$
c) I $x = -12y - 5$; $x = 19$; $y = -2$
d) I $6x = -7y - 1$; $x = 1$; $y = -1$

5

a)

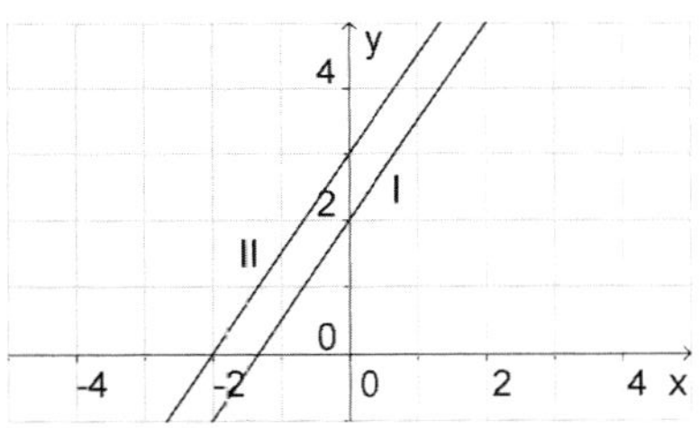

Die beiden Geraden sind zueinander parallel. Das Gleichungssystem hat keine Lösung.

c) I' $y = -\frac{1}{3}x - 2$; II' $y = -\frac{1}{3}x + 1$

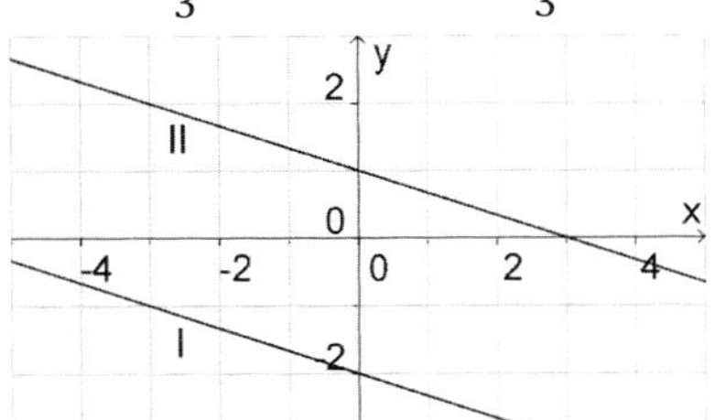

Die beiden Geraden sind zueinander parallel. Das Gleichungssystem hat deshalb keine Lösung.

6

a) I $2x + 2y = 32$; II $x + 2y = 23$
b) $x = 9$; $y = 7$
c) Für einen Jugendlichen kostet der Eintritt 7 €, für einen Erwachsenen 9 €.

4

a) I $y = -12x + 40$; $x = 3$; $y = 4$
b) I $x = -4y + 11$; $x = 3$; $y = 2$
c) II $y = 5x - 2$; $x = 0{,}75$; $y = 1{,}75$
d) II $y = -7x + 8$; $x = -1$; $y = 15$

b)

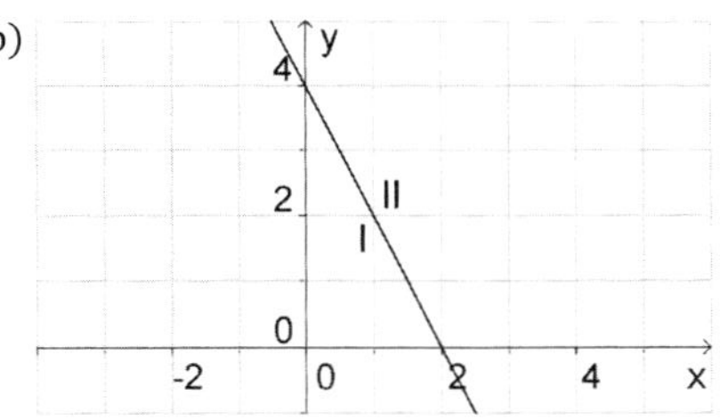

Die beiden Geraden sind identisch. Es gibt unendlich viele Lösungen: alle Paare $(x \mid -2x + 4)$, x beliebig reell.

d) I' $y = -2x - 4$; II' $y = -2x - 4$

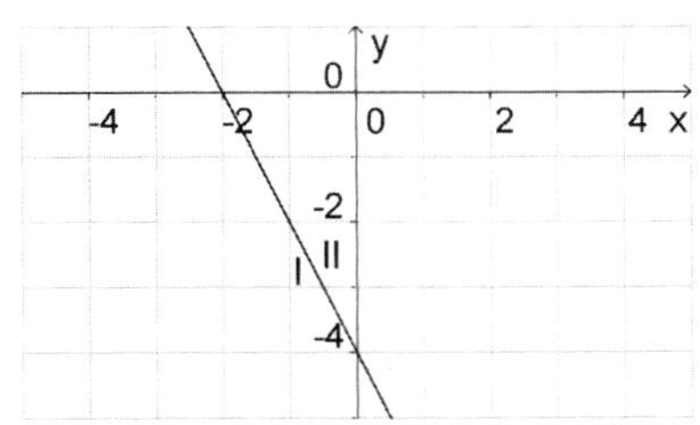

Die beiden Geraden sind identisch. Es gibt unendlich viele Lösungen: alle Paare $(x \mid -2x - 4)$, x beliebig reell.

6

Cola: c; Pizza: p
I $10c + 4p = 20{,}50$; II $20c + 3p = 28{,}50$
$c = 1{,}05$; $p = 2{,}5$
Cola kostet 1,05 €, Pizza 2,50 €.

Das Additionsverfahren

34 Entdecken

1

Noke bezahlt 3,80 € + 6,10 € = 9,90 €.

2

a) Es werden jeweils die linken und die rechten Seiten der beiden Gleichungen addiert. Hierbei verschwinden die Terme mit x, da sie entgegengesetzte Vorzeichen haben.
b) I $y + 2x = 4$; $6 + 2x = 4$; $2x = -2$; $x = -1$
c) I + II $2y = 18$; $y = 9$
I $y + 3x = 15$; $9 + 3x = 15$; $3x = 6$; $x = 2$

35 Üben und anwenden

1

a) Bei der Addition beider Gleichungen fällt y weg. Es kann nach x aufgelöst und danach y berechnet werden.
b) $2 \cdot 3 + 4 \cdot 2 = 6 + 8 = 14$ (wahr)
$5 \cdot 3 - 4 \cdot 2 = 15 - 8 = 7$ (wahr)

2

Antonia hat die rechten Seiten der Gleichungen nicht addiert.
$4x = 12$ | : 4
$x = 3$
$3 + 4y = 9$; $4y = 6$; $y = 1{,}5$

3

a) $x = 5$; $y = -3$ b) $x = 1$; $y = 5$
c) $x = -2$; $y = 2$

4

a) Gleichung I wird mit 2 multipliziert, damit sich beim Addieren die Terme mit x gegenseitig aufheben.
$y = 4$; $x = -1$
b) Gleichung II wird mit 2 multipliziert, damit sich beim Addieren die Terme mit y gegenseitig aufheben.
I + II' $15x = 10$; $x = \frac{2}{3}$; $y = 2$

1

a) $x = 4$
I $6 \cdot 4 + 5y = 34$; $5y = 10$; $y = 2$
b) Nach dem Halbieren der zweiten Gleichung werden die „Vorzahlen" von y zu Gegenzahlen, die sich bei der Gleichungsaddition aufheben.
c) $6 \cdot 4 + 5 \cdot 2 = 24 + 10 = 34$ (wahr)
$8 \cdot 4 - 10 \cdot 2 = 32 - 20 = 12$ (wahr)

2

Es hätte I' – II statt I' + II berechnet werden müssen:
I' – II $4y = 8$; $y = 2$
I $x + 5 \cdot 2 = 13$; $x = 3$

3

a) $x = 4$; $y = 2$ b) $x = 2{,}4$; $y = 0{,}2$
c) $x = 7{,}5$; $y = 1{,}25$

4

Beide Gleichungssysteme können einfach gelöst werden, indem jeweils die zweite Gleichung von der ersten subtrahiert wird:
a) I – II $3x = 12$; $x = 4$; $y = 3$
Probe: $5 \cdot 4 + 2 \cdot 3 = 20 + 6 = 26$
$2 \cdot 4 + 2 \cdot 3 = 8 + 6 = 14$
b) I – II $2x = 28$; $x = 14$; $y = -6$
Probe: $3 \cdot 14 + 2 \cdot (-6) = 42 - 12 = 30$
$14 + 2 \cdot (-6) = 14 - 12 = 2$

35 **5**

Möglich sind z. B.: Additionsverfahren (II – I ist am einfachsten), Gleichsetzungsverfahren, zeichnerische Lösung, systematisches Probieren.
Lösung: $x = 1$; $y = 6$

6

a) $x = 0{,}4$; $y = 1{,}7$ b) $x = 4{,}5$; $y = -0{,}5$
c) $x = 2$; $y = -3$ d) $x = -4$; $y = -5$
e) $a = 0$; $b = 8$

5

individuelle Aufgaben und Lösungen

6

a) $x = \frac{1}{3}$; $y = \frac{1}{2}$ b) $x = -4$; $y = -3$
c) $x = 8$; $y = 2$ d) $x = 2$; $y = 9$
e) $x = 1$; $y = 2$

Methode: Sachaufgaben mit linearen Gleichungssystemen lösen

37 Üben und anwenden

1

③ *Terme aufstellen*
Gästeanzahl im Einzelzimmer: x
Gästeanzahl im Doppelzimmer: $2y$
Gesamtzahl der Zimmer: $x + y$
Gesamtzahl der Gäste: $x + 2y$
④ *Gleichungssystem aufstellen*
I $x + y = 220$; II $x + 2y = 400$
⑤ *Gleichungssystem lösen*
I' $-x - y = -220$
I' + II $y = 180$
I $x + 180 = 220$; $x = 40$
⑥ *Lösung prüfen*
I $40 + 180 = 220$ (wahr)
II $40 + 2 \cdot 180 = 400$ (wahr)
⑦ *Ergebnis formulieren*
Das Hotel hat 40 Einzelzimmer und 180 Doppelzimmer.

2

a) $x + y = 100$; $x - y = 28$
$x = 64$; $y = 36$
b) $x - y = 7{,}5$; $x = 1{,}5y$
$x = 22{,}5$; $y = 15$
c) $x - y = 36$; $x + y = 132$
$x = 84$; $y = 48$

1

a) I $2x + 3y = 86$; II $3x + 2y = 99$
b) I' $6x + 9y = 258$; II' $-6x - 4y = -198$
I' + II' $5y = 60$ | : 5
$y = 12$
I $2x + 3 \cdot 12 = 86$ | – 36
$2x = 50$ | : 2
$x = 25$
c) Der Eintritt für einen Erwachsenen kostet 25 €.
d) Der Eintritt für ein Kind kostet 12 €.
e) I $2 \cdot 25 + 3 \cdot 12 = 86$
$50 + 36 = 86$ (wahr)
II $3 \cdot 25 + 2 \cdot 12 = 99$
$75 + 24 = 99$ (wahr)

2

x: Anzahl der 10-€-Scheine
y: Anzahl der 20-€-Scheine
$10x + 20y = 200$; $x = y + 2$
$x = 8$; $y = 6$
Man bekommt acht 10-€-Scheine und sechs 20-€-Scheine.

37 **3**

h: Anzahl der Hühner
k: Anzahl der Kühe
$h + k = 64$; $2h + 4k = 160$
$h = 48$; $k = 16$
Auf dem Bauernhof leben 48 Hühner und 16 Kühe.

4

Rolle Tapete: x; Päckchen Kleber: y
I $4x + 2y = 103{,}7$; II $2x + 2y = 57{,}8$
$2x = 103{,}7 - 57{,}8 = 45{,}9$; $x = 22{,}95$
$y = 5{,}95$
Die Rolle Tapete kostet 22,95 €, ein Päckchen Kleber 5,95 €.

5

a) Flussabwärts werden die Geschwindigkeiten addiert. Flussaufwärts wird die Strömungsgeschwindigkeit von der Geschwindigkeit des Bootes abgezogen.
b) $x = 1{,}7$; $y = 1{,}1$
Das Boot fährt mit $1{,}7\,\frac{m}{s}$, die Strömungsgeschwindigkeit des Flusses beträgt $1{,}1\,\frac{m}{s}$.

3

s: Anzahl der Schweine
g: Anzahl der Gänse
$s = 3g$; $4s + 2g = 420$
$s = 90$; $g = 30$
Auf dem Bauernhof leben 90 Schweine und 30 Gänse.

4

x: Anzahl der Urlaubstage
y: Höhe des Sparguthabens
$y = 12(x + 9) = 17(x - 1)$
$x = 25$; $y = 408$
Katharina will 25 Tage verreisen und hat dafür 408 € zur Verfügung.

5

Mögliche Fragen:
1. Wann treffen sie sich?
$s_1 = 8\,\frac{km}{h} \cdot t$; $s_2 = 12\,\frac{km}{h} \cdot t$
$s_1 + s_2 = 20\,\frac{km}{h} \cdot t = 37$ km
$t = 1{,}85$ h = 1 h 51 min
Clara und Ben treffen sich um 11:51 Uhr.
2. Wie weit sind sie gefahren?
$s_1 = 14{,}8$ km; $s_2 = 22{,}2$ km
Clara ist 14,8 km gefahren, Ben 22,2 km.

Klar so weit?

38 Lineare Gleichungssysteme grafisch lösen

1

x	$y = 2x$	$x + y = 15$
1	$y = 2$	$1 + 2 = 3$
2	$y = 4$	$2 + 4 = 6$
3	$y = 6$	$3 + 6 = 9$
4	$y = 8$	$4 + 8 = 12$
5	$\mathbf{y = 10}$	$5 + 10 = 15$

Lösung: $x = 5$; $y = 10$

1

x	$y = 3x + 1$	$y - x = 7$
1	$y = 4$	$4 - 1 = 3$
2	$y = 7$	$7 - 2 = 5$
3	$\mathbf{y = 10}$	$10 - 3 = 7$

Lösung: $x = 3$; $y = 10$

38 2

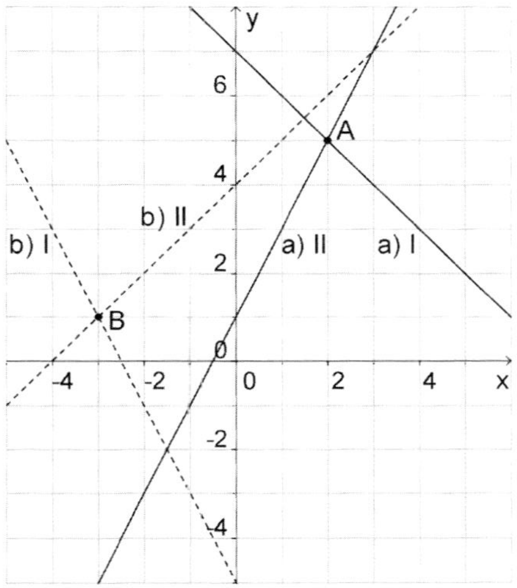

a) $x = 2$; $y = 5$ (Punkt A)
b) $x = -3$; $y = 1$ (Punkt B)

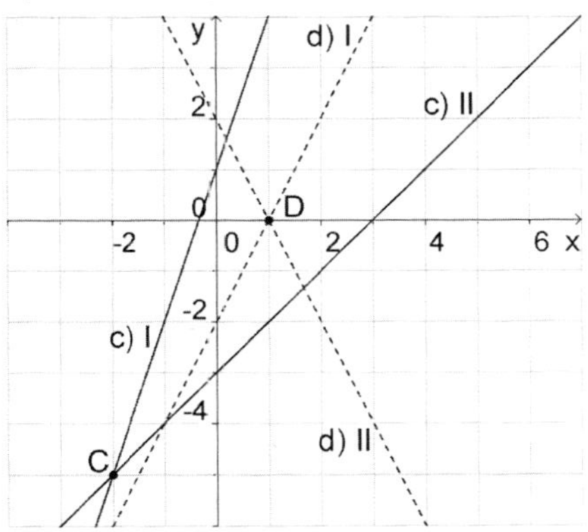

c) $x = -2$; $y = -5$ (Punkt C)
d) $x = 1$; $y = 0$ (Punkt D)

2

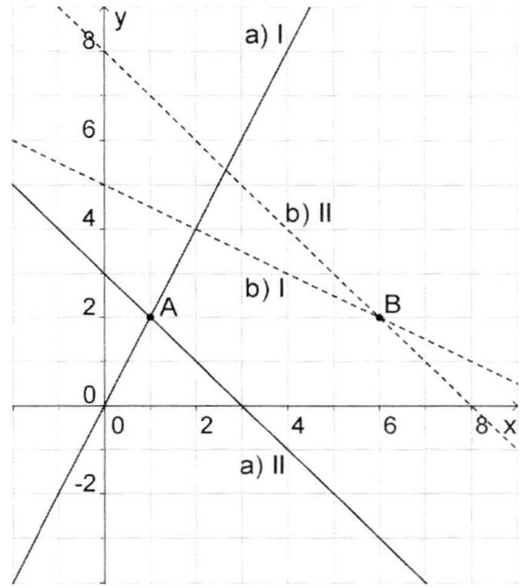

a) $x = 1$; $y = 2$ (Punkt A)
b) $x = 6$; $y = 2$ (Punkt B)

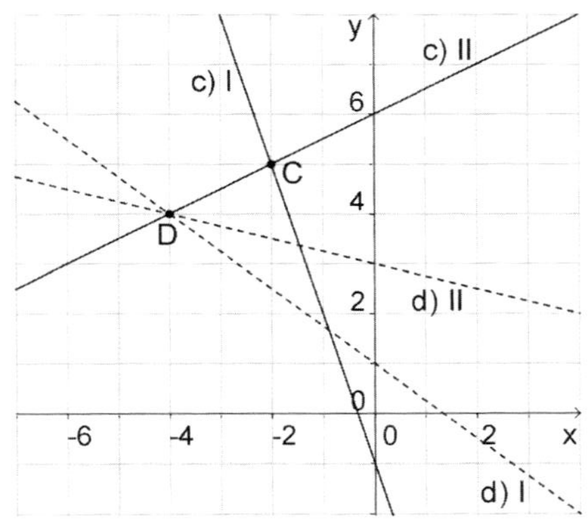

c) $x = -2$; $y = 5$ (Punkt C)
d) $x = -4$; $y = 4$ (Punkt D)

38 3

a) Der Schnittpunkt kennzeichnet denjenigen Zeitpunkt und Ort, an dem der Fuchs den Hasen einholt.
b) Schnittpunkt: $S(6 \mid 30)$
Probe: I $30 = 5 \cdot 6$ (wahr)
II $30 = 2{,}5 \cdot 6 + 15$ (wahr)

Das Gleichsetzungsverfahren

4

a) $x = 1$; $y = 2$ b) $x = 2$; $y = 1$
c) $x = 3$; $y = 0$ d) $x = 2$; $y = 5$
e) $x = -1$; $y = -2$

5

a) $x = 3$; $y = 2$ b) $x = 3$; $y = 7$
c) $x = 2$; $y = 1$

39 6

Die Gleichung II' enthält einen Vorzeichenfehler bei y. Korrektur:

I	$y = 5x - 2$	
II	$3x - y = -4$	$\mid -3x$
II'	$-y = -3x - 4$	$\mid \cdot (-1)$
II''	$y = 3x + 4$	
I = II''	$5x - 2 = 3x + 4$	$\mid -3x$
	$2x - 2 = 4$	$\mid +2$
	$2x = 6$	$\mid :3$
	$x = 3$	

x in I $y = 5 \cdot 3 - 2 = 13$
Das Gleichungssystem hat die Lösung $(3 \mid 13)$.

3

a) Werbehaus: $y = 0{,}7x$
Kundenzieher: $y = 0{,}5x + 10$
(x: Anzahl der Geschenke; y: Preis)

b)

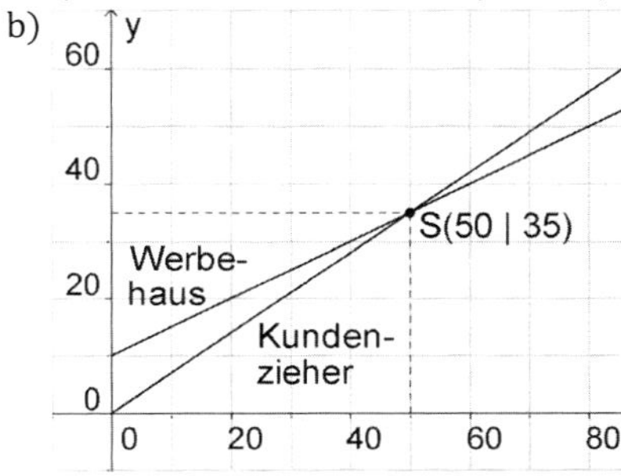

c) Bei weniger als 50 Geschenken ist der Anbieter Kundenzieher günstiger, bei mehr als 50 Geschenken der Anbieter Werbehaus. Bei genau 50 Geschenken stimmen die Preise überein.

4

a) $x = 15$; $y = -7$ b) $x = 23$; $y = 12$
c) $x = 11$; $y = 5$ d) $x = 0$; $y = -2$
e) $x = -3{,}5$; $y = 2$

5

a) $x = 4$; $y = -2$ b) $x = 31{,}4$; $y = 40$
c) $x = -5$; $y = 4$ d) $x = 1$; $y = 2$

6

Pia hat beim Umformen der Gleichung II zu II' nur die linke Seite durch 2 dividiert.
Korrektur:

I	$3x + y = 9$	$\mid -3x$
II	$8x + 2y = 21$	$\mid -8x$
I'	$y = 9 - 3x$	
II'	$2y = 21 - 8x$	$\mid :2$
II''	$y = 10{,}5 - 4x$	
I = II''	$9 - 3x = 10{,}5 - 4x$	$\mid +4x - 9$
	$x = 1{,}5$	

x in I $3 \cdot 1{,}5 + y = 9$; $4{,}5 + y = 9$; $y = 4{,}5$
Das Gleichungssystem hat die Lösung $(1{,}5 \mid 4{,}5)$.

39 Nachgedacht

- Carsten und Pia hätten ihre Fehler finden können, wenn sie eine Probe gemacht hätten.
- Der Fehler von Pia wäre vielleicht vermeidbar gewesen, wenn sie die Umformung von II zu II' in zwei Schritten statt in einem Schritt ausgeführt hätte.

Das Additionsverfahren

7

Erklärung individuell. Lösung des Gleichungssystems: $x = 5;\ y = 5$

8

Lösung wie Simon:

I	$2x + 4y = 30$	$\mid \cdot 3$
II	$-6x - 2y = -50$	
I'	$6x + 12y = 90$	
I' + II	$10y = 40$	$\mid : 10$
	$y = 4$	
y in I	$2x + 4 \cdot 4 = 30$	$\mid - 16$
	$2x = 14$	$\mid : 2$
	$x = 7$	

Probe: I $2 \cdot 7 + 4 \cdot 4 = 30$ (wahr)
II $-6 \cdot 7 - 2 \cdot 4 = -50$ (wahr)

9

a) $x = -2;\ y = 2$ b) $a = 5;\ b = 9$
c) $x = 6;\ y = 11$

10

Die Gleichung I wurde mit 7 multipliziert. Das Vertauschen der Summanden auf der linken Seite war hierbei überflüssig und verwirrt eher. Die Gleichung II wurde mit 5 multipliziert. Zweck der Umformungen war, dass sich die Terme mit y bei der anschließenden Addition der beiden Gleichungen gegenseitig aufheben:

I' + II'	$50x = -55$	$\mid : 50$
	$x = -1{,}1$	
x in I	$5 \cdot (-1{,}1) - 5y = 2{,}5$	$\mid + 5{,}5$
	$-5y = 8$	$\mid : (-5)$
	$y = -1{,}6$	

11

Sei p die Anzahl der Pkws und m die Anzahl der Motorräder.
I $p + m = 55$; II $4p + 2m = 190$; Lösung: $p = 40;\ m = 15$
Auf dem Parkplatz stehen 40 Pkws und 15 Motorräder.

7

Erklärung individuell. Lösung des Gleichungssystems: $x = 3;\ y = 4$

Lösung wie Stacey:

I	$2x + 4y = 30$	
II	$-6x - 2y = -50$	$\mid \cdot 2$
II'	$-12x - 4y = -100$	
I + II''	$-10x = -70$	$\mid : (-10)$
	$x = 7$	
x in I	$2 \cdot 7 + 4y = 30$	$\mid - 14$
	$4y = 16$	$\mid : 4$
	$y = 4$	

Probe: I $2 \cdot 7 + 4 \cdot 4 = 30$ (wahr)
II $-6 \cdot 7 - 2 \cdot 4 = -50$ (wahr)

9

a) $c = 7;\ d = 4$ b) $k = 3;\ y = 2$
c) $x = 6;\ y = -2$

10

Die Gleichung I wurde mit (–2) und die Gleichung II mit 3 multipliziert. Zweck der Umformungen war, dass sich die Terme mit x bei der anschließenden Addition der beiden Gleichungen gegenseitig aufheben:

I' + II'	$11y = 13{,}2$	$\mid : 11$
	$y = 1{,}2$	
y in I	$3x + 2 \cdot 1{,}2 = 6{,}3$	$\mid - 2{,}4$
	$3x = 3{,}9$	$\mid : 3$
	$x = 1{,}3$	

40 Vermischte Übungen

1

x	$y = 0{,}5x - 6$	$y = -1{,}5x + 4$	Ergebnis gleich?
1	$y = -5{,}5$	$y = 2{,}5$	nein
2	$y = -5$	$y = 1$	nein
3	$y = -4{,}5$	$y = -0{,}5$	nein
4	$y = -4$	$y = -2$	nein
5	$\mathbf{y = -3{,}5}$	$y = -3{,}5$	ja

Lösung: $x = 5;\ y = -3{,}5$

2

a) Bei Tarif A beträgt die monatliche Grundgebühr 8 € und die Gebühr pro Telefoneinheit 0,70 €. Bei Tarif B beträgt die Grundgebühr 10 € und eine Einheit kostet 0,50 €.

b)
- Lisa muss für den letzten Monat 17,80 € bezahlen. Bei Tarif B wären es nur 17,00 €. Lisa sollte, wenn sie regelmäßig mehr als 10 Einheiten pro Monat telefoniert, zu diesem Tarif wechseln.
- Bei Tarif A kann Stephan 17 Einheiten pro Monat telefonieren, bei Tarif B 20 Einheiten. Allerdings ist Tarif B ungünstiger, wenn Stephan weniger als 10 Einheiten im Monat telefoniert. Ist das regelmäßig der Fall, sollte er Tarif A wählen, ansonsten Tarif B.

1

$x = y + 2;\ x + y = 52$ (x, y: Schülerzahlen)

y	$x = y + 2$	$x + y$	$x + y = 52$?
20	22	42	nein
21	23	44	nein
22	24	46	nein
23	25	48	nein
24	26	50	nein
25	**27**	52	ja

In Jussufs Klasse sind 27 Schüler, in Meggis Klasse 25 Schüler.

2

Ein Rollerfahrer und ein Motorradfahrer legen dieselbe Strecke zurück. Der Rollerfahrer startet um 11:00 Uhr und fährt mit konstanter Geschwindigkeit von 40 $\frac{\text{km}}{\text{h}}$, der Motorradfahrer startet um 12:30 Uhr und fährt mit konstant 60 $\frac{\text{km}}{\text{h}}$.

a) Das Motorrad holt den Roller um 15:30 Uhr ein.
b) Bis zum Treffpunkt haben die beiden Fahrer jeweils 180 km zurückgelegt.
c) Bis 14:30 Uhr hat der Rollerfahrer 140 km und der Motorradfahrer 120 km zurückgelegt. Beide sind also 20 km Wegstrecke voneinander entfernt.

40 **3**

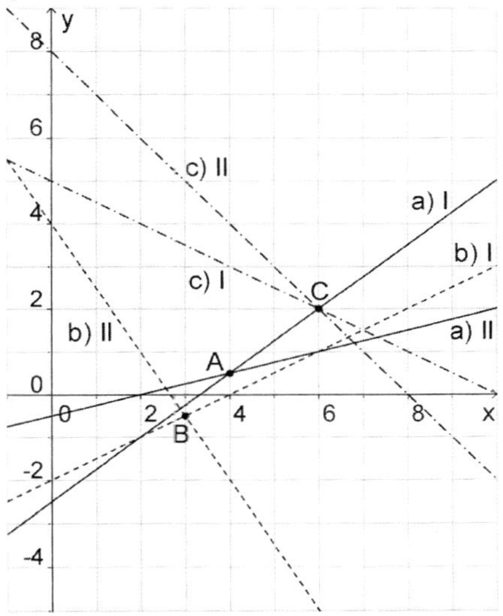

a) $x = 4$; $y = 0{,}5$ (Punkt A)
b) $x = 3$; $y = -0{,}5$ (Punkt B)
c) $x = 6$; $y = 2$ (Punkt C)

4

a) $x = -2$; $y = -5$

b) $x = 2$; $y = 1$

c) $x = -4$; $y = 2$

d) $x = -0{,}8$; $y = -0{,}1$

5

Was kostet eine Rose, was kostet eine Nelke?

I $3r + n = 7$; II $9r + 2n = 20$
I' $6r + 2n = 14$
II – I' $3r = 6$; $r = 2$; $n = 1$
Eine Rose kostet 2 €, eine Nelke 1 €.

41 **6**

a) $x = \frac{1}{6}$; $y = \frac{1}{3}$ b) $x = 1$; $y = -1$
c) $x = -2$; $y = 2$ d) $x = -7$; $y = -4$
e) $x = -4$; $y = -3$

3

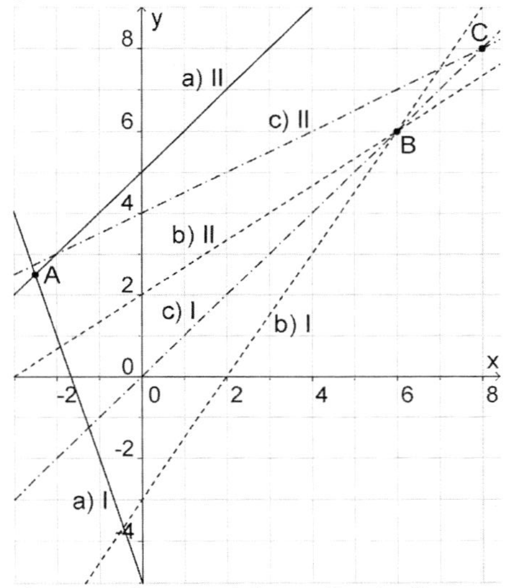

a) $x = -2{,}5$; $y = 2{,}5$ (Punkt A)
b) $x = 6$; $y = 6$ (Punkt B)
c) $x = 8$; $y = 8$ (Punkt C)

4

a) $x = \frac{115}{11} = 10\frac{5}{11} \approx 10{,}45$;
$y = -\frac{15}{22} \approx -0{,}682$

b) $x = -\frac{19}{20} = -0{,}95$; $y = \frac{29}{30} \approx 0{,}967$

c) $x = -\frac{22}{5} = -4{,}4$; $y = -\frac{8}{5} = -1{,}6$

5

Was kostet eine Flasche Mineralwasser, was kostet eine Flasche Saft?

I $12m + s = 12{,}06$; II $10m + 5s = 18{,}30$
I' $60m + 5s = 60{,}30$
I' – II $50m = 42$; $m = 0{,}84$; $s = 1{,}98$
Mineralwasser kostet 0,84 €, Saft 1,98 €.

6

a) $x = 1$; $y = -0{,}5$ b) $x = -5$; $y = 1$
c) $x = 2{,}5$; $y = 4$ d) $x = -0{,}2$; $y = 0{,}8$

41 **7**

a)

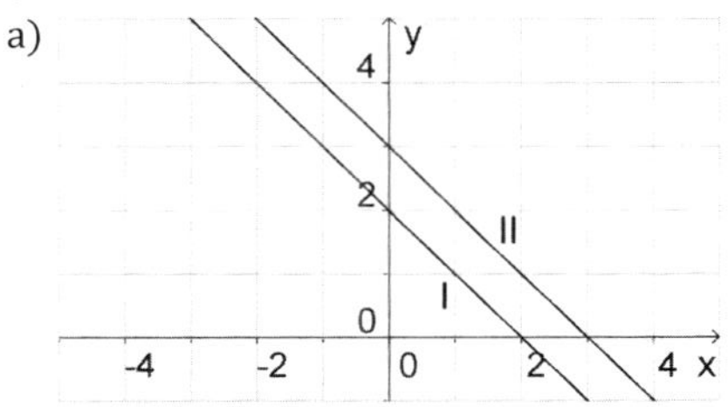

Die beiden Geraden sind zueinander parallel. Das Gleichungssystem hat deshalb keine Lösung. Bei rechnerischen Lösungswegen erhält man in diesem Falle einen Widerspruch, z. B. die falsche Aussage 2 = 3.

b)

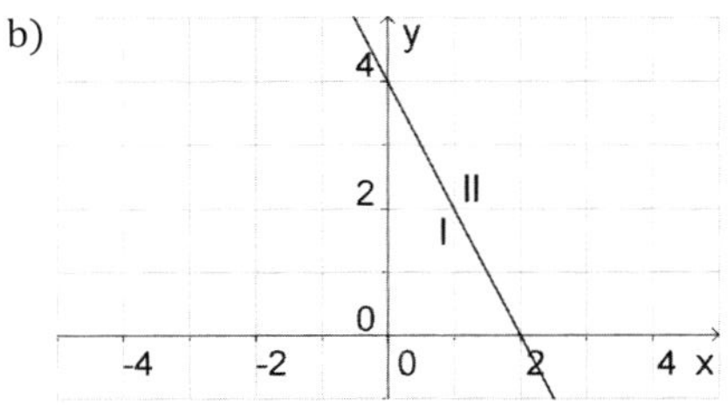

Beide Gleichungen beschreiben dieselbe Gerade. Das Gleichungssystem hat deshalb unendlich viele Lösungen: alle Paare $(x \mid y)$ mit $y = -2x + 4$. Beim Gleichsetzungs- und beim Additionsverfahren erhält man eine wahre, aber nutzlose Aussage wie 0 = 0 oder 4 = 4.

Nachgedacht

a) II $y = 4x + 2$ b) II $y = 4x + \blacktriangle$ mit $\blacktriangle \neq 2$ c) II $y = \blacksquare x + \blacktriangle$ mit $\blacksquare \neq 4$, $\blacktriangle$ beliebig

8

I $x + y = 990$; II $x = 1{,}2y$
$x = 540$; $y = 450$. Die ältere Schwester bezahlt 540 €, die jüngere 450 €.

9

a) I $2(a + b) = 48$; II $a = 2b$
$a = 16$ (cm); $b = 8$ (cm); $A = 128$ cm²
b) I $2(a + b) = 100$; II $a = b + 25$
$a = 37{,}5$ (cm); $b = 12{,}5$ (cm);
$A = 468{,}75$ cm²

Zum Weiterarbeiten

individuelle Aufgaben und Lösungen

10

I $y = \frac{2}{3}x + 1$; II $y = -\frac{1}{2}x + 2$

Schnittpunkt: $S\left(\frac{6}{7} \middle| \frac{11}{7}\right)$

8

I $j = m + 50$; II $0{,}2j + 0{,}3m = 295$
$j = 620$; $m = 570$
Es sind 570 Schülerinnen und 620 Schüler.

9

a) I $2(a + b) = 63$; II $a = 3{,}5b$
$a = 24{,}5$ (cm); $b = 7$ (cm);
$A = 171{,}5$ cm²
b) I $2(a + b) = 64$; II $a = 3b$
$a = 24$ (cm); $b = 8$ (cm); $A = 192$ cm²

10

f: $y = 3x$; g: $y = -2x + 3$; h: $y = \frac{2}{3}x - 4$

Schnittpunkt von f und h: $A\left(-\frac{12}{7} \middle| -\frac{36}{7}\right)$;
von g und h: $B(2{,}625 \mid -2{,}25)$;
von f und g: $C(0{,}6 \mid 1{,}8)$

11

a), b) individuelle Lösungen
c) Im Fall $a = c$ würde das Gleichungssystem keine oder unendlich viele Lösungen haben.
d) Übung mit einer Tabellenkalkulation

Berechnungen an Körpern

46 Noch fit?

1

a) 20 mm b) 0,5 km
c) 600 cm² d) 200 mm²
e) 2000 mm³ f) 4000 dm³

2

a) Skizze ②; $A = \frac{1}{2} c \cdot h_c = 20\ \text{cm}^2$

b) Skizze ③; $A = a \cdot b = 0{,}28\ \text{cm}^2$

c) Skizze ①; $A = a \cdot h_a = 9\ \text{m}^2$

d) Skizze ④; $A = \frac{\pi}{4} d^2 \approx 50{,}3\ \text{cm}^2$

3

a) Zeichenübung. Dieser Körper ist ein Würfel, da er von sechs Quadratflächen begrenzt wird.
b) Zeichenübung. Dieser Körper ist kein Würfel, da er von Rechteckflächen begrenzt wird, die keine Quadrate sind.

1

a) 325 mm b) 0,8 m
c) 7500 cm² d) 3,2 cm²
e) 0,025 l f) 42 200 mm³

2

a) $A = \frac{1}{2} a \cdot c = 1{,}5\ \text{cm}^2$

b) $A = \frac{1}{2}(b + d) \cdot h_d = 8{,}75\ \text{cm}^2$

c) $A = b \cdot h_b = 480\ \text{cm}^2$

d) $A = \pi \cdot r^2 \approx 452\ \text{cm}^2$

e) $A = \frac{1}{8} \cdot \frac{\pi}{4} d^2 = 6{,}28\ \text{cm}^2$

3

a) Zeichenübung. Es gibt elf verschiedene nicht zueinander kongruente Netze des Würfels.
b) Zeichenübung

4

a), b) ① Würfel (6 Quadratflächen); Quader (2 Quadrat- und 4 Rechteckflächen), quadratische Pyramide (1 Quadrat als Grundfläche, 4 gleichschenklige Dreiecke als Seitenflächen); quadratischer Pyramidenstumpf (2 unterschiedlich große Quadrate als Grund- und Deckfläche, 4 gleichschenklige Trapeze als Seitenflächen)

② Zylinder (2 Kreise als Grund- und Deckfläche, eine gekrümmte Fläche, die sich zu einem Rechteck abrollen lässt, als Mantelfläche); Kegel (ein Kreis als Grundfläche und eine gekrümmte Fläche, die sich zu einem Kreisausschnitt abrollen lässt, als Mantelfläche); Halbkugel (ein Kreis als Grundfläche und eine gekrümmte Fläche, die sich nicht in die Ebene abrollen lässt)

③ Dreieckprisma (2 rechtwinklige Dreiecke als Grund- und Deckfläche und 3 Rechtecke als Seitenflächen); Dreieckpyramide (4 Dreiecksflächen)

④ Quader (6 Rechteckflächen), Rechteckpyramide (1 Rechteck als Grundfläche, 4 gleichschenklige Dreiecke als Seitenflächen); rechteckiger Pyramidenstumpf (2 unterschiedlich große Rechtecke als Grund- und Deckfläche, 4 gleichschenklige Trapeze als Seitenflächen)

⑤ Fünfeckprisma (2 Fünfecke als Grund- und Deckfläche 5 Rechtecke als Seitenflächen); Fünfeckpyramide (1 Fünfeck als Grundfläche und 5 Dreiecke als Seitenflächen)

46 **4** *(Fortsetzung)*

c) Beispiele:

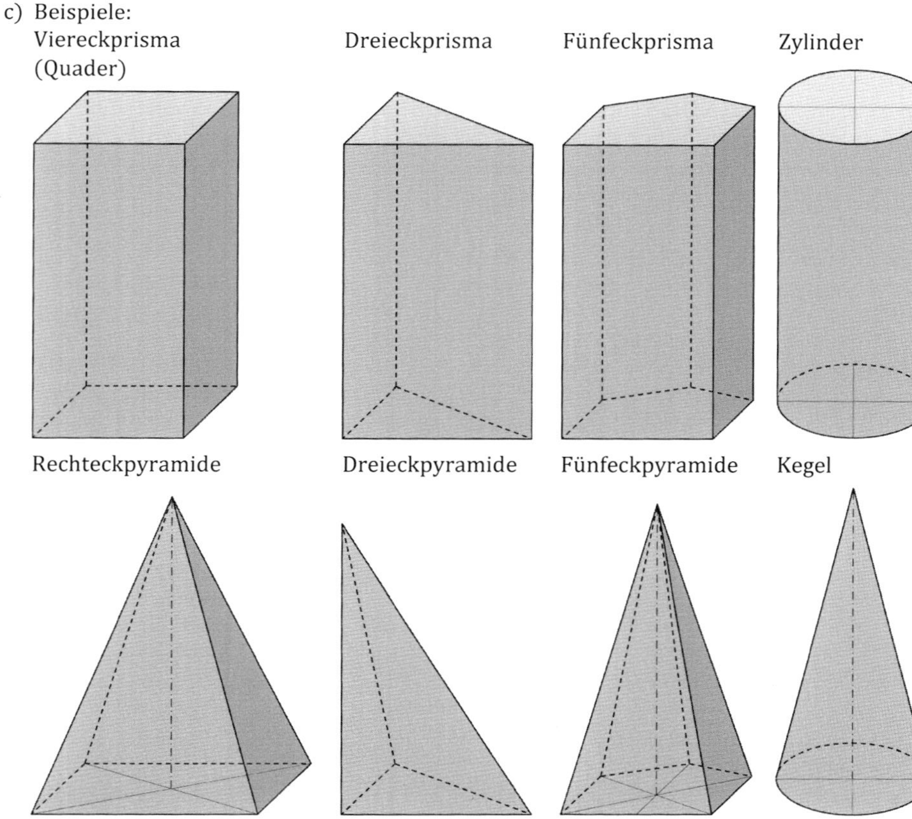

47 **5**

a) a ist die Hypotenuse; $b^2 + c^2 = a^2$
b) b ist die Hypotenuse; $a^2 + c^2 = b^2$

6

$c^2 = (5\ \text{cm})^2 + (12\ \text{cm})^2$
$c^2 = 25\ \text{cm}^2 + 144\ \text{cm}^2$
$c^2 = 169\ \text{cm}^2$
$c = 13\ \text{cm}$

5

a) Die Dreiecke ADC und DBC sind rechtwinklig; $c^2 + h^2 = b^2$; $d^2 + h^2 = a^2$
b) Die Dreiecke ADC und DBC sind rechtwinklig; $(0{,}5c)^2 + h^2 = a^2$

6

$a^2 = (4{,}5\ \text{m})^2 - (1{,}8\ \text{m})^2$
$a^2 = 20{,}25\ \text{m}^2 - 3{,}24\ \text{m}^2$
$a^2 = 17{,}01\ \text{m}^2$
$a \approx 4{,}12\ \text{m}$

47 **7**

a) $e \approx 7{,}07$ cm b) $d \approx 8{,}66$ cm

c) Darstellung im Maßstab 1 : 2

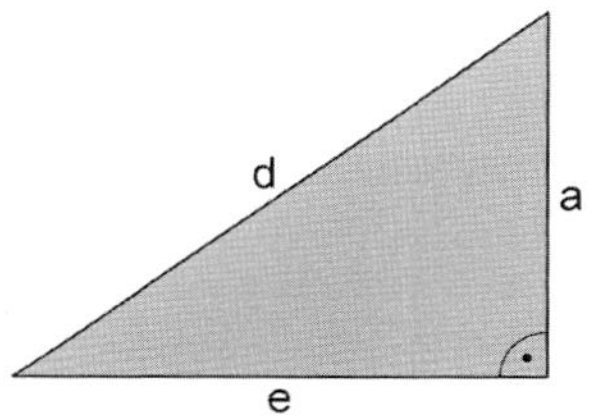

8

a) Ⓐ $A = 7$ cm² b) Ⓐ $u = 11$ cm
Ⓑ $b = 7$ cm Ⓑ $u = 20$ cm
Ⓒ $a = 5{,}5$ cm Ⓒ $u = 27$ cm

9

$a = \frac{A}{b}$ $a = \frac{V}{b \cdot c}$

$a = \frac{2A}{h_a}$ $a = \sqrt{c^2 - b^2}$

7

a) $h^2 = (9\text{ cm})^2 - (2{,}5\text{ cm})^2$
$h^2 = 81\text{ cm}^2 - 6{,}25\text{ cm}^2$
$h^2 = 74{,}75\text{ cm}^2$
$h \approx 8{,}65$ cm

b) $h^2 = (10\text{ cm})^2 - (3\sqrt{2}\text{ cm})^2$
$h^2 = 100\text{ cm}^2 - 18\text{ cm}^2$
$h^2 = 82\text{ cm}^2$
$h \approx 9{,}06$ cm

8

	g	h	A
a)	4 cm	7 cm	**14 cm²**
b)	**7,5 cm**	12 cm	45 cm²
c)	4,6 m	**3,5 m**	8,05 m²

9

$r = \frac{u}{2\pi}$ $r = \frac{M}{2 \cdot \pi \cdot h_K}$

$r = \sqrt{\frac{4A}{\pi}}$ $r = \sqrt{\frac{G}{\pi}}$

Prismen und Zylinder erkennen und berechnen

48 Entdecken

1

a) ① Würfel ② Sechseckprisma ③ Dreieckprisma ④ Zylinder

Gemeinsamkeiten:
- Alle vier Körper haben eine Grund- und eine Deckfläche, die zueinander kongruent und parallel sind.
- Die ersten drei Körper sind Prismen.
- Bei den ersten drei Körpern besteht die Mantelfläche aus so vielen Rechtecken wie die Grund- bzw. die Deckfläche Ecken hat.
- Bei allen vier Körpern steht die Mantelfläche auf der Grundfläche senkrecht.

Unterschiede:
- Die Grundflächen der Körper ① bis ③ haben unterschiedliche Eckenzahl.
- Die Mantelflächen der Körper ① bis ③ unterscheiden sich in der Anzahl der Rechtecke.
- Die Körper ① bis ③ werden nur von Vielecksflächen begrenzt, der Körper ④ hingegen von zwei Kreisflächen und einer gekrümmten Mantelfläche.
- Beim Körper ① kann jede der Begrenzungsflächen als Grundfläche gewählt werden.

48 **1** *(Fortsetzung)*

b) Zeichenübung. Formeln zur Berechnung des Oberflächeninhalts:
① $O = 6a^2$ (a: Kantenlänge des Würfels)
② $O = 3\sqrt{3}\,a^2 + 6a \cdot h_K$ (a: Grundkantenlänge; h_K: Körperhöhe)
③ $O = c \cdot h_c + (a + b + c) \cdot h_K$ (a, b, c: Seitenlängen der Grundfläche; h_c: Höhe der Grundfläche zur Seite c; h_K: Körperhöhe)
④ $O = 2\pi r \cdot (r + h_K)$ (r: Radius; h_K: Körperhöhe)

c) Alle vier Körper haben dasselbe Volumen. Mögliche Begründungen:
- Alle vier Körper haben gleiche Grundflächen und Höhen und für alle vier Körper gilt die Volumenformel $V = G \cdot h_K$ $(= 4\text{ cm}^2 \cdot 2\text{ cm} = 8\text{ cm}^3$; G: Grundfläche; h_K: Höhe).
- Die Aussage gilt nach dem Satz des Cavalieri. Die Körper haben gleiche Grundflächen, gleiche Höhen und gleiche Querschnittsflächen in gleicher Höhe.

49 Üben und anwenden

1

① Dreieckprisma; die Grundfläche ist ein gleichschenkliges Dreieck; der Mantel besteht aus drei Rechtecken.
② Quadratischer Pyramidenstumpf (kein Prisma, kein Zylinder); Grund- und Deckfläche sind unterschiedlich große Quadrate; die Mantelfläche besteht aus vier Trapezen.
③ Fünfeckprisma; die Grundfläche ist ein Fünfeck; der Mantel besteht aus 5 Rechtecken.
④ Zylinder; die Grundfläche ist ein Kreis; die Mantelfläche ist gekrümmt und lässt sich zu einem Rechteck abrollen.
⑤ Quader; die Grundfläche ist ein Rechteck; der Mantel besteht aus vier Rechtecken.
⑥ Zylinder; die Grundfläche ist ein Kreis; die Mantelfläche ist gekrümmt.

2

Zeichenübung
$O = 4{,}3\text{ cm} \cdot 3{,}2\text{ cm} + 12{,}1\text{ cm} \cdot 8{,}5\text{ cm}$
$O = 13{,}76\text{ cm}^2 + 102{,}85\text{ cm}^2$
$O = 116{,}61\text{ cm}^2$

3

Zeichenübung. Die Mantelfläche ist etwa 12,6 cm lang (Umfang der Grundfläche) und 4 cm breit (Körperhöhe).
$O = 2\pi r \cdot (r + h_K)$
$O = 2\pi \cdot 2\text{ cm} \cdot (2\text{ cm} + 4\text{ cm})$
$O \approx 75{,}4\text{ cm}^2$

2

Zeichenübung

a) $O = 108\text{ cm}^2$

b) doppelte Höhe: $O_2 = 204\text{ cm}^2$
dreifache Höhe: $O_3 = 300\text{ cm}^2$

Es verdoppelt bzw. verdreifacht sich nur der Mantelflächeninhalt; die Inhalte von Grund- und Deckfläche bleiben gleich. Deshalb ist der Oberflächeninhalt bei doppelter bzw. dreifacher Höhe etwas kleiner als das Doppelte bzw. Dreifache des Oberflächeninhalts des gegebenen Prismas.

3

Es gibt unendlich viele Möglichkeiten, das Netz eines Zylinders zu zeichnen, da Grund- und Deckfläche an beliebiger Stelle an die untere bzw. obere Seite der Mantelfläche angesetzt werden können. Oberflächeninhalt: individuelle Lösungen.

49 **4**

a) $V = 128\ \text{cm}^3$
b) $V = 72\ \text{cm}^3$
c) $V = 160\ \text{cm}^3$
d) $V \approx 157{,}1\ \text{cm}^3$

5

Höhe des Kartons:

$$c = \frac{V}{a \cdot b} = \frac{78\,540\ \text{cm}^3}{68\ \text{cm} \cdot 33\ \text{cm}} = 810\ \text{m}^2$$

Der Karton ist 35 cm hoch.

4

a) Quader; $V = 80\ \text{dm}^3$
b) Dreieckprisma; $V \approx 229{,}5\ \text{cm}^3$
c) Dreieckprisma; $V = 71{,}955\ \text{cm}^3$
d) Zylinder; $V \approx 502{,}6\ \text{cm}^3$

5

Der Kanal hat die Form eines Trapezprismas. Querschnittsfläche des Kanals:

$$G = \frac{V}{h_K} = \frac{81\,000\,000\ \text{m}^3}{100\,000\ \text{m}} = 810\ \text{m}^2$$

Tiefe des Kanals (Trapezhöhe):

$$h_T = \frac{2G}{a+c} = \frac{2 \cdot 810\ \text{m}^2}{40\ \text{m} + 95\ \text{m}} = 12\ \text{m}$$

Ein Schiff mit 13 m Tiefgang kann nicht durch den Kanal fahren, da die Tiefe des Kanals nur 12 m beträgt.

Nachgedacht

Die Aussage ist wahr; es sind Prismen mit einem Quadrat bzw. Rechteck als Grundfläche.

Pyramiden erkennen und berechnen

50 Entdecken

1

a) Die Pyramide besitzt fünf Begrenzungsflächen.
b) Das Quadrat ist die Grundfläche, die vier Dreiecke bilden die Mantelfläche.
c) $O = a^2 + 2a \cdot h_a = (3\ \text{cm})^2 + 2 \cdot 3\ \text{cm} \cdot 4\ \text{cm} = 33\ \text{cm}^2$
d) Die Grundfläche ist ein Sechseck und die Mantelfläche besteht aus sechs statt vier Dreiecken. Ist die Grundfläche ein regelmäßiges Sechseck und die Pyramide gerade, so gelten folgende Formeln für Grund- und Mantelfläche: $G = 1{,}5\sqrt{3}\,a^2$; $M = 3a \cdot h_a$.
Mit $a = 3$ cm und $h_a = 4$ cm ergibt sich: $G \approx 23{,}4\ \text{cm}^2$; $M = 36\ \text{cm}^2$; $O \approx 59{,}4\ \text{cm}^2$.
Die Grundfläche vergrößert sich also um den Faktor $1{,}5\sqrt{3} \approx 2{,}6$ und die Mantelfläche um den Faktor 1,5.

2

a), b) Experiment

c) Die Masse der Pyramide beträgt $\frac{1}{3}$ der Masse des Würfels.

Zum Weiterarbeiten

Nach dem Satz des Pythagoras gilt: $h_a^2 = \left(\frac{a}{2}\right)^2 + h_K^2$; $h_K = \sqrt{h_a^2 - \left(\frac{a}{2}\right)^2}$.

Hieraus folgt für das Volumen der Pyramide: $V = \frac{1}{3}a^2 \cdot \sqrt{h_a^2 - \left(\frac{a}{2}\right)^2}$.

51 Üben und anwenden

1

Bild ① zeigt eine Dreieckpyramide (ein reguläres Tetraeder), Bild ② eine quadratische Pyramide, Bild ③ eine Fünfeckpyramide und Bild ④ eine Sechseckpyramide.
Alle Pyramiden haben ein regelmäßiges Vieleck als Grundfläche und sind gerade, d. h. die Spitze befindet sich senkrecht über dem Mittelpunkt der Grundfläche.

a) ① Grundfläche: gleichseitiges Dreieck; 3 Seitenflächen
② Grundfläche: Quadrat; 4 Seitenflächen
③ Grundfläche: regelmäßiges Fünfeck; 5 Seitenflächen
④ Grundfläche: regelmäßiges Sechseck; 6 Seitenflächen
Die Anzahl der Seitenflächen ist stets gleich der Eckenzahl der Grundfläche.
b) Die Mantelfläche besteht aus 17 Seitenflächen.

2

a) Die Mantelfläche hat drei Seiten.
b) Das gleichseitige Dreieck unten ist die Grundfläche.
c) $O = \frac{1}{2} \cdot 5\ \text{cm} \cdot 4{,}3\ \text{cm} + \frac{3}{2} \cdot 5\ \text{cm} \cdot 6{,}5\ \text{cm}$
$O = 59{,}5\ \text{cm}^2$

3

Das Volumen des Zeltes a) wird das größere sein, da es die größere Grundfläche besitzt ($3{,}24\ \text{m}^2$ gegenüber $2{,}8\ \text{m}^2$ bei b)).
a) $V = 1{,}728\ \text{m}^3$
b) $V \approx 1{,}493\ \text{m}^3$

1

a) $O = 12\ \text{cm}^2 + 3 \cdot 7\ \text{cm}^2 = 33\ \text{cm}^2$
b) $O = 37\ \text{m}^2 + 4 \cdot 6{,}9\ \text{m}^2 = 64{,}6\ \text{m}^2$
c) $O = 49\ \text{mm}^2 + 5 \cdot 11{,}6\ \text{mm}^2 = 107\ \text{mm}^2$
d) $O = 8{,}4\ \text{dm}^2 + 6 \cdot 5{,}1\ \text{dm}^2 = 39\ \text{dm}^2$

2

a) $O = (3\ \text{m})^2 + 2 \cdot 3\ \text{m} \cdot 3{,}7\ \text{m} = 31{,}2\ \text{m}^2$
b) Höhe der Grundfläche:
$h_a = \sqrt{(15\ \text{m})^2 - (7{,}5\ \text{m})^2} \approx 12{,}99\ \text{m}$;
Oberflächeninhalt:
$O \approx \frac{1}{2} \cdot 15\ \text{m} \cdot 12{,}99\ \text{m} + \frac{3}{2} \cdot 15\ \text{m} \cdot 19{,}6\ \text{m}$
$O \approx 538{,}4\ \text{m}^2$

3

a) $O = a^2 + 2 \cdot a \cdot h_a = 44{,}1\ \text{cm}^2$
$V = \frac{1}{3} \cdot a^2 \cdot h_K = 17{,}15\ \text{cm}^3$
b) $O = 2 \cdot a \cdot h_a = 106{,}08\ \text{cm}^2$
$V = \frac{1}{3} \cdot \frac{1}{2} \cdot a \cdot h_a \cdot h_K = 56{,}576\ \text{cm}^3$
c) $O = a \cdot b + a \cdot h_a + b \cdot h_b = 89{,}01\ \text{cm}^2$
$V = \frac{1}{3} \cdot a \cdot b \cdot h_K \approx 42{,}47\ \text{cm}^3$

51 4

a) richtig: Es gibt ein rechtwinkliges Dreieck, in dem h_a Kathete und s Hypotenuse ist.

b) falsch: $h_K < h_a$, da es ein rechtwinkliges Dreieck gibt, in dem h_K Kathete und h_a Hypotenuse ist.

c) falsch: a kann größer, kleiner oder gleich h_a sein. Es muss nur $a < 2h_a$ sein, damit gegenüberliegende Seitenflächen eine gemeinsame Spitze haben können (Dreiecksungleichung).

d) richtig: Es gibt ein rechtwinkliges Dreieck, in dem h_K Kathete und s Hypotenuse ist.

e) falsch: h_K kann kleiner, größer oder gleich a sein. Zwischen diesen beiden Größen gibt es keine Abhängigkeiten.

f) falsch: Da zwei gegenüberliegende Seitenkanten und eine Grundflächendiagonale jeweils ein gleichschenkliges Dreieck bilden, muss nach der Dreiecksungleichung $\sqrt{2}\,a < 2s$, also $a < \sqrt{2}\,s$ gelten. Diese Bedingung ist auch für $a = s$ erfüllt sowie für $a > s$, solange a kleiner als $\sqrt{2}\,s \approx 1{,}414\,s$ bleibt.

5

Zeichenübung

a) $h_a = \sqrt{s^2 - \left(\frac{1}{2}a\right)^2} \approx 9{,}165$ cm

$O = \frac{1}{2}a \cdot 6{,}9\text{ cm} + \frac{3}{2}a \cdot h_a \approx 138\text{ cm}^2$

b) Sei $h_G = 6{,}9$ cm die Grundflächenhöhe.

$h_K = \sqrt{h_a^2 - \left(\frac{1}{3}h_G\right)^2} \approx 8{,}872$ cm;

$V = \frac{1}{6}a \cdot h_G \cdot h_K \approx 81{,}6\text{ cm}^2$ oder

$h_K = \sqrt{s^2 - \left(\frac{2}{3}h_G\right)^2} \approx 8{,}879$ cm;

$V = \frac{1}{6}a \cdot h_G \cdot h_K \approx 81{,}7\text{ cm}^2$

5

	a	s	h_a	h_K
a)	5 cm	**8,3 cm**	**7,9 cm**	7,5 cm
b)	5,6 cm	**7,5 cm**	7 cm	**6,4 cm**
c)	**17,9 m**	**15,0 m**	12 m	8 m
d)	**31,3 mm**	**23,8 mm**	17,9 mm	8,7 mm
e)	3 cm	6,3 cm	**6,1 cm**	**5,9 cm**
f)	4,7 cm	7,9 cm	**7,5 cm**	**7,2 cm**
g)	**16,5 cm**	18 cm	16 cm	**13,7 cm**

Oberflächeninhalt von Kegeln

52 Entdecken

1

Zeichen- und Bastelübung

a) Es treffen die Radien des Kreisausschnitts aufeinander sowie der Kreisbogen des Kreisausschnitts und die Kreislinie.

b) Ein Kegel lässt sich mit jedem Radius s herstellen, der größer als r ist. Hierbei ist es wichtig, die Länge b des Kreisbogens beizubehalten (bei gleichem Radius r der Grundfläche).

52 2

a) Die Mantelfläche eines Kegels wird entlang eines Radius aufgeschnitten und in die Ebene abgerollt. Der so entstandene Kreisausschnitt wird in kleinere Kreisausschnitte zerlegt. Diese werden so wieder zusammengefügt, dass näherungsweise ein Rechteck entsteht.

b) Um die Mantelfläche zu erhalten, multipliziert Till die Seitenlängen des Rechtecks miteinander. Die Länge des Rechtecks ist annähernd gleich der halben Bogenlänge des Kreisausschnitts, der die Mantelfläche des Kegels bildet, und diese muss gleich dem Umfang $u = 2 \cdot \pi \cdot r$ der Grundfläche sein. Die Breite des Rechtecks ist gleich dem Radius s der Mantelfläche.

c) Mit dieser Formel erhält man für die Mantelfläche ebenfalls das Ergebnis 42,41 cm².
Der Rechenweg ist hierbei etwas einfacher.

53 Üben und anwenden

1

a) Zuerst wird die Grundfläche als Kreis mit dem Radius r gezeichnet. Anschließend wird die in die Ebene abgerollte Mantelfläche als Kreisausschnitt mit dem Radius s und dem Öffnungswinkel α so gezeichnet, dass dessen Kreisbogen die Grundfläche von außen berührt. Zum Zeichnen werden die Radien r und s und der Winkel α benötigt. Hiervon müssen jedoch nur zwei Größen gegeben sein, da zwischen r, s und α folgende Beziehung besteht:

$\frac{b}{2\pi s} = \frac{2\pi r}{2\pi s} = \frac{r}{s} = \frac{\alpha}{360°}$

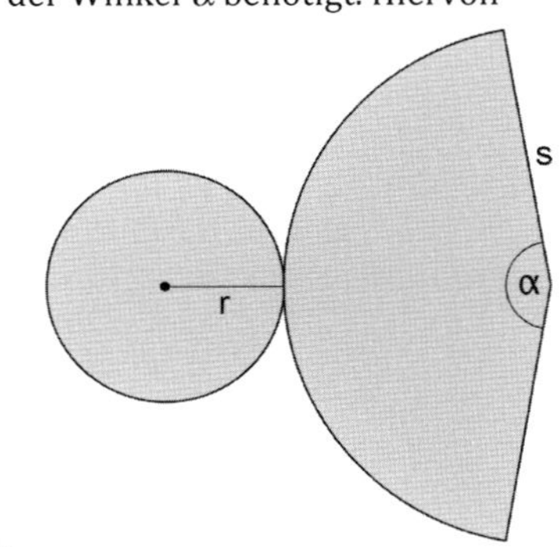

b) siehe nebenstehende Abbildung; Darstellung aus Platzgründen im Maßstab 1 : 2.
Aus dem Netz lässt sich ein Kegel bauen, da die Beziehung $\frac{r}{s} = \frac{\alpha}{360°}$ erfüllt ist.

c) Zu einem Kegel gibt es stets unendlich viele verschiedene Netze, da die Grundfläche den Kreisbogen der Mantelfläche an jeder beliebigen Stelle berühren kann.

2

Zeichnung siehe nächste Seite;
Darstellung im Maßstab 1 : 2
Grundflächeninhalt:
$G = \pi \cdot r^2 \approx 19{,}6\text{ cm}^2$
Mantelflächeninhalt:
$M = \pi \cdot r \cdot s \approx 39{,}3\text{ cm}^2$
Oberflächeninhalt:
$O = G + M \approx 58{,}9\text{ cm}^2$

2

$r = \frac{s \cdot \alpha}{360°} = \frac{4\text{ cm} \cdot 270°}{360°} = 3$ cm oder

$r = \frac{b}{2\pi} = \frac{18{,}85\text{ cm}}{2\pi} \approx 3$ cm

Zeichnung siehe nächste Seite;
Darstellung im Maßstab 1 : 2,5
$O = G + M = \pi \cdot r^2 + \pi \cdot r \cdot s$
$O \approx 28{,}3\text{ cm}^2 + 37{,}7\text{ cm}^2 \approx 66{,}0\text{ cm}^2$

53 2 *(Fortsetzung)*

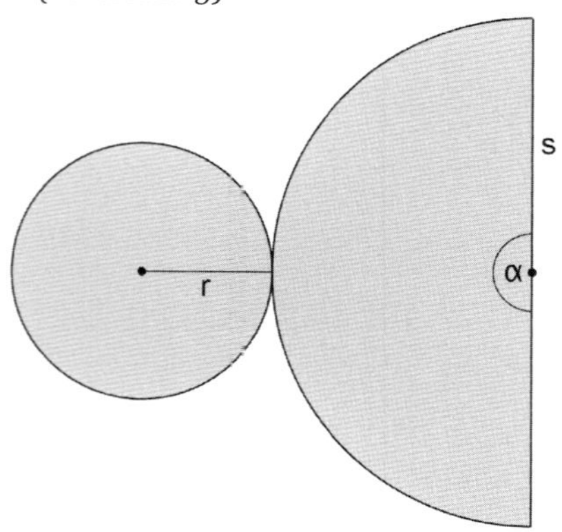

3
a) $M \approx 94{,}2\ \text{cm}^2$
b) $M \approx 264\ \text{mm}^2$
c) $M \approx 20{,}7\ \text{m}^2$

4
a) $O \approx 204\ \text{cm}^2$ b) $O \approx 181\ \text{cm}^2$
c) $O \approx 80{,}1\ \text{cm}^2$ d) $O \approx 82{,}5\ \text{cm}^2$

5
Die Dachfläche (Mantelfläche des Kegels) ist etwa 89,7 m² groß.

2 *(Fortsetzung)*

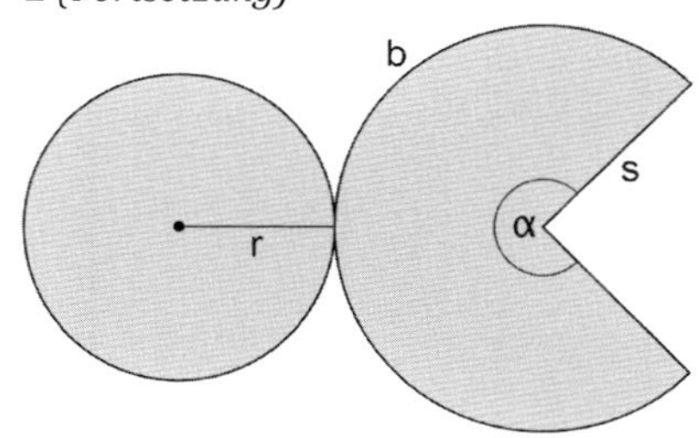

3
a) $M \approx 5927\ \text{m}^2$; $O \approx 7812\ \text{m}^2$
b) $M \approx 7848\ \text{cm}^2$; $O \approx 11\,269\ \text{cm}^2$
c) $M \approx 3713\ \text{cm}^2$; $O \approx 4611\ \text{cm}^2$

4
a) $O \approx 68{,}8\ \text{cm}^2$
b) $s \approx 5$ cm; $O \approx 28{,}1\ \text{cm}^2$

5
Die Mantelfläche eines Hörnchens beträgt etwa 102,1 cm². Aus 1 m² = 10 000 cm² Teig können also theoretisch 97 Hörnchen hergestellt werden.

Nachgedacht
Da die Fläche des ausgerollten Teigs durch die Kreisausschnitte nicht lückenlos überdeckt werden kann, bleiben beim Ausstechen Reste. Die Anzahl von 97 Hörnchen ist also, wenn überhaupt, nur dann zu erreichen, wenn nach jedem Ausstechen die Reste zusammengeknetet und nochmals ausgerollt werden. Außerdem kann es sein, dass der Teig beim Backen seine Größe ändert. Dies müsste bei der Berechnung und beim Ausstechen noch berücksichtigt werden.

Volumen von Kegeln

54 Entdecken

1
a) Der Inhalt des Kegels passt dreimal in den Zylinder.
b) $V = \frac{1}{3}\pi \cdot r^2 \cdot h_K$

2
In das zylinderförmige Glas passen etwa 599 ml Wasser. Das ist ungefähr das Dreifache der Wassermenge, die in das kegelförmige Glas passt.

55 Üben und anwenden

1
Zeichenübung
Volumen des Kegels: $V \approx 7{,}07\ \text{cm}^3$

2
a) $V \approx 615{,}75\ \text{cm}^3$ (*F*)
b) $V \approx 398{,}91\ \text{cm}^3$ (*O*)
c) $V \approx 184{,}31\ \text{cm}^3$ (*R*)
d) $V \approx 603{,}19\ \text{cm}^3$ (*M*)
e) $V \approx 4105{,}01\ \text{cm}^3$ (*E*)
f) $V \approx 153{,}94\ \text{cm}^3$ (*L*)

3
Das Volumen der Schultüte beträgt etwa 16,0 dm³.

4
a) Ⓐ ① $r = 7{,}5$ cm; $h_K = 18{,}5$ cm
Ⓑ ④ $r = 7{,}5$ cm; $h_K = 33$ cm
Ⓒ ③ $r = 10$ cm; $h_K = 28$ cm
Ⓓ ② $r = 13$ cm; $h_K = 23$ cm

5
a) $h_K = \frac{3V}{\pi r^2} = \frac{3 \cdot 75{,}4\ \text{cm}^3}{\pi \cdot (3\ \text{cm})^2} \approx 8\ \text{cm}$
b) $r = \sqrt{\frac{3V}{\pi \cdot h_K}} = \sqrt{\frac{3 \cdot 75{,}4\ \text{cm}^3}{\pi \cdot 3\ \text{cm}}} \approx 4{,}9\ \text{cm}$

1
a) Zeichenübung
b) Das Glas hat etwa $84{,}8\ \text{cm}^3 = 84{,}8$ ml Fassungsvermögen. 200 ml passen also nicht hinein.

2
① $V \approx 33{,}98\ \text{cm}^3$ ② $V \approx 20{,}94\ \text{cm}^3$
③ $V \approx 37{,}70\ \text{cm}^3$ ④ $V \approx 10{,}47\ \text{cm}^3$
⑤ $V \approx 37{,}77\ \text{cm}^3$ ⑥ $V \approx 51{,}57\ \text{cm}^3$
⑦ $V \approx 33{,}51\ \text{cm}^3$ ⑧ $V \approx 100{,}53\ \text{cm}^3$
⑨ $V \approx 65{,}97\ \text{cm}^3$
④ < ② < ⑦ < ① < ③ < ⑤ < ⑥ < ⑨ < ⑧

3
Der Vulkan hat ein Volumen von etwa 30,8 km³.

4
b) Ⓐ $V \approx 1090\ \text{cm}^3$
Ⓑ $V \approx 1944\ \text{cm}^3$
Ⓒ $V \approx 2932\ \text{cm}^3$
Ⓓ $V \approx 4070\ \text{cm}^3$

5
$r = \frac{u}{2\pi} = \frac{13{,}8\ \text{m}}{2\pi} \approx 2{,}20\ \text{m}$
$V = \frac{1}{3}\pi r^2 h_K = \frac{1}{3}\pi \cdot (2{,}2\ \text{m})^2 \cdot 2{,}1\ \text{m}$
$V \approx 10{,}6\ \text{m}^3$
Das Volumen des Sandhaufens beträgt etwa 10,6 m³.

Oberflächeninhalt von Kugeln

56 Entdecken

1
a) Medizinball > Basketball > Fußball > Billardkugel > Tischtennisball
b) individuelle Lösungen

2
a) Individuell verschieden. Die Schale kann reißen.
b) Es kann kein Netz einer Kugel geben.

3
a), b) Handlungsorientierte Übung. Ergebnis sollte sein, dass die Mantelfläche der Halbkugel doppelt so groß ist wie die zugehörige Kreisfläche.
c) Flächeninhalt eines Kreises: $A = \pi r^2$ (r: Radius)
d) Mantelflächeninhalt einer Halbkugel: $M = 2\pi r^2$ (r: Radius)
Oberflächeninhalt einer Kugel: $O = 4\pi r^2$ (r: Radius)

57 Üben und anwenden

1

	r	d	O
a)	2 cm	**4 cm**	**50,3 cm²**
b)	6 dm	**12 dm**	**452 dm²**
c)	1,5 m	**3 m**	**28,3 m²**
d)	**4 mm**	8 mm	**201 mm²**
e)	**3,5 cm**	7 cm	**154 cm²**

2
individuelle Lösungen

3

r	1 cm	2 cm	4 cm	8 cm
O	12,6 cm²	50,3 cm²	201 cm²	804 cm²

Wenn sich der Radius einer Kugel verdoppelt, vervierfacht sich der Oberflächeninhalt.

4
Die Billardkugeln haben einen Oberflächeninhalt von etwa 102,8 cm².

1
a) $O \approx 615{,}8$ cm² b) $O \approx 2463$ dm²
c) $O \approx 18\,146$ cm² d) $O \approx 254{,}5$ m²
e) $O \approx 4536$ mm² f) $O \approx 6{,}158$ cm²
g) $O \approx 452{,}4$ m² h) $O \approx 1439$ m²
i) $O \approx 20\,106$ m² j) $O \approx 3{,}333$ dm²
Aufgabe f) hat das kleinste Ergebnis.

3
Wird der Radius einer Kugel halbiert, so wird der Oberflächeninhalt geviertelt. Wird der Radius verdreifacht, so verneunfacht sich der Oberflächeninhalt.

4
Der Oberflächeninhalt der Diskokugel beträgt 6361,73 cm². Auf dieser Fläche haben theoretisch 3764 quadratische Spiegel mit einem Flächeninhalt von 1,69 cm² Platz. Praktisch werden es etwas weniger sein, da sich die Kugeloberfläche nicht lückenlos mit Quadraten bedecken lässt.

57 5
a) $r \approx 2$ cm b) $r \approx 1{,}41$ cm
c) $r \approx 5$ cm d) $r \approx 28{,}2$ cm

6
Der Durchmesser des Balles beträgt etwa 23,9 cm, der Umfang etwa 75,2 cm. Hierbei handelt es sich um einen Basketball.

7
individuelle Lösungen

5
a) $r = \sqrt{\frac{O}{4\pi}}$
b) Der Radius der Kugel beträgt 5,5 cm.

6
Ja, der Durchmesser wäre 9 cm.

7
a) 314,2 cm²; 1257 cm²; 1963 cm²
b) Der Durchmesser des Ballons darf höchstens 29,8 cm groß werden.

Volumen von Kugeln

58 Entdecken

1
a) Halbkugel und Kegel haben das gleiche Volumen.
b) Das Volumen der Kugel ist doppelt so groß wie das der Halbkugel bzw. des Kegels.

59 Üben und anwenden

1
a) $V \approx 523{,}60$ cm³ (G)
b) $V \approx 904{,}78$ cm³ (L)
c) $V \approx 229\,847{,}30$ cm³ (O)
d) $V \approx 1767{,}15$ cm³ (B)
e) $V \approx 2\,065\,236{,}93$ cm³ (U)
f) $V \approx 4\,188\,790{,}21$ cm³ (S)

2
Das Volumen einer Kugel beträgt etwa 3054 m³.

3
$V_{Merkur} \approx 5{,}7906 \cdot 10^{10}$ km³
$V_{Jupiter} \approx 1{,}5505 \cdot 10^{15}$ km³
$V_{Jupiter} : V_{Merkur} \approx 26\,776$
Der Merkur passt etwa 26 776-mal in den Jupiter.

1
a) $V \approx 91{,}95$ cm³ (F)
b) $V \approx 7\,238\,229{,}47$ cm³ (L)
c) $V \approx 73\,622{,}18$ cm³ (U)
d) $V \approx 3942{,}46$ cm³ (M)
e) $V \approx 1\,057\,401{,}31$ cm³ (M)
f) $V \approx 65{,}45$ cm³ (I)

2
a) $V \approx 268$ cm³
b) $V = 512$ cm³

3
a) $V_{HB} \approx 2953$ cm³; $V_{TB} \approx 143{,}8$ cm³; $V_{HB} : V_{TB} \approx 20{,}5$
b) $V_{FB} \approx 6795$ cm³; $V_{FB} : V_{HB} \approx 2{,}3$
c) $V_{BB} \approx 7238$ cm³; $V_{BB} : V_{FB} \approx 1{,}1$

59 **4**

a) $V \approx 524\ \text{cm}^3$
b) $V \approx 1048\ \text{cm}^3 \Rightarrow r \approx 6{,}30\ \text{cm}$
$V \approx 1572\ \text{cm}^3 \Rightarrow r \approx 7{,}21\ \text{cm}$
$V \approx 2096\ \text{cm}^3 \Rightarrow r \approx 7{,}94\ \text{cm}$
$V \approx 2620\ \text{cm}^3 \Rightarrow r \approx 8{,}55\ \text{cm}$

4

Beispiel:
$r = 4\ \text{cm} \Rightarrow V \approx 268{,}1\ \text{cm}^3$
$r = 8\ \text{cm} \Rightarrow V \approx 2145\ \text{cm}^3 \approx 8 \cdot 268{,}1\ \text{cm}^3$
Annikas Behauptung ist falsch. Wenn sich der Radius verdoppelt, wächst das Volumen der Kugel auf das Achtfache.

5

Nein, der Ball hätte 6,59 cm Durchmesser. Der Durchmesser eines Tischtennisballes beträgt jedoch 4 cm, bei älteren Bällen nur 3,8 cm.

6

Der Radius des Stecknadelkopfes beträgt 3 mm.

6

a) Das Volumen einer Kugel für Männer beträgt 923,7 cm³, das einer Kugel für Frauen 508,9 cm³.
b) für Männer: $d \approx 12{,}08\ \text{cm}$; $r \approx 6{,}04\ \text{cm}$;
für Frauen: $d \approx 9{,}90\ \text{cm}$; $r \approx 4{,}95\ \text{cm}$
Die Kugeln für Männer sind etwa 1,2-mal so groß, aber etwa 1,8-mal so schwer wie die für Frauen.

61 Methode: Zusammengesetzte Körper berechnen

1

① Quader und rechteckige Pyramide;		$h_a \approx 11{,}40$ cm;		
		$h_b \approx 12{,}08$ cm;	$V = 372\ \text{cm}^3$;	$O \approx 375\ \text{cm}^2$
② Würfel und quadratische Pyramide;		$h_a \approx 1{,}5$ cm;	$V = 4{,}35\ \text{cm}^3$;	$O \approx 15{,}75\ \text{cm}^2$
③ Würfel und quadratische Pyramide;		$h_a \approx 2{,}324$ cm;	$V = 5{,}025\ \text{cm}^3$;	$O \approx 18{,}2\ \text{cm}^2$
④ zwei quadratische Pyramiden;		$h_{a1} \approx 5{,}831$ cm;		
		$h_{a2} = 5$ cm;	$V = 108\ \text{cm}^3$;	$O \approx 130\ \text{cm}^2$
⑤ ein Zylinder und zwei Kegel;		$s_1 \approx 6{,}624$ cm;		
		$s_2 \approx 3{,}883$ cm;	$V \approx 173\ \text{cm}^3$;	$O \approx 160\ \text{cm}^2$
⑥ zwei Kegel;	$s_1 \approx 53{,}16$ cm;	$s_2 \approx 28{,}30$ cm;	$V \approx 17{,}7\ \text{dm}^3$;	$O \approx 3839\ \text{cm}^2$
⑦ ein Zylinder und ein Kegel;		$s \approx 12{,}53$ cm;	$V \approx 867\ \text{cm}^3$;	$O \approx 500\ \text{cm}^2$
⑧ ein Zylinder und eine Halbkugel;			$V \approx 198\ \text{cm}^3$;	$O \approx 179\ \text{cm}^2$
⑨ zwei Kegel;	$h_1 \approx 2{,}291$ cm;	$h_2 \approx 2{,}828$ cm;	$V \approx 5{,}36\ \text{cm}^3$;	$O \approx 17{,}3\ \text{cm}^2$

2

a) Das Silo besteht aus einem Zylinder und einem Kegel.
b) Die Oberfläche des Silos beträgt etwa 66,38 m².
c) Es werden etwa 13,28 Liter Farbe benötigt.
d) Es werden 18 Dosen Farbe benötigt. Diese kosten 395,10 €.

61 **3**

a) Der Kegel hat ein Volumen von etwa 884 cm³.
b) Der Kegel wiegt etwa 574 g.
c) Das Volumen des Würfels beträgt 3375 cm³. Es fallen also 2491 cm³ Abfall an, das sind etwa 73,8 % des Würfelvolumens.

Thema: Berechnungen an Körpern im Beruf

62 Fahrzeuglackierer

1

a) Ein Modell ist eine vereinfachte Darstellung eines realen Gegenstands.
b) individuell verschieden; z. B. Gemeinsamkeiten: äußere Form, Maße…; Unterschiede: Einzelheiten…
c) individuell verschieden; z. B.: An Modellen kann man Einzelheiten ausprobieren.
d) Das Automodell ist aus einem Prisma und zwei Halbzylindern zusammengesetzt.
e) Die zu lackierende Fläche beträgt geschätzt 35 m². Die Fensterflächen müssen noch abgezogen werden.
f) Es werden etwa 3,5 Liter Lack benötigt.
g) individuelle Lösungen

2

$V = V_{\text{großer Zylinder}} + V_{\text{großer Kegel}} - V_{\text{kleiner Kegel}} + V_{\text{kleiner Zylinder}}$
$V \approx 123{,}55\ \text{cm}^3 + 16{,}91\ \text{cm}^3 - 0{,}53\ \text{cm}^3 + 2{,}72\ \text{cm}^3 = 142{,}65\ \text{cm}^3 \approx 143\ \text{cm}^3$

3

individuell

63 Fachkraft für Veranstaltungstechnik

1

Halbzylinder; geschätzt $r \approx 7$ m; $h \approx 14$ m; $M \approx 308\ \text{m}^2$
Es wurden etwa 308 m² Plane verbaut.

2

a) $O = 5{,}4\ \text{m} \cdot 5{,}2\ \text{m} + 19\ \text{m} \cdot 1\ \text{m} + 0{,}5\pi \cdot (1{,}1\ \text{m})^2 + \pi \cdot 1{,}1\ \text{m} \cdot 1\ \text{m}$
$O \approx 28{,}08\ \text{m}^2 + 19\ \text{m}^2 + 1{,}90\ \text{m}^2 + 3{,}46\ \text{m}^2 = 52{,}44\ \text{m}^2$; $V \approx 2{,}097\ \text{m}^2$; Masse: $\approx 1{,}74$ t
b) individuelle Lösungen

3

$O = 2{,}8\ \text{m} \cdot 6{,}7\ \text{m} + 0{,}5\ \text{m} \cdot 3{,}5\ \text{m} + 19\ \text{m} \cdot 0{,}8\ \text{m} + 2 \cdot 0{,}5\ \text{m} \cdot 0{,}8\ \text{m}$
$O = 18{,}76\ \text{m}^2 + 1{,}75\ \text{m}^2 + 15{,}2\ \text{m}^2 + 0{,}8\ \text{m}^2 = 36{,}51\ \text{m}^2$; benötigte Farbmenge: 4,06 Liter
Es wird ein 5-Liter-Eimer Farbe benötigt. Dieser kostet 59,90 €. Wenn die übrig bleibende Farbe noch anderweitig verwendet werden kann, verringern sich die Kosten auf 48,60 €.

4

individuell

Klar so weit?

64 Prismen und Zylinder erkennen und berechnen

1
a) $O = 164{,}5\ cm^2$; $V = 122{,}5\ cm^3$
b) $O = 139{,}2\ cm^2$; $V = 93{,}6\ cm^3$
c) $O \approx 350{,}6\ cm^2$; $V = 62{,}25\ cm^3$

1
a) $O = 178{,}1\ cm^2$; $V = 110\ cm^3$
b) $O \approx 2318\ cm^2$; $V \approx 8143\ cm^3$
c) $O \approx 60{,}21\ cm^2$; $V = 22{,}5\ cm^3$

Pyramiden erkennen und berechnen

2
$O = 65\ cm^2$; $V \approx 25{,}83\ cm^3$

2
$h_a \approx 4{,}583\ cm$; $h_K \approx 4{,}123\ cm$;
$O \approx 52{,}66\ cm^2$; $V \approx 21{,}99\ cm^3$

3
a) Den Pflanzen steht etwa 1432 m^3 Raum zur Verfügung.
b) $h_a \approx 15{,}8\ m$; $M \approx 576{,}7\ m^2$
Der Fensterputzer hat 576,7 m^2 Fläche zu reinigen.

Oberflächeninhalt von Kegeln

4
a) $r = 1{,}4\ cm$; $s = 2{,}1\ cm$; $O \approx 15{,}39\ cm^2$
b) $d = 1\ cm$; $s = 2\ cm$; $O \approx 3{,}93\ cm^2$
c) $d = 1{,}5\ cm$; $s = 1{,}8\ cm$; $O \approx 6{,}01\ cm^2$
d) $d = 2\ cm$; $s = 2\ cm$; $O \approx 9{,}42\ cm^2$

5
$s \approx 49{,}03\ cm$; $O \approx 1855\ cm^2$

5
a) $s = 13\ cm$; $O \approx 282{,}7\ cm^2$
b) $s \approx 3{,}688\ cm$; $O \approx 45{,}9\ cm^2$
c) $s \approx 9{,}323\ cm$; $O \approx 249{,}8\ cm^2$
d) $s \approx 13{,}15\ cm$; $O \approx 856{,}9\ cm^2$

65 Volumen von Kegeln

6
$V \approx 20{,}94\ cm^3$

6
$V \approx 105{,}7\ cm^3$

7
Eine Mantellinie ist eine Verbindungslinie zwischen der Spitze des Kegels und einem Punkt auf dem Rand der Grundfläche. Die Körperhöhe ist die Verbindungslinie zwischen der Spitze des Kegels und dem Mittelpunkt der Grundfläche.
a) $h_K \approx 2{,}349\ cm$ b) $V \approx 7{,}11\ cm^3$

7
$h \approx 10{,}58\ cm$; $V \approx 250\ cm^3 = 0{,}25\ l$
0,2 l Flüssigkeit passen in ein solches Kelchglas.

65 Oberflächeninhalt von Kugeln

8

	r	d	O
a)	1,8 m	**3,6 m**	**40,72 m²**
b)	6,3 dm	**12,6 dm**	**498,8 dm²**
c)	**18,5 cm**	37 cm	**4301 cm²**

8
a) $O \approx 23\,235{,}22\ mm^2$
b) $O \approx 7{,}70\ m^2$
c) $O \approx 4300{,}84\ dm^2$ d) $O \approx 14{,}39\ m^2$
e) $O \approx 66{,}48\ dm^2$
f) $O \approx 1\,624\,080{,}87\ cm^2$

9
Der Oberflächeninhalt wird nicht halbiert, sondern geviertelt:
$O = 4\pi \cdot (0{,}5\,r)^2 = 0{,}25 \cdot 4\pi r^2$

9
Die Oberfläche der Kugel wird
a) geviertelt; b) vervierfacht;
c) verneunfacht; d) verhundertfacht.

Volumen von Kugeln

10

	r	d	V
a)	69 cm	**138 cm**	**1,376 m³**
b)	13,8 km	**27,6 km**	**11 008 km³**
c)	**18 m**	36 m	**24 429 m³**
d)	**6,13 dm**	**12,26 dm**	966 dm³

10
a) $V \approx 57\,906\ mm^3$
b) $V \approx 16\,210\ dm^3$
c) $V \approx 2\,144\,661\ mm^3$
d) $V \approx 28\,731\ cm^3$
e) $r \approx 14{,}462\ dm$ f) $d \approx 1{,}919\ cm$

11
In Luigis Eisdiele haben die Kugeln ein Volumen von 65,45 cm^3, der Preis für 1000 cm^3 beträgt 9,17 €. In Paolos Eisdiele haben die Kugeln 113,1 cm^3 Volumen, 1000 cm^3 kosten hier 7,07 €. Paolos Angebot ist also günstiger.

66 Vermischte Übungen

1
a) Viereckprisma; Zylinder; Quader mit aufgesetztem Halbzylinder; Kugeln; Kegel
b) individuelle Lösungen

2
Zeichenübung
a)

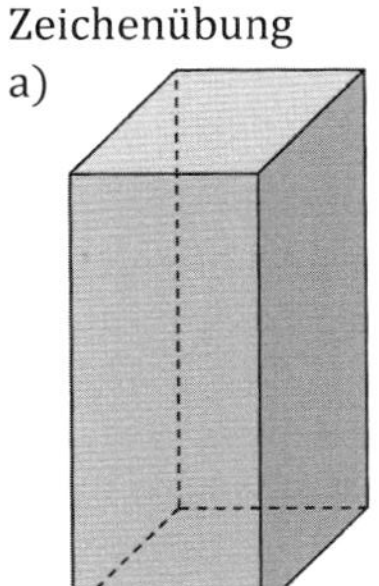

Darstellung aus Platzgründen im Maßstab 1 : 2

$O = 98\ cm^2$
$V = 60\ cm^3$

2
Zeichenübung
① $r = 2{,}5\ cm$; $h_K = 4{,}5\ cm$;
$O \approx 110\ cm^2$; $V \approx 88{,}36\ cm^3$
② $a = 3\ cm$; $h_K = 4{,}5\ cm$;
$h_a \approx 4{,}743\ cm$ (berechnet);
$O \approx 37{,}46\ cm^2$; $V = 13{,}5\ cm^3$
oder $a = 3\ cm$; $h_a = 5{,}4\ cm$;
$h_K \approx 5{,}187\ cm$ (berechnet);
$O = 41{,}4\ cm^2$; $V \approx 15{,}56\ cm^3$
oder $h_K = 4{,}5\ cm$; $h_a = 5{,}4\ cm$;
$a \approx 5{,}97\ cm$ (berechnet);
$O \approx 100{,}1\ cm^2$; $V = 53{,}46\ cm^3$

66 **2** *(Fortsetzung)*

b)

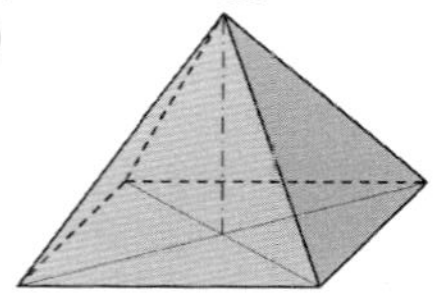

Darstellung im Maßstab 1 : 2
$h_a \approx 3{,}606$ cm
$O \approx 44{,}84$ cm²
$V = 16$ cm³

c) $s \approx 4{,}272$ cm;
$O \approx 27{,}20$ cm²; $V \approx 9{,}425$ cm³
d) $O \approx 87{,}96$ cm²; $V \approx 62{,}83$ cm³
e) $O \approx 50{,}27$ cm²; $V \approx 33{,}51$ cm³

3

$M = 2\pi r h_K = \pi d h_K$
a) $M \approx 882{,}2$ cm²
b) $M \approx 1451$ cm²
c) $M \approx 943{,}1$ cm²
d) $M \approx 1247$ cm²

4

Alle vier Pyramiden haben den gleichen Grundflächeninhalt (16 Kästchen) und die gleiche Höhe (3 cm). Nach der Formel $V = \frac{1}{3} \cdot G \cdot h_K$ müssen sie also das gleiche Volumen besitzen.

5

a) $h_K = \frac{V}{\pi r^2} \approx 3{,}5$ cm
b) $r = \sqrt{\frac{3V}{\pi h_K}} \approx 3$ cm

67 **6**

a) $V \approx 94{,}25$ cm³
b) $s \approx 10{,}44$ cm
c) $O \approx 126{,}7$ cm²

2 *(Fortsetzung)*

③ $r = 2{,}5$ cm; $h_K = 4{,}5$ cm;
$s \approx 5{,}148$ cm (berechnet);
$O \approx 60{,}07$ cm²; $V \approx 29{,}45$ cm³
④ $\gamma = 90°$; $a = 2{,}5$ cm;
$b = 3$ cm; $h_K = 4{,}5$ cm;
$c \approx 3{,}905$ cm (berechnet);
$O \approx 49{,}82$ cm²; $V = 16{,}875$ cm³
⑤ $r = 2{,}5$ cm;
$O \approx 78{,}54$ cm²; $V \approx 65{,}45$ cm³

3

$2\pi r h_K = O - 2\pi r^2 \quad |:(2\pi r)$

$h_K = \frac{O}{2\pi r} - r = \frac{1351\ \text{cm}^2}{2\pi \cdot 5\ \text{cm}} - 5\ \text{cm} \approx 38$ cm

Die Höhe der Verpackung beträgt 38 cm.
Eine 35 cm hohe Flasche passt also hinein.

4

Volumen der Pyramide:	87,62 cm³
Volumen des Zylinders:	293,10 cm³
Volumen des Würfels:	380,72 cm³
Kantenlänge des Würfels:	7,248 cm

5

a) $r = \sqrt{\frac{V}{\pi h_K}} \approx 0{,}75$ m
b) $\pi r s = O - \pi r^2 \quad |:(\pi r)$
$s = \frac{O}{\pi r} - r \approx 4$ cm

6

a) $d = 176$ cm;
$O \approx 60\,545$ cm²; $V \approx 786{,}6$ dm³
b) $d = 11{,}2$ m; $s \approx 8{,}887$ m;
$O \approx 254{,}9$ m²; $V \approx 226{,}6$ m³
c) $d = 35{,}8$ m; $h_K \approx 24{,}45$ m;
$O \approx 2711$ m²; $V \approx 8203$ m³
d) $r = 21$ mm; $s \approx 90{,}47$ mm;
$O \approx 7354$ mm²; $V \approx 40\,640$ mm³
e) $r = 0{,}8$ km; $h_K = 1{,}5$ km;
$O \approx 6{,}283$ km²; $V \approx 1{,}005$ km³

67 **7**

a) Es werden der Radius r und die Mantellinie s benötigt; s ist bereits gegeben.
b) $\frac{b}{2\pi s} = \frac{2\pi r}{2\pi s} = \frac{r}{s} = \frac{\alpha}{360°}$; $r = \frac{s \cdot \alpha}{360°} = \frac{65\ \text{cm} \cdot 110°}{360°} \approx 19{,}86$ cm
c) $O = \pi r (r + s) = \pi \cdot 19{,}86\ \text{cm} \cdot (19{,}86\ \text{cm} + 65\ \text{cm}) \approx 5295\ \text{cm}^2$

8

a) Eine Kugel mit einem Durchmesser von 22,5 m hat ein Volumen von 5964 m³.
Eine Kugel mit einem Volumen von 5700 m³ hat den Durchmesser 22,16 m.
Die angegebenen Werte sind also nicht sehr genau.
b) Berechnung mit $d = 22{,}5$ m:
$O \approx 1590$ m²
Berechnung mit $d = 22{,}16$ m:
$O \approx 1543$ m²

9

① Die Aussage über Pyramiden mit rechteckiger Grundfläche ist falsch. Bei einer Rechteckpyramide gibt es zwar vier Seitenflächen, aber mit zwei verschiedenen Maßen.
② Die Aussage ist wahr, da s die Hypotenuse des rechtwinkligen Dreiecks mit den Seitenlängen r, h_K und s ist.
③ Die Aussage ist wahr. Wenn $s = 2r$, dann $M = \pi \cdot r \cdot 2r = 2\pi r^2$ und $G = \pi r^2$.
④ Die Aussage ist falsch, weil sich nicht nur h_K ändert, sondern auch r:

$$V = \frac{1}{3} \cdot \pi \cdot \left(\frac{1}{2} r\right)^2 \cdot \frac{1}{2} h_K = \frac{1}{24} \cdot \pi r^2 \cdot h_K$$

10

a) Das Volumen verdoppelt sich:
$V = G \cdot 2h_K = 2 \cdot G \cdot h_K$
b) Auch hier verdoppelt sich das Volumen:
$V = \frac{1}{3} \cdot G \cdot 2h_K = 2 \cdot \frac{1}{3} \cdot G \cdot h_K$

68 **11**

a) $m = 105{,}1$ g b) $m = 1{,}25$ g
c) $m = 72{,}75$ g d) $m = 0{,}0012$ g

8

a)

Oberfläche des Würfels:	1350 cm²
Oberfläche der Kugel:	706,9 cm²
Volumen des Würfels:	3375 cm³
Volumen der Kugel:	1767 cm³

b) Die Oberfläche der Kugel ist um 47,6 % kleiner als die des Würfels.
Das Volumen der Kugel ist ebenfalls um 47,6 % kleiner als das des Würfels.

10

Wenn man den Radius verdoppelt, vervierfacht sich jeweils das Volumen:
$V_{Zylinder} = \pi (2r)^2 h_K = 4 \cdot \pi r^2 h_K$
$V_{Kegel} = \frac{1}{3}\pi (2r)^2 h_K = 4 \cdot \frac{1}{3}\pi r^2 h_K$
Wenn man die Höhe halbiert, halbiert sich jeweils auch das Volumen:
$V_{Zylinder} = \pi r^2 \cdot \frac{1}{2} h_K = \frac{1}{2}\pi r^2 h_K$
$V_{Kegel} = \frac{1}{3}\pi r^2 \cdot \frac{1}{2} h_K = \frac{1}{2} \cdot \frac{1}{3}\pi r^2 h_K$

11

a) $m = 17{,}5$ g b) $m = 4{,}05$ t
c) $m = 1$ kg d) $m \approx 1{,}221$ g

68 **12**

① $V \approx 25{,}13\ \text{cm}^3$; $m \approx 484{,}3$ g
② $V \approx 100{,}53\ \text{cm}^3$; $m \approx 1056{,}6$ g
③ $V \approx 50{,}27\ \text{cm}^3$; $m \approx 395{,}1$ g
④ $V \approx 201{,}06\ \text{cm}^3$; $m \approx 546{,}9$ g

a) ① < ③ < ② < ④
b) ③ < ① < ④ < ②

13

① $V = 63\ \text{cm}^3$
a) $m = 170{,}1$ g b) $m = 3{,}15$ g
c) $m = 151{,}2$ g d) $m = 168{,}21$ g

② $V \approx 62{,}83\ \text{cm}^3$
a) $m \approx 169{,}6$ g b) $m \approx 3{,}142$ g
c) $m \approx 150{,}8$ g d) $m \approx 167{,}8$ g

③ $V \approx 65{,}68\ \text{cm}^3$
a) $m \approx 177{,}3$ g b) $m \approx 3{,}284$ g
c) $m \approx 157{,}6$ g d) $m \approx 175{,}4$ g

④ $V = 12\,612{,}6\ \text{m}^3$
a) $m \approx 34\,054$ t b) $m = 630{,}63$ t
c) $m \approx 30\,270$ t d) $m \approx 33\,676$ t

⑤ $V \approx 261{,}7\ \text{cm}^3$
a) $m \approx 706{,}6$ g b) $m \approx 13{,}08$ g
c) $m \approx 628{,}1$ g d) $m \approx 698{,}7$ g

⑥ $V = 57{,}6\ \text{cm}^3$
a) $m = 155{,}52$ g b) $m = 2{,}88$ g
c) $m = 138{,}24$ g d) $m \approx 153{,}79$ g

Nachgedacht

Volumen von 1 kg Schaumstoff: $20\,000\ \text{cm}^3$
Volumen von 1 kg Eisen: $127{,}2\ \text{cm}^3$
1 kg Schaumstoff haben 157,2-mal mehr Volumen als 1 kg Eisen.

14

Form der Kerze	Zylinder	Kegel	Quader	Pyramide
Volumen V in cm^3	769,7	256,6	490,0	163,3
Masse m in g	738,9	246,3	470,4	156,8

a) Gesamtmasse: $2 \cdot 156{,}8\ \text{g} + 6 \cdot 246{,}3\ \text{g} = 313{,}6\ \text{g} + 1477{,}8\ \text{g} = 1791{,}4\ \text{g} \approx 1{,}79\ \text{kg}$
Gesamtpreis: $8 \cdot 3{,}30\ € + 10{,}05\ € = 26{,}40\ € + 10{,}05\ € = 36{,}45\ €$

b) Gesamtmasse: $4 \cdot 470{,}4\ \text{g} + 738{,}9\ \text{g} = 1881{,}6\ \text{g} + 738{,}9\ \text{g} = 2620{,}5\ \text{g} \approx 2{,}62\ \text{kg}$
Gesamtpreis: $5 \cdot 1{,}90\ € + 11{,}95\ € = 9{,}50\ € + 11{,}95\ € = 21{,}45\ €$

c) Gesamtmasse: $738{,}9\ \text{g} + 246{,}3\ \text{g} + 470{,}4\ \text{g} + 156{,}8\ \text{g} = 1612{,}4\ \text{g} \approx 1{,}61\ \text{kg}$
Gesamtpreis: $2 \cdot 1{,}90\ € + 2 \cdot 3{,}30\ € + 10{,}05\ € = 10{,}40\ € + 10{,}05\ € = 20{,}45\ €$

12

① $m_{\text{Abfall}} \approx 161{,}4$ g
② $m_{\text{Abfall}} \approx 352{,}2$ g
③ $m_{\text{Abfall}} \approx 131{,}7$ g
④ $m_{\text{Abfall}} \approx 182{,}3$ g

13

a) $V = 216\ \text{cm}^3$
$m = 209{,}52$ g

b) $V = 87{,}843\ \text{cm}^3$
$m \approx 21{,}96$ g

c) $V = 230{,}3\ \text{cm}^3$
$m \approx 1808$ g

d) $V \approx 72{,}31\ \text{cm}^3$
$m \approx 196{,}7$ g

e) $V \approx 61{,}47\ \text{cm}^3$
$m \approx 3{,}073$ g

f) $V \approx 7409\ \text{cm}^3$
$m \approx 8{,}891$ g

69 **15**

a) Volumen des Anhängers: $4666{,}7\ \text{mm}^3$
Der Anhänger wiegt etwa 51,333 g.
b) Die Materialkosten betragen 495,37 €.

16

Volumen des linken Körpers:
$V_1 \approx 2749\ \text{mm}^3 + 3770\ \text{mm}^3 + 1885\ \text{mm}^3$
$V_1 \approx 8404\ \text{mm}^3$
Volumen des rechten Körpers:
$V_2 \approx 2655\ \text{mm}^3 + 15\,268\ \text{mm}^3 + 3801\ \text{mm}^3$
$V_2 \approx 21\,724\ \text{mm}^3 > V_1$
Der rechte Körper ist schwerer.

17

Vom Volumen des Würfels wird das Volumen des ausgebohrten Kegels subtrahiert.

18

a) Zeichenübung
$V = \pi \cdot (r_a^2 - r_i^2) \cdot h_K = \pi \cdot (14{,}44\ \text{cm}^2 - 4{,}84\ \text{cm}^2) \cdot 3\ \text{cm} \approx 90{,}48\ \text{cm}^3$
b) Der Hohlzylinder wiegt etwa 710,3 g.

19

a) Fassungsvermögen: $7069\ \text{cm}^3$
b) Flächeninhalt: $1414\ \text{cm}^2$
c) Die Schüssel wiegt etwa 2,16 kg.
d) Bleikristallglas hat eine Dichte von $3{,}5\ \frac{\text{g}}{\text{cm}^3}$ bis $4{,}8\ \frac{\text{g}}{\text{cm}^3}$. Die Schüssel wiegt somit etwa 2,84 kg bis 3,89 kg.

15

Der Verschluss ist aus einem Zylinder und zwei Kegeln zusammengesetzt.
Höhen der Kegel: 3,783 cm und 8,775 cm
$V \approx 6{,}695\ \text{cm}^3 + 4{,}712\ \text{cm}^3 + 36{,}756\ \text{cm}^3$
$V \approx 48{,}164\ \text{cm}^3$; $m \approx 506{,}2$ g
Der Verschluss wiegt etwa 506,2 g.

16

a) Volumen des ursprünglichen Zylinders:
$V = \pi \cdot (21\ \text{mm})^2 \cdot 86\ \text{mm} \approx 119{,}15\ \text{cm}^3$
Volumen des Endstücks:
$V_1 \approx 15{,}55\ \text{cm}^3 + 2{,}16\ \text{cm}^3 + 23{,}09\ \text{cm}^3$
$V_1 \approx 40{,}80\ \text{cm}^3$
Volumen des Abfalls: $78{,}35\ \text{cm}^3$
Es fielen etwa 65,8 % Abfall an.
b) Stahl: 320,3 g; Aluminium: 111,0 g

17

Volumen des Pyramidenstumpfes:
$65\,333\ \text{mm}^3 - 8167\ \text{mm}^3 \approx 57\,167\ \text{mm}^3$

19

a) Außenradius: 2,15 m
Innenradius: 1,65 m
Äußere Oberfläche: $29{,}04\ \text{m}^2$
Innere Oberfläche: $17{,}11\ \text{m}^2$
b) Menge des verarbeiteten Eises:
$V = \frac{2}{3}\pi \cdot (2{,}15\ \text{m})^3 - \frac{2}{3}\pi \cdot (1{,}65\ \text{m})^3$
$V \approx 20{,}815\ \text{m}^3 - 9{,}408\ \text{m}^3 \approx 11{,}41\ \text{m}^3$
c) Die Dichte von Eis bei 0 °C beträgt etwa $0{,}917\ \frac{\text{g}}{\text{cm}^3}$.
Das Iglu wiegt damit etwa 10,46 t.

Quadratische Funktionen und Gleichungen

74 Noch fit?

1

a) $20^2 = 400$; $2^2 = 4$; $200^2 = 40\,000$; $2000^2 = 4\,000\,000$
Kommt bei der zu quadrierenden Zahl eine Null hinzu, so kommen beim Ergebnis zwei Nullen hinzu.

b) $15^2 = 225$; $1{,}5^2 = 2{,}25$; $0{,}15^2 = 0{,}0225$; $0{,}015^2 = 0{,}000\,225$
Wird bei der zu quadrierenden Zahl das Komma um eine Stelle nach links bzw. rechts verschoben, so verschiebt sich das Komma im Ergebnis um zwei Stellen nach links bzw. rechts.

c) $3^2 = 9$; $(-3)^2 = 9$; $0{,}3^2 = 0{,}09$; $(-0{,}3)^2 = 0{,}09$
Das Quadrat einer negativen Zahl ist gleich dem Quadrat der zu ihr entgegengesetzten positiven Zahl.

2

a) 12 b) 8
c) 15 d) 13
e) 1,5 f) 1,6

2

a) $a \geq 0$, denn aus negativen Zahlen lässt sich keine Wurzel ziehen.)
b) $a \geq -1$, denn für $a < -1$ wird die Zahl unter der Wurzel negativ.)
c) a kann beliebig sein, da das Quadrat einer Zahl niemals negativ ist.
d) a kann beliebig sein, da $a^2 + 1$ niemals kleiner als 1 und somit nicht negativ werden kann.
e) $a \geq 2$ oder $a \leq -2$, denn für $-2 < a < 2$ ist $a^2 < 4$ und somit $a^2 - 4 < 0$.
f) $a > 0$, da der Bruch unter der Wurzel nicht negativ und sein Nenner nicht 0 werden darf.

3

a) = A4^2 oder = A4 * A4
b) = WURZEL(A4)
c) individuelle Lösungen

4

a) $2x + 2y$ b) $5m - 5n$
c) $3a - 3b$ d) $12x + 28y$
e) $4xy + 8x$ f) $28 - 20m$

4

a) $-2ax - 6bx$ b) $-15x^2y + 6xy^2$
c) $7ab^2 - 3{,}5a^2b$ d) $-8abc + 6xyc$
e) $8x^2y + 12xy^2$ f) $-7{,}2ax^2 - 6axy$

5

a) $3(3x - 4y)$ b) $2(x + 1)$
c) $3x(x - 2y)$ d) $9b(3a - 5)$

5

a) $x(y - 4z)$ b) $3y(7x + 2z)$
c) $-12b(2a + c)$ d) $25z(-x + 5y)$
e) $4y(4z - 3x)$ f) $-7x(2 + 5y)$

74 6

a) $x = 2$ ist Lösung.
b) $x = -2$ ist Lösung.
c) $x_1 = 2$ und $x_2 = -2$ sind Lösungen. Dass es hier zwei Lösungen gibt, liegt daran, dass zueinander entgegengesetzte Zahlen stets dasselbe Quadrat besitzen.
d) $x = -2$ ist Lösung.

6

a) $x = \frac{1}{2}$ ist Lösung.
b) $x_1 = 2$ und $x_2 = -2$ sind Lösungen. Es gibt hier zwei Lösungen, weil sich die Gleichung zu $x^2 = 4$ umformen lässt und zueinander entgegengesetzte Zahlen dasselbe Quadrat besitzen.
c) $x = -2$ ist Lösung.
d) $x = 2$ ist Lösung.

75 7

a) $x = 10$ b) $x = 10$
c) $x = -1{,}6$ d) $x = 3$

7

a) $x = 2{,}5$ b) $x = 13$
c) $x = 2$ d) $x = 4$

8

a) Da das Haus eine Grundfläche von 256 m² hat, passt es nicht auf das Grundstück.
b) Das Grundstück hat eine Seitenlänge von rund 15,5 m und damit einen Umfang von etwa 62 m.

8

a) Die Seitenlänge des Bades beträgt 2,24 m. Die Fliesen werden in 14 Reihen zu je 14 Fliesen verlegt. Eine Fliese hat deshalb eine Kantenlänge von 224 cm : 14 = 16 cm.
b) Eine quadratische Fläche von 16 m² hat eine Seitenlänge von 4 m. Für eine solche Fläche werden 25 Reihen zu je 25 Fliesen benötigt (400 cm : 16 cm = 25), also insgesamt 625 Fliesen. Hat die Fläche eine andere Form, bleibt es trotzdem bei dieser Anzahl (Verschnitt und Fugen sollen unberücksichtigt bleiben).

9

a) $m = \frac{1}{2}$; $b = -3$ b) $m = -3$; $b = 4$

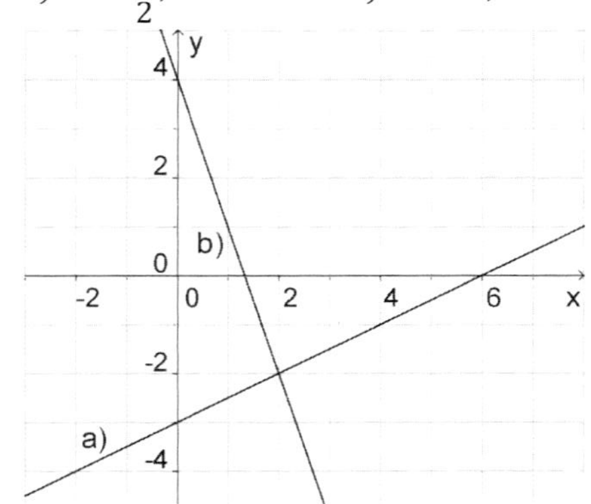

9

a) $m = 0{,}4$; $b = -1{,}5$ b) $m = -2{,}5$; $b = 6$

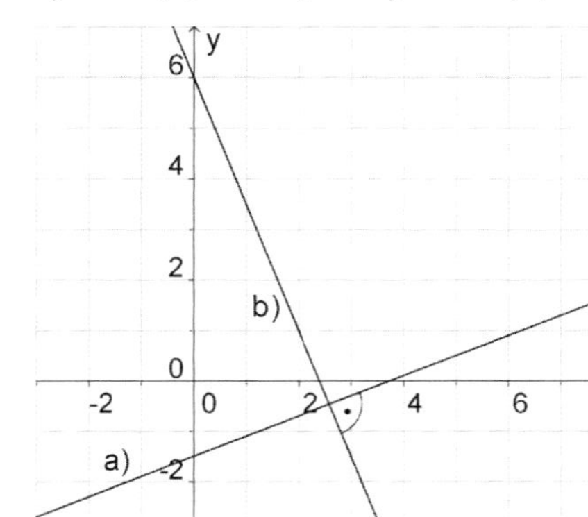

75 **10**

a) f: $m = 2$; $y = 2x + 3$

g: $m = \frac{2}{3}$; $y = \frac{2}{3}x - 1$

b) f: $b = 3$; $x_0 = -1{,}5$

g: $b = -1$; $x_0 = 1{,}5$

11

a) $P(3{,}5 \mid 11)$; $S(-6 \mid -8)$; $T(-2 \mid 0)$

b) $R(6 \mid -4)$

12

a) $(7 \mid -2)$ ist Lösung: $7 + 2 \cdot (-2) = 3$

b) $(8 \mid 12)$ ist keine Lösung:
$3 \cdot 8 - 12 = 12 \neq 10$

c) $(-3 \mid -1)$ ist Lösung: $-2(-3) + 4(-1) = 2$

h: $m = -0{,}5$; $y = -0{,}5x + 4$

i: $m = -1{,}5$; $y = -1{,}5x + 6$

h: $b = 4$; $x_0 = 8$

i: $b = 6$; $x_0 = 4$

11

a) $P(\mathbf{-8} \mid 10)$ b) $P(\mathbf{-2{,}5} \mid -13)$

c) $P(\mathbf{4{,}5} \mid 17{,}75)$ d) $P(\mathbf{-7{,}5} \mid -2)$

12

a) z. B. $(10 \mid 0)$; $(14 \mid 1)$; $(4 \mid -1{,}5)$

b) z. B. $(-0{,}5 \mid 0)$; $(1 \mid 6)$; $(2{,}5 \mid 12)$

c) z. B. $(0 \mid 2)$; $(-3 \mid 0)$; $(1{,}5 \mid 3)$

d) z. B. $(0 \mid -2)$; $(2 \mid 0)$; $(7 \mid 5)$

Quadratische Funktionen

76 Entdecken

1

a)

x	-3	-2	-1	0	1	2	3
$y = 2x + 1$	-5	-3	-1	1	3	5	7
$y = x \cdot x$	9	4	1	0	1	4	9
$y = -0{,}5x - 1$	0,5	0	-0,5	-1	-1,5	-2	-2,5
$y = (x + 1)^2$	4	1	0	1	4	9	16

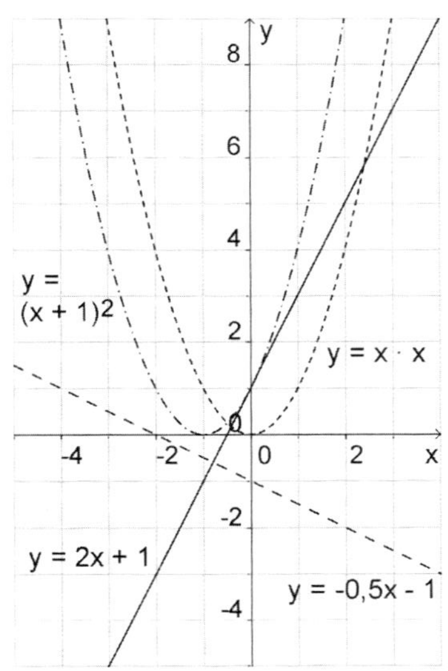

b) Die Funktionen $y = 2x + 1$ und $y = -0{,}5x - 1$ sind linear. Die Gleichungen dieser Funktionen haben die Form $y = mx + b$ und die Graphen sind Geraden.

c) Die Gleichungen der anderen beiden Funktionen lassen sich so umformen, dass x^2 darin vorkommt: $y = x^2$ bzw. $y = x^2 + 2x + 1$.
Diese Funktionen sind keine linearen Funktionen. Die Funktionswerte fallen zuerst schnell, dann immer langsamer, bis der Wert 0 erreicht ist. Danach beginnen die Werte zu steigen, zuerst langsam, dann schneller. Die Graphen sind keine Geraden, sondern nach oben geöffnete Parabeln.

2

Zu dem Graphen gehört die Funktion ③ $y = x^2$. Die linearen Funktionen ① und ② können es nicht sein, denn der Graph ist keine Gerade. Die Funktion ④ kommt ebenfalls nicht in Frage, denn bei dieser Funktion gehört zu $x = 2$ der Wert $y = 0{,}5$ und nicht 4 wie im Bild. Überprüft man bei ③ einzelne Wertepaare, so ergibt sich kein Widerspruch zum Graphen.

77 Üben und anwenden

1

a)

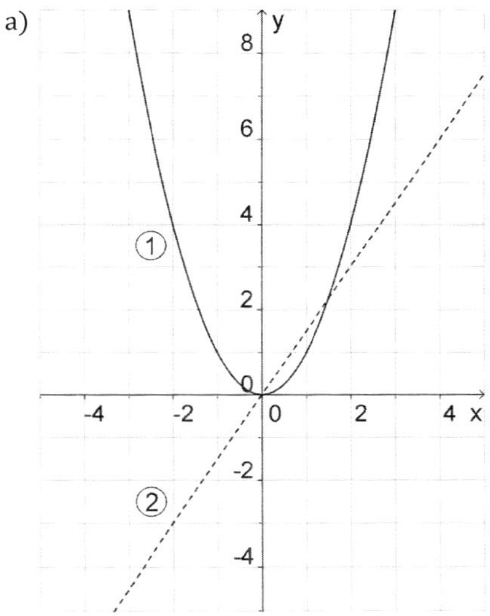

b) ① quadratische Funktion
(Graph ist eine Parabel)
② lineare Funktion
(Graph ist eine Gerade)

2

f_1, f_3: quadratische Funktionen
(die Graphen sind Parabeln)
f_2, f_4: lineare Funktion
(die Graphen sind Geraden)
Wertetabelle für f_1:

x	-2	-1	0	1	2
y	4	1	0	1	4

3

a) quadratische Funktion
b) lineare, keine quadratische Funktion
c) quadratische Funktion
d) konstante, keine quadratische Funktion
e) quadratische Funktion
f) wegen x^3 keine quadratische Funktion

1

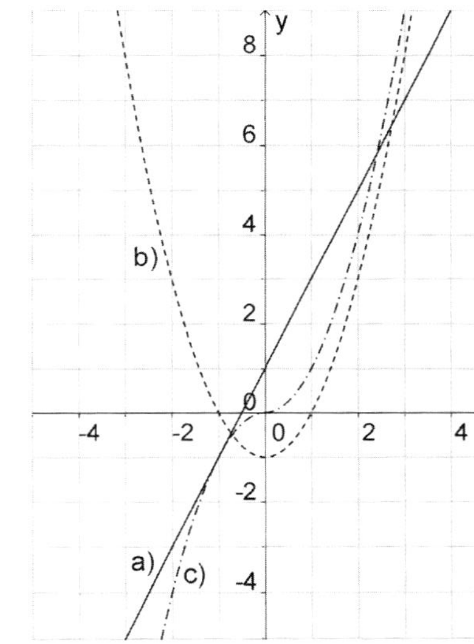

a) lineare Funktion
(Graph ist eine Gerade)
b) quadratische Funktion
(Graph ist eine Parabel)
c) abschnittsweise quadratische Funktion
für $x \leq 0$ und für $x \geq 0$
(Graph besteht aus zwei Parabelästen)

2

f_1: $y = x^2$ f_2: $y = x + 1$
f_3: $y = -x^2 + 2$ f_4: $y = -2x - 2$
Übrig bleiben $y = x + 2$ und $y = x^2 - 2$.

x	-2	-1	0	1	2
$y = x^2$	4	1	0	1	4
$y = -x^2 + 2$	-2	1	2	1	-2
$y = x^2 - 2$	2	-1	-2	-1	2

3

a) lineare, keine quadratische Funktion
b) quadratische Funktion
c) quadratische Funktion $y = x^2 - 2x + 2$
d) konstant, nicht quadratisch: $y = -1{,}5$
e) linear, nicht quadratisch: $y = 8x$
f) nicht quadratisch: $y = 0{,}5x^3 + 2x^2$

77 4

a), b)

v (in km/h)	15	35	50	75	110	135
s_B (in m)	2,25	12,25	25	56,25	121	182,25
s_R (in m)	4,5	10,5	15	22,5	33	40,5

Gemeinsamkeiten: Beide Wege nehmen mit steigender Geschwindigkeit zu.
Die Graphen beider Funktionen verlaufen durch den Koordinatenursprung.
Unterschiede: s_B ist eine quadratische, s_R eine lineare Funktion.
Der Graph von s_B ist eine Parabel, der von s_R eine Gerade.

c) z. B. Fahrtüchtigkeit des Fahrers, Aufmerksamkeit, Fahrerfahrung, Schuhwerk, technisch bedingte Zeit bis zum Eintritt der Bremswirkung

d)

v (in km/h)	30	50	70	100	130
s_B (in m)	9	25	49	100	169
s_R (in m)	9	15	21	30	39
s (in m)	18	40	70	130	208

5

a)

r	0	1	2	3	4	5
$f(r) = \pi r^2$	0	3,14	12,6	28,3	50,3	78,5

b) r kann auch negativ sein, dann beschreibt die Gleichung aber nicht mehr den Flächeninhalt eines Kreises. y kann nicht negativ werden, da r^2 nicht negativ werden kann (auch nicht für negative r) und π positiv ist.

Die Normalparabel

78 Entdecken

1

Seitenlänge a in cm	1	2	3	4	5	6	7	8
Flächeninhalt A in cm²	1	4	9	16	25	36	49	64

Funktionsgleichung: $A = a^2$

2

x	−4	−3	−2	−1	0	1	2	3	4
$y = x^2$	16	9	4	1	0	1	4	9	16

Der Graph fällt für $x < 0$ (zuerst schnell, dann langsamer) und steigt für $x > 0$ (zuerst langsam, dann schneller).
Der Graph verläuft durch den Koordinatenursprung.
Dort liegt auch der kleinste Funktionswert.
$x = 0$ ist die einzige Nullstelle.
Der Graph ist achsensymmetrisch bezüglich der y-Achse.
Die Krümmung des Graphen zeigt überall nach unten.
Der Graph ist eine nach oben geöffnete Parabel.

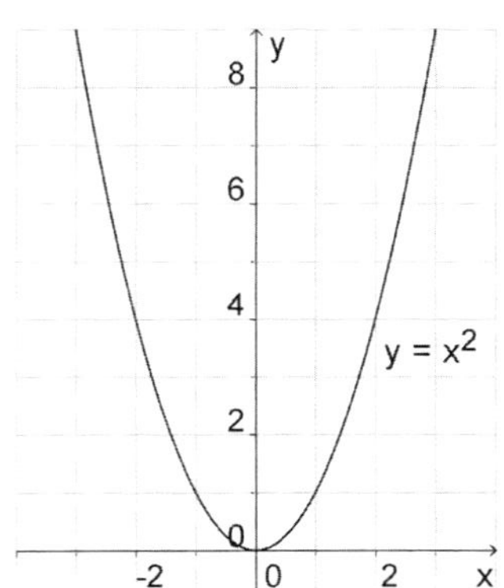

78 3

x	−3	−2	−1	0	1	2	3
① $y = x^2$	9	4	1	0	1	4	9
② $y = x^2 + 1$	10	5	2	1	2	5	10
③ $y = x^2 - 3$	6	1	−2	−3	−2	1	6

Die Parabeln haben die gleiche Form und liegen alle symmetrisch zur y-Achse. Allerdings ergibt sich entsprechend dem jeweiligen Summanden eine Verschiebung in Richtung der y-Achse.

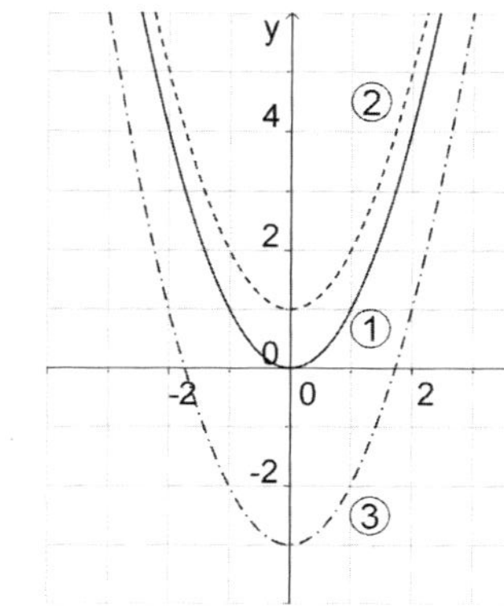

79 Üben und anwenden

1

a), b)

x	1,5	1,1	−2,5	−0,5
y	2,25	1,21	6,25	0,25

c)

y	0,5	1,5	9	2,3	9,6
x	0,71	1,22	3	1,52	3,10

y	7,8	2,9	12,2	15,8
x	2,79	1,70	3,49	3,97

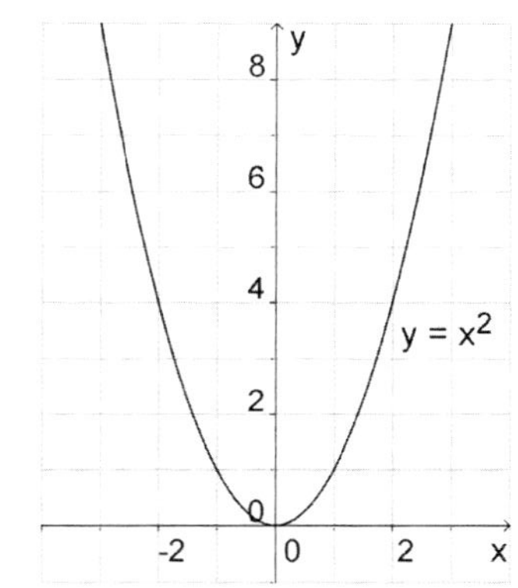

2

a) ja; $0^2 = 0$ b) ja; $(-1)^2 = 1$

c) ja; $\left(-\frac{1}{2}\right)^2 = \frac{1}{4}$

d) nein; $1^2 = 1 \neq -1$

e) nein; $(-4)^2 = 16 \neq -16$

f) nein; $0{,}4^2 = 0{,}16 \neq 1{,}6$

2

a) (12 | **144**) b) (−5 | **25**)

c) $\left(\frac{2}{3} \middle| \mathbf{\frac{4}{9}}\right)$

d) (**14** | 196) oder (**−14** | 196)

e) (**17** | 289) oder (**−17** | 289)

f) nicht möglich, es ist stets $x^2 \geq 0$

g) (−2,1 | **4,41**) h) nicht möglich

i) (**1,7** | 2,89) oder (**−1,7** | 2,89)

79 **3**
Zeichenübung
a) Scheitelpunkte: $S(0 \mid 3)$; $T(0 \mid -1{,}5)$
b) S_1: $y = x^2 + 3{,}5$; S_2: $y = x^2 - 4$
c) Beispiele:
$y = x^2 + 3$: $A(1 \mid 4)$; $B(2 \mid 7)$; $C(-1 \mid 4)$
$y = x^2 - 1{,}5$: $D(1 \mid -0{,}5)$; $E(-2 \mid 2{,}5)$; $F(3 \mid 7{,}5)$
$y = x^2 + 3{,}5$: $G(1 \mid 4{,}5)$; $H(-2 \mid 7{,}5)$; $I(-3 \mid 12{,}5)$
$y = x^2 - 4$: $J(1 \mid -3)$; $K(2 \mid 0)$; $L(-3 \mid 5)$

4

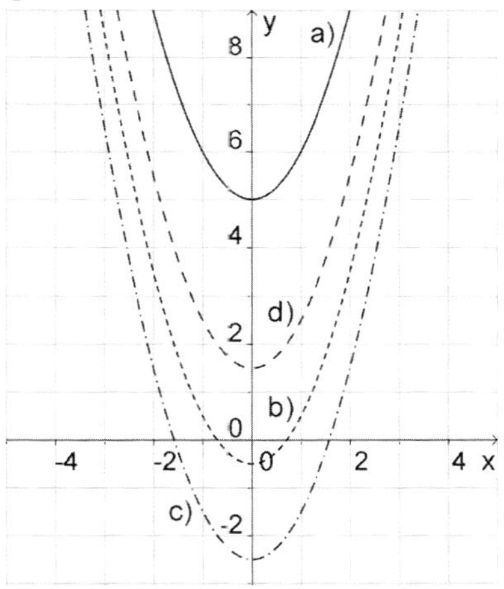

5
① $y = x^2 + 3$ ② $y = x^2 + 1$
③ $y = x^2 - 1$ ④ $y = x^2 - 3$

6
a)

x	-2	-1	0	1	2	3
y	-4	-1	0	-1	-4	-9

Zeichnung siehe nächste Seite. Der Graph hat dieselbe Form wie der der Funktion $y = x^2$ und verläuft wie dieser durch den Koordinatenursprung, die Parabel ist jedoch nach unten geöffnet.
b) Das ist möglich, denn man erhält den Graphen von $y = -x^2 + 1$ aus dem von $y = x^2$ durch Spiegelung an der x-Achse und Verschiebung um 1 nach oben.

3
Zeichenübung
a) $S(0 \mid \mathbf{2{,}5})$; $A(-2 \mid \mathbf{6{,}5})$
b) $S(0 \mid \mathbf{-5})$; $B(2 \mid \mathbf{-1})$
c) $S(0 \mid \mathbf{-3{,}5})$; $C(\mathbf{4} \mid 12{,}5)$ oder $C(\mathbf{-4} \mid 12{,}5)$
d) $y = x^2 - 1$; $D(3 \mid \mathbf{8})$
e) $y = x^2 + 4{,}5$; $E(\mathbf{2{,}5} \mid 10{,}75)$ oder $E(\mathbf{-2{,}5} \mid 10{,}75)$
f) $y = x^2 - 4{,}5$; $F(\mathbf{1{,}5} \mid -2{,}25)$ oder $F(\mathbf{-1{,}5} \mid -2{,}25)$

4

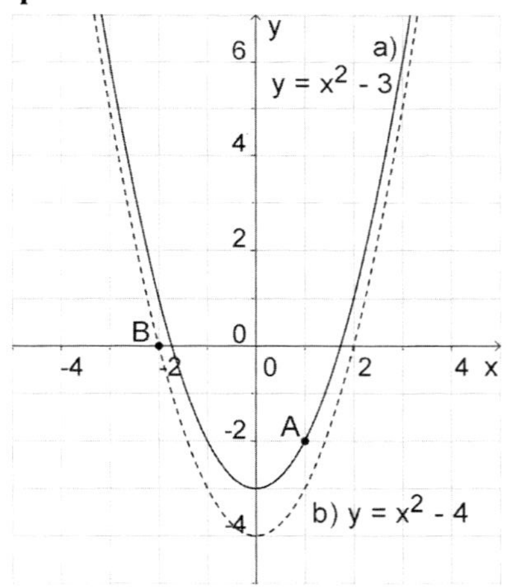

5
① $y = x^2 + 2{,}5$ ② $y = x^2 + 1{,}5$
③ $y = x^2 + 0{,}5$ ④ $y = x^2 - 2$

6
a) $y = -x^2$
b) Zeichnung siehe nächste Seite.
Die Parabel hat dieselbe Form wie die Normalparabel, ist jedoch nach unten geöffnet. Der Scheitelpunkt liegt wie der der Normalparabel im Koordinatenursprung. Der Graph steigt für $x < 0$ (zuerst schnell, dann langsamer) und fällt für $x > 0$ (zuerst langsam, dann schneller). Die Parabel ist achsensymmetrisch bezüglich der y-Achse.

79 **6** *(Fortsetzung)*

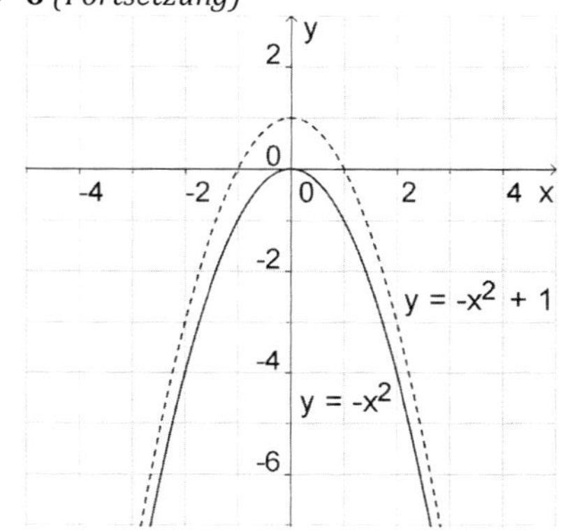

6 *(Fortsetzung)*

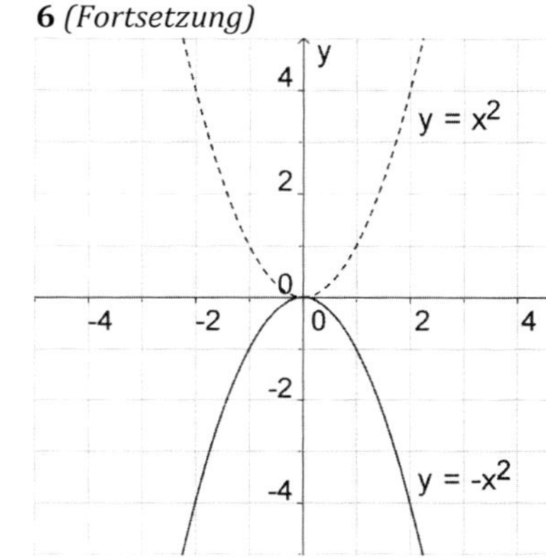

Die Parabel $y = ax^2$

80 Entdecken

1
① Parabelbögen, zuerst steil, dann immer flacher steigend bis zum höchsten Punkt, danach zuerst flach, dann immer steiler fallend
② Parabeln, zuerst steil, dann immer flacher fallend bis zum niedrigsten Punkt, danach zuerst flach, dann immer steiler steigend
③ Parabelbögen, zuerst steil, dann immer flacher steigend bis zum höchsten Punkt, danach zuerst flach, dann immer steiler fallend

2
a)

x	−3	−2	−1	0	1	2	3
① y	18	8	2	0	2	8	18
② y	5,4	2,4	0,6	0	0,6	2,4	5,4
③ y	−18	−8	−2	0	−2	−8	−18
④ y	−5,4	−2,4	−0,6	0	−0,6	−2,4	−5,4

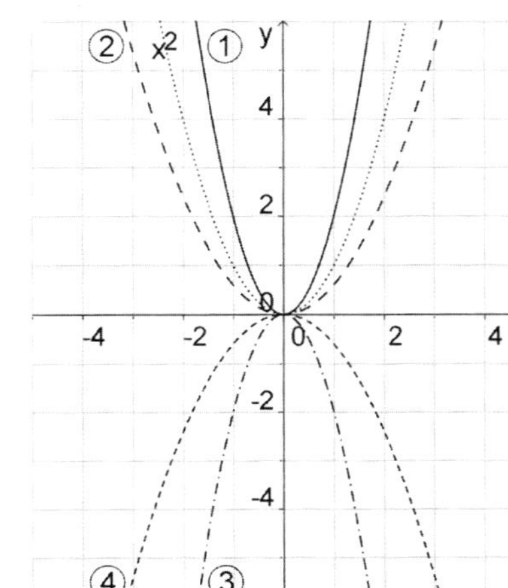

b) ① Der Graph verläuft steiler als der von $y = x^2$. Der Faktor 2 bewirkt eine Streckung in y-Richtung.
② Der Graph verläuft flacher als der von $y = x^2$. Der Faktor 0,6 bewirkt eine Stauchung in y-Richtung.
③ Der Graph verläuft steiler als der von $y = x^2$ und ist nach unten geöffnet. Der Faktor −2 bewirkt eine Streckung in y-Richtung und eine Spiegelung an der x-Achse.
④ Der Graph verläuft flacher als der von $f(x) = x^2$ und ist nach unten geöffnet. Der Faktor −0,6 bewirkt eine Stauchung in y-Richtung und eine Spiegelung an der x-Achse.

81 Üben und anwenden

1

a)

x	−2	−1	0	1	2
y	0,8	0,2	0	0,2	0,8

b)

x	−2	−1	0	1	2
y	−0,8	−0,2	0	−0,2	−0,8

c)

x	−2	−1	0	1	2
y	12	3	0	3	12

d)

x	−2	−1	0	1	2
y	−12	−3	0	−3	−12

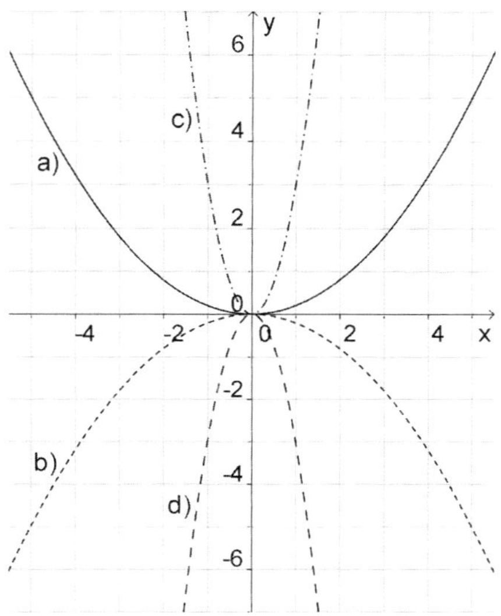

2

Die Parabeln liegen symmetrisch bezüglich der x-Achse.

Die Parabel $y = \frac{1}{2}x^2$ ist nach oben geöffnet, die Parabel $y = -\frac{1}{2}x^2$ nach unten.

Beide Parabeln haben den Scheitelpunkt $S(0 \mid 0)$ und sind gestaucht.

1

a)

x	−2	−1	0	1	2	3
y	3	0,75	0	0,75	3	6,75

b)

x	−2	−1	0	1	1,6	2
y	10	2,5	0	2,5	6,4	10

c)

x	−2	−1	0	1	2	3
y	−3,2	−0,8	0	−0,8	−3,2	−7,2

d)

x	−2	−1	0	1	1,6	2
y	−5	−1,25	0	−1,25	−3,2	−5

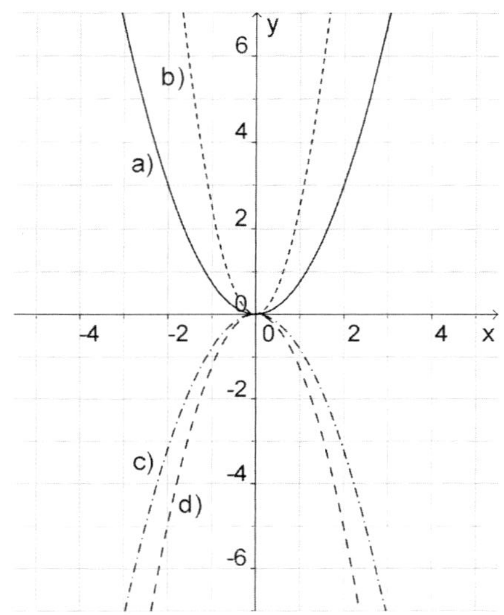

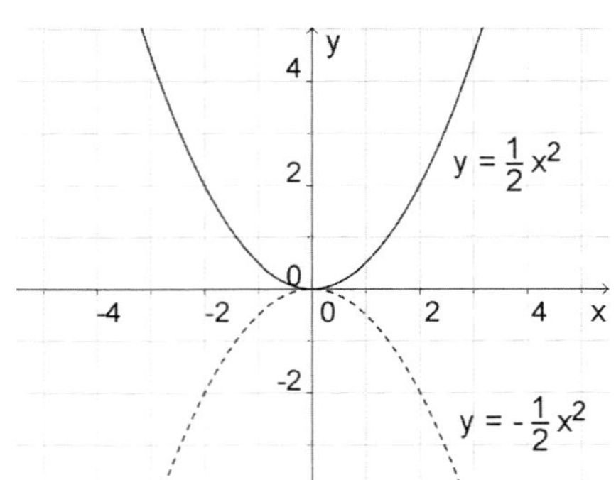

81 3

① $y = 4x^2$

② $y = \frac{1}{4}x^2$ ③ $y = -\frac{1}{4}x^2$

④ $y = -4x^2$

4

$y = -6x^2$: gestreckt, nach unten geöffnet
$y = 0,8x^2$: gestaucht, nach oben geöffnet
$y = -0,1x^2$: gestaucht, nach unten geöffnet
$y = -0,75x^2$: gestaucht, nach unten geöffnet

5

a) ja; $0,4 \cdot (-2)^2 = 0,4 \cdot 4 = 1,6$
b) nein; $0,4 \cdot 3^2 = 0,4 \cdot 9 = 3,6 \neq 3,4$
c) ja; $0,4 \cdot 4,5^2 = 0,4 \cdot 20,25 = 8,1$
d) ja; $0,4 \cdot (-5)^2 = 0,4 \cdot 25 = 10$
e) nein; $0,4 \cdot (-10)^2 = 0,4 \cdot 100 = 40 \neq 4$
f) ja; $0,4 \cdot 0,1^2 = 0,4 \cdot 0,01 = 0,004$

6

Beispiele:
a) $A(0 \mid 0)$; $B(1 \mid 5)$; $C(-2 \mid 20)$
b) $D(1 \mid 3,5)$; $E(-2 \mid 14)$; $F(3 \mid 31,5)$
c) $G(1 \mid -3,5)$; $H(-1 \mid -3,5)$; $I(2 \mid -14)$
d) $J(2 \mid -1)$; $K(-3 \mid -2,25)$; $L(-4 \mid -4)$

7

a)

x	−2	−1	0	1	2	3
① y	7	1	−1	1	7	17
② y	0	1,5	2	1,5	0	−2,5

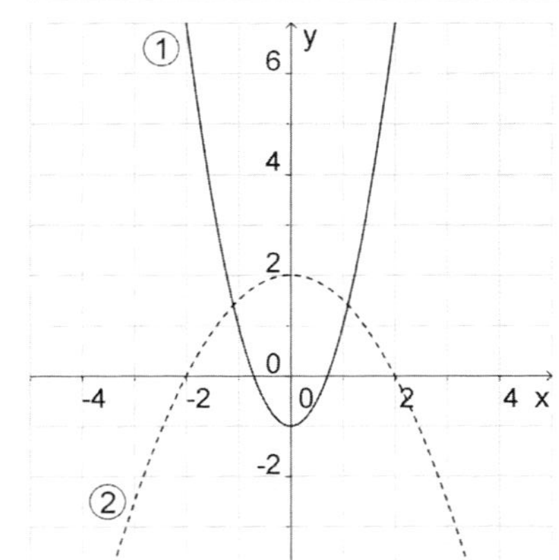

3

Die Parabel $y = ax^2$ ist weiter geöffnet als die Parabel $y = x^2$ (also gestaucht), und zwar nach oben. Es ist deshalb $0 < a < 1$. Da der Punkt $(4 \mid 4)$ auf der Parabel $y = ax^2$ liegt, ist $a \cdot 4^2 = 4$, also $a = 0,25$.

4

Die Parabel ② ist als einzige nach unten geöffnet, da nur bei dieser der Faktor a negativ ist. Die Parabel ① ist am weitesten geöffnet, da sie den Faktor a mit dem kleinsten Betrag besitzt.

5

a) $(3 \mid \mathbf{-4,5})$
b) $(-4 \mid \mathbf{-8})$
c) $(-0,5 \mid \mathbf{-0,125})$
d) $(\mathbf{1} \mid -0,5)$ oder $(\mathbf{-1} \mid -0,5)$
e) nicht möglich, es ist stets $-0,5x^2 \leq 0$
f) $(\mathbf{2} \mid -2)$ oder $(\mathbf{-2} \mid -2)$

7

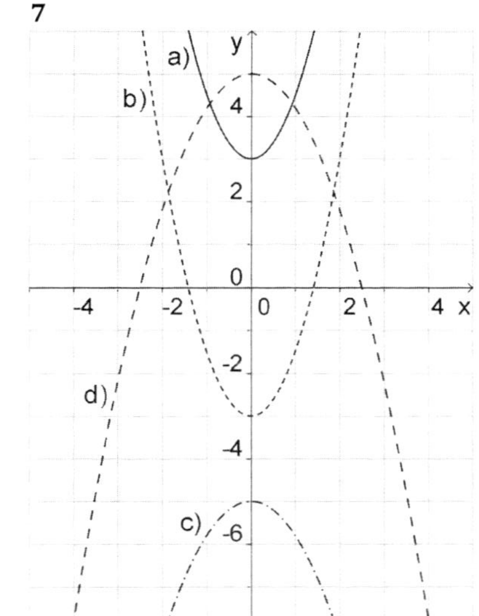

81 **7** *(Fortsetzung)*

b) ① Parabel, nach oben geöffnet, gestreckt und um eine Einheit nach unten verschoben
② Parabel, nach unten geöffnet, gestaucht und um zwei Einheiten nach oben verschoben

c) ① $S(0 \mid -1)$
② $S(0 \mid 2)$

d) ① $A(-0{,}5\sqrt{2} \mid 0)$; $B(0{,}5\sqrt{2} \mid 0)$
② $C(-2 \mid 0)$; $D(2 \mid 0)$

7 *(Fortsetzung)*

a) für $x < 0$ fallend, für $x > 0$ steigend;
Scheitelpunkt: $S(0 \mid 3)$;
Öffnungsrichtung: nach oben;
Schnittpunkte mit der x-Achse: keine

b) für $x < 0$ fallend, für $x > 0$ steigend;
Scheitelpunkt: $S(0 \mid -3)$;
Öffnungsrichtung: nach oben;
Schnittpunkte mit der x-Achse:
$A(-\sqrt{2} \mid 0)$; $B(\sqrt{2} \mid 0)$

c) für $x < 0$ steigend, für $x > 0$ fallend;
Scheitelpunkt: $S(0 \mid -5)$;
Öffnungsrichtung: nach oben;
Schnittpunkte mit der x-Achse: keine

d) für $x < 0$ steigend, für $x > 0$ fallend;
Scheitelpunkt: $S(0 \mid 5)$;
Öffnungsrichtung: nach oben;
Schnittpunkte mit der x-Achse:
$C(-2{,}5 \mid 0)$; $D(2{,}5 \mid 0)$

Bei allen 4 Parabeln ist der Schnittpunkt mit der y-Achse gleich dem Scheitelpunkt.

Die Normalparabel verschieben

82 Entdecken

1

a) Ⓐ ① $y = (x-1)^2 + 2$ Ⓑ ② $y = (x-2)^2 - 2$ Ⓒ ③ $y = (x+3)^2 - 1{,}5$

b) Ⓐ $S(1 \mid 2)$ Ⓑ $S(2 \mid -2)$ Ⓒ $S(-3 \mid -1{,}5)$

Hat die Funktionsgleichung die Form $y = (x+e)^2 + f$, so ist $S(-e \mid f)$ der Scheitelpunkt.

2

Graphen quadratischer Funktionen der Form $y = (x+e)^2 + f$ sind stets nach oben geöffnete, zur Normalparabel kongruente Parabeln mit dem Scheitelpunkt $S(-e \mid f)$.

83 Üben und anwenden

1

$y = x^2 - 0{,}5$; $y = x^2 + 1{,}5$; $y = (x-2{,}5)^2$; $y = (x+4)^2$

2

a) $S(-3 \mid 2)$

b) ② $y = (x+3)^2 + 2$, da $e = 3$ und $f = 2$.

2

a) ① $S(-2 \mid -2)$; $y = (x+2)^2 - 2$
② $S(-1 \mid -1)$; $y = (x+1)^2 - 1$
③ $S(0 \mid 0)$; $y = x^2$
④ $S(1 \mid 1)$; $y = (x-1)^2 + 1$
⑤ $S(2 \mid 2)$; $y = (x-2)^2 + 2$

b) individuelle Lösungen

83 **3**

a) $y = (x-1)^2$; $S(1 \mid 0)$

x	–2	–1	0	1	2	3
y	9	4	1	0	1	4

b) $y = (x+2)^2$; $S(-2 \mid 0)$

x	–4	–3	–2	–1	0	1
y	4	1	0	1	4	9

c) $y = (x+4)^2 + 1$; $S(-4 \mid 1)$

x	–5	–4	–3	–2	–1	0
y	2	1	2	5	10	17

d) $y = -(x-2{,}5)^2 - 2$; $S(2{,}5 \mid -2)$

x	–0,5	0	0,5	1,5	2,5	3,5
y	–11	–8,25	–6	–3	–2	–3

e) $y = (x-1)^2 + 3$; $S(1 \mid 3)$

x	–2	–1	0	1	2	3
y	12	7	4	3	4	7

f) $y = 3(x+1{,}5)^2 + 4$; $S(-1{,}5 \mid 4)$

x	–3,5	–2,5	–1,5	–0,5	0	0,5
y	16	7	4	7	10,75	16

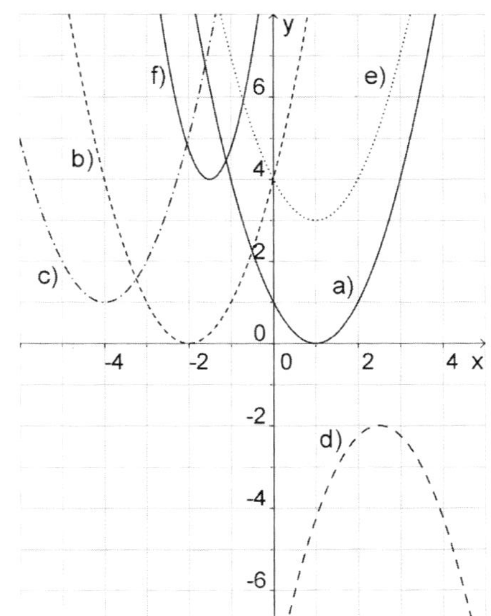

4

Gruppenarbeit

3

a) $y = (x-3{,}5)^2$; Graph steigt für $x > 3{,}5$

x	0	0,5	1,5	2,5	3,5	4,5
y	12,25	9	4	1	0	1

b) $y = -(x+1{,}5)^2$; Graph steigt für $x < -1{,}5$

x	–3,5	–2,5	–1,5	–0,5	0	0,5
y	–4	–1	0	–1	–2,25	–4

c) $y = (x+2)^2 + 3$; Graph steigt für $x > -2$

x	–4	–3	–2	–1	0	1
y	7	4	3	4	7	12

d) $y = -(x-3)^2 + 4$; Graph steigt für $x < 3$

x	–1	0	1	2	3	4
y	–12	–5	0	3	4	3

e) $y = -0{,}5x^2 + 3$; Graph steigt für $x < 0$

x	–2	–1	0	1	2	3
y	1	2,5	3	2,5	1	–1,5

f) $y = -2(x+1)^2$; Graph steigt für $x < -1$

x	–3	–2	–1	0	1	2
y	–8	–2	0	–2	–8	–18

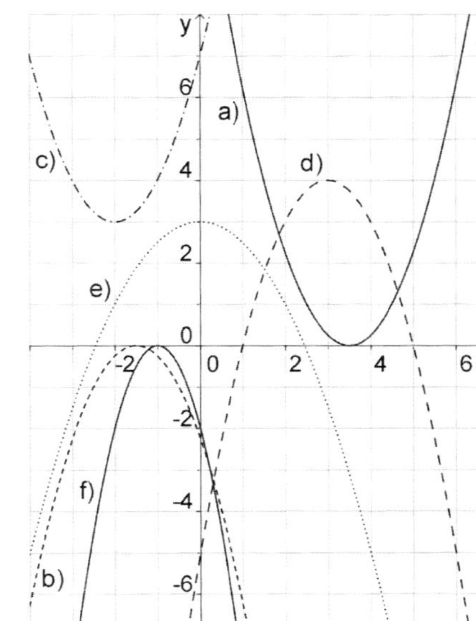

83 **5**

a) $y = (x + 4)^2$ b) $y = x^2 + 4$
c) $y = (x - 3)^2 + 3$ d) $y = (x + 2)^2 + 2$
e) $y = x^2$ f) $y = (x - 2)^2 - 4$

6

a)

x	-30	-15	0	10	20	31,6
y	1	7,75	10	9	6	0,0144

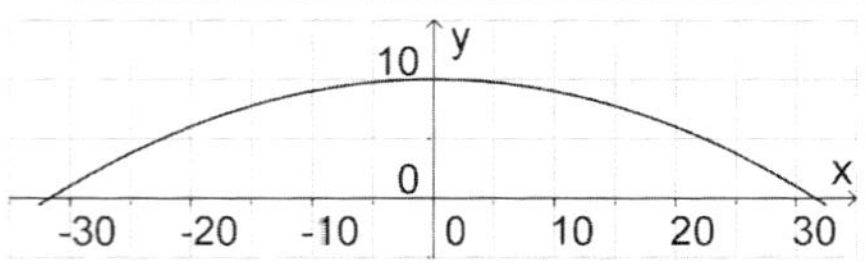

b) Der Brückenbogen ist 10 m hoch.
c) Der Bogen überspannt 63,2 m Länge.

5

a) $y = (x - 1)^2 + 5;$ $y = -(x - 1)^2 + 5$
b) $y = (x - 1)^2 - 3;$ $y = -(x - 1)^2 - 3$
c) $y = (x - 2{,}4)^2 - 1{,}5;$ $y = -(x - 2{,}4)^2 - 1{,}5$
d) $y = (x + 2{,}5)^2 - 1;$ $y = -(x + 2{,}5)^2 - 1$

6

a)

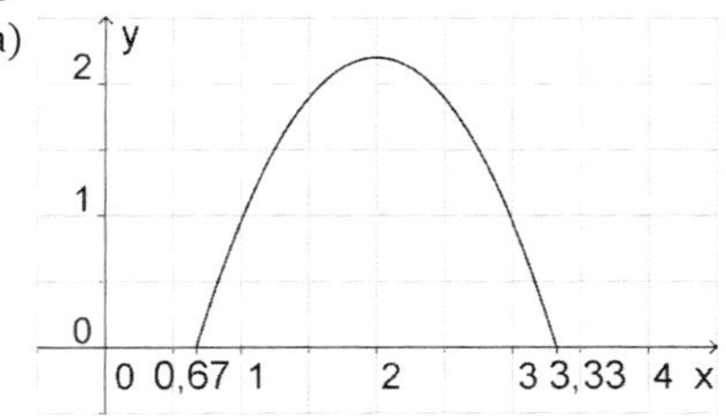

b) Der y-Wert des Scheitelpunktes zeigt die maximale Wasserhöhe an: 2,20 m.
c) Die Nullstellen sind 0,67 und 3,33. Also ist der Abstand 2,66 m.

Die binomischen Formeln

84 Entdecken

1

a) Es wurde die Aufgabe $27 \cdot 38$ gelöst: $27 \cdot 38 = (20 + 7) \cdot (30 + 8)$
$= 20 \cdot 30 + 20 \cdot 8 + 7 \cdot 30 + 7 \cdot 8 = 600 + 160 + 210 + 56 = 760 + 266 = 1026$
b) individuelle Aufgaben und Lösungen
c)

	a	5
a	a^2	$5a$
4	$4a$	20

$a^2 + 5a$
$4a + 20$
$\underline{\underline{a^2 + 9a + 20}}$

d) Bei der Multiplikation zweier Summen wird zuerst jeder Summand der ersten Summe mit jedem Summanden der zweiten Summe multipliziert. Alle so erhaltenen Produkte werden addiert: $(a + b) \cdot (c + d) = ac + ad + bc + bd$

2

a) $(x + 4) \cdot (x + 5) = x^2 + 9x + 20;$ $(x + 4) \cdot (x + 4) = x^2 + 8x + 16$
b) $(x - 8) \cdot (x - 3) = x^2 - 11x + 24;$ $(x - 8) \cdot (x - 8) = x^2 - 16x + 64$
c) $(x + 9) \cdot (x - 9) = x^2 - 81;$ $(x + 9) \cdot (x - 4) = x^2 + 5x - 36$
Einschätzungen individuell.

3

a) ① $(x + 3)^2 = x^2 + 6x + 9$ ② $(a - 5)^2 = a^2 - 10a + 25$ ③ $(x + 4)(x - 4) = x^2 - 16$
b) ① $(a + b)^2 = a^2 + 2ab + b^2$ ② $(a - b)^2 = a^2 - 2ab + b^2$ ③ $(a + b)(a - b) = a^2 - b^2$
In b) werden die allgemeinen Formeln mit Variablen erstellt.

85 Üben und anwenden

1

a) $ax + 4a + 3x + 12$
b) $xy - 10x + 2y - 20$
c) $bc - 5b - 3c + 15$
d) $2d^2 + 10d - 72$
e) $-bc - 16b + 7c + 112$

2

a) Es wurde $x \cdot x = x$ statt $x \cdot x = x^2$ gerechnet. Korrektur:
$(x + 3)(x + 4) = x^2 + 4x + 3x + 12$
$= x^2 + 7x + 12$
b) Das Minuszeichen wurde nicht beachtet. Korrektur:
$(x + 18)(x - 2) = x^2 - 2x + 18x - 36$
$= x^2 + 16x - 36$

1

a) $15a^2 + 18a - 24$
b) $-32d^2 - 32d + 24$
c) $18c^2 + 36cd + 16d^2 - 102c - 68d$
d) $-6b^2 + 8b + 40$
e) $-3d^2 + 20d$

2

a) Im ersten Schritt wurden die Klammern ausmultipliziert. Im zweiten Schritt wurde auf beiden Seiten der Gleichung x^2 subtrahiert und es wurden die Terme mit x zusammengefasst.
$-3x - 10 = -2x - 3 \quad | + 3x$
$-10 = x - 3 \quad | + 3$
$x = -7$
Probe: $(-12)(-5) = 60 = (-10)(-6)$
b) $4y^2 - 21y - 25 = 4y^2 - 26y + 40 \quad | - 4y^2$
$-21y - 25 = -26y + 40 \quad | + 26y$
$5y - 25 = 40 \quad | + 25$
$5y = 65 \quad | : 5$
$y = 13$
Probe: $14 \cdot 27 = 378 = 21 \cdot 18$

3

a) $y^2 + 6y + 9$ b) $x^2 - 8x + 16$
c) $a^2 - 25$ d) $9 - 6c + c^2$
e) $a^2 - 12a + 36$ f) $a^2 - 18a + 81$
g) $x^2 + 10x + 25$ h) $x^2 - 81$

3

a) $4x^2 + 12x + 9$ b) $9x^2 - 12x + 4$
c) $16x^2 - 24x + 9$ d) $9x^2 - 1$
e) $25 - 4x^2$ f) $36x^2 - 81$
g) $36x^2 + 84x + 49$ h) $100x^2 - 100x + 25$

4

a) $39 \cdot 21 = (30 + 9)(30 - 9) = 30^2 - 9^2 = 900 - 81 = 819$
b) $66 \cdot 54 = (60 + 6)(60 - 6) = 60^2 - 6^2 = 3600 - 36 = 3564$
c) $28 \cdot 12 = (20 + 8)(20 - 8) = 20^2 - 8^2 = 400 - 64 = 336$
d) $98 \cdot 102 = (100 - 2)(100 + 2) = 100^2 - 2^2 = 10\,000 - 4 = 9996$
e) $221 \cdot 179 = (200 + 21)(200 - 21) = 200^2 - 21^2 = 40\,000 - 441 = 39\,559$

5

a) $u^2 + 2uv + v^2 = (u + \mathbf{v})^2$
b) $4 + 4b + b^2 = (\mathbf{2} + b)^2$
c) $4 - 9x^2 = (2 + \mathbf{3x})(2 - \mathbf{3x})$

5

a) $25a^2 + 30ab + 9b^2 = (5a + \mathbf{3b})^2$
b) $16d^2 - 4e^2 = (\mathbf{4d} + \mathbf{2e})(\mathbf{4d} - \mathbf{2e})$
c) $x^2 - 6xy + \mathbf{9y^2} = (\mathbf{x} - \mathbf{3y})^2$ oder
$x^2 - 6xy + \mathbf{9y^2} = (\mathbf{3y} - \mathbf{x})^2$

Nachgedacht

Die Formel ist auch für $(a + b)(-b + a)$ richtig: $(a + b)(-b + a) = (a + b)(a - b) = a^2 - b^2$

85 **6**

a) $(a + 1)^2$ b) $(x + 2)^2$
c) $(b - 8)^2$ d) $(c + 2d)^2$
e) $(r - 5)^2$ f) $(a - 9b)^2$

6

a) $(x - 6)^2 = 0;\ x - 6 = 0;\ x = 6$
b) $(x + 5)^2 = 25$
Fall 1: $x + 5 = 5;\quad x_1 = 0$
Fall 2: $x + 5 = -5;\quad x_2 = -10$
c) $(x + 1)^2 = 64$
Fall 1: $x + 1 = 8;\quad x_1 = 7$
Fall 2: $x + 1 = -8;\quad x_2 = -9$
d) $(x + 12)(x - 12) = 0;\ x_1 = -12;\ x_2 = 12$

7

Der Flächeninhalt bleibt nicht gleich, sondern verringert sich: $(a + b)(a - b) = a^2 - b^2$.
Beispiele individuell.

8

① $y_2 = (x + 4)^2$; $y_4 = x^2 + 8x + 16$ ② $y_6 = -(x + 2)^2$; $y_5 = -x^2 - 4x - 4$
③ $y_8 = (x - 1)^2 - 2$; $y_3 = x^2 - 2x - 1$ ④ $y_1 = (x - 4)^2$; $y_7 = x^2 - 8x + 16$

Quadratische Gleichungen

86 Entdecken

1

Die Gleichung $x^2 = 64$ hat die Lösungen $x_1 = 8$ und $x_2 = -8$. Es gibt hier zwei Lösungen, weil zueinander entgegengesetzte Zahlen dasselbe Quadrat besitzen. Weitere Gleichungen individuell.

2

a)

x	-2	-1,5	-1	-0,5	0	0,5	1	1,5	2
y	-2	1,5	4	5,5	6	5,5	4	1,5	-2

Schnittpunkte: $S_1(1{,}73 \mid 0)$; $S_2(-1{,}73 \mid 0)$

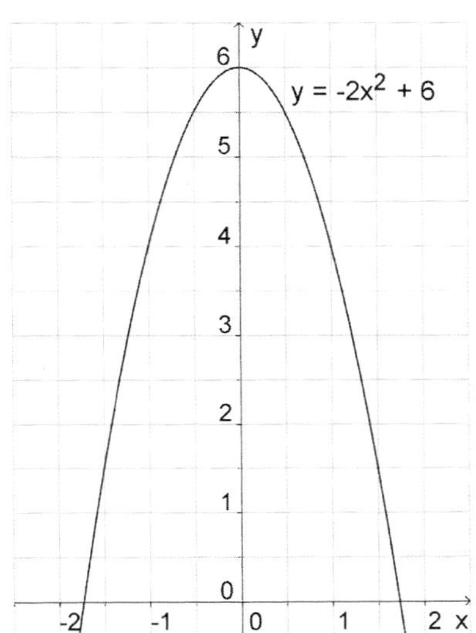

b) Anna hat zuerst den Funktionsterm gleich 0 gesetzt. Da für alle Punkte der x-Achse $y = 0$ gilt, lassen sich die Schnittpunkte auf diese Weise berechnen. Anschließend hat sie auf beiden Seiten der Gleichung 6 subtrahiert und durch (–2) dividiert, um zu erreichen, dass x^2 auf der rechten Seite allein steht. Die so entstandene Gleichung $3 = x^2$ hat zwei Lösungen, da Gegenzahlen dasselbe Quadrat besitzen.
c) individuelle Lösungen
d) $0{,}4x^2 - 4 = 0;\ 0{,}4x^2 = 4;\ x^2 = 10$
$x_1 = \sqrt{10} \approx 3{,}16;\ x_2 = -\sqrt{10} \approx -3{,}16$
Schnittpunkte: $S_1(3{,}16 \mid 0)$; $S_2(-3{,}16 \mid 0)$

86 **3**

a) ① 2 Schnittpunkte: $S_1(2 \mid 0)$; $S_2(-2 \mid 0)$
② 1 Schnittpunkt (Berührungspunkt): $S(0 \mid 0)$
③ Es gibt keine Schnittpunkte.
b) ① $x^2 - 4 = 0;\ x^2 = 4;\ x_1 = 2;\ x_2 = -2$; Schnittpunkte: $S_1(2 \mid 0)$; $S_2(-2 \mid 0)$
② $4x^2 = 0;\ x^2 = 0;\ x = 0$ (einzige Lösung); Schnittpunkt: $S(0 \mid 0)$
③ $x^2 + 4 = 0;\ x^2 = -4$; keine Lösung, da ein Quadrat nicht negativ sein kann.
c) ① $2x^2 - 4 = 0;\ x^2 = 2;\ x_1 \approx 1{,}41;\ x_2 \approx -1{,}41$; 2 Schnittpunkte: $S_1(-1{,}41 \mid 0)$; $S_2(1{,}41 \mid 0)$
② $-x^2 - 4 = 0;\ x^2 = -4$; keine Lösung; keine Schnittpunkte
③ $-x^2 + 4 = 0;\ x^2 = 4;\ x_1 = 2;\ x_2 = -2$; 2 Schnittpunkte: $S_1(2 \mid 0)$; $S_2(-2 \mid 0)$
④ $-2x^2 - 4 = 0;\ -2x^2 = 4;\ x^2 = -2$; keine Lösung; keine Schnittpunkte
⑤ $3 - x^2 - 4 = 0;\ -x^2 = 1;\ x^2 = -1$; keine Lösung; keine Schnittpunkte

87 Üben und anwenden

1

a) zwei Lösungen
b) keine Lösung
c) zwei Lösungen
d) eine Lösung
e) zwei Lösungen
f) keine Lösung

1

Die Gleichungen lassen sich umformen zu:
a) $x^2 = 3$; zwei Lösungen
b) $x^2 = -2$; keine Lösung wegen $x^2 < 0$
c) $x^2 = 8$; zwei Lösungen
d) $x^2 = -6$; keine Lösung wegen $x^2 < 0$
e) $x^2 = 0$; eine Lösung: $x = 0$
f) $x^2 = 5$; zwei Lösungen

2

a) $x_1 = 6;\ x_2 = -6$
b) $x_1 = 0{,}5;\ x_2 = -0{,}5$
c) $x^2 = 25;\ x_1 = 5;\ x_2 = -5$
d) $x^2 = 16;\ x_1 = 4;\ x_2 = -4$
e) $x^2 = 81;\ x_1 = 9;\ x_2 = -9$
f) $x^2 = 625;\ x_1 = 25;\ x_2 = -25$
g) $x^2 = 9;\ x_1 = 3;\ x_2 = -3$
h) $x^2 = 25;\ x_1 = 5;\ x_2 = -5$

2

a) $x^2 = 49;\ x_1 = 7;\ x_2 = -7$
b) $x^2 = 36;\ x_1 = 6;\ x_2 = -6$
c) $x^2 = 9;\ x_1 = 3;\ x_2 = -3$
d) $x^2 = 3{,}5;\ x_1 \approx 1{,}871;\ x_2 \approx -1{,}871$
e) $x^2 = 16;\ x_1 = 4;\ x_2 = -4$
f) $x^2 = 49;\ x_1 = 7;\ x_2 = -7$
g) $x^2 = 6{,}25;\ x_1 = 2{,}5;\ x_2 = -2{,}5$
h) $x^2 = 256;\ x_1 = 16;\ x_2 = -16$

3

a) Der Reitplatz ist 11 m lang.
b) $x_1 = 11;\ x_2 = -11$

4

a) $x^2 + 15 = 240;\ x^2 = 225;$
$x_1 = 15;\ x_2 = -15$
b) $x^2 + 65 = 690;\ x^2 = 625;$
$x_1 = 25;\ x_2 = -25$

4

a) $4x^2 - 17 = 239;\ x^2 = 64;$
$x_1 = 8;\ x_2 = -8$
b) $\frac{3x^2}{12} - 24 = 57;\ x^2 = 324;$
$x_1 = 18;\ x_2 = -18$

87 **5**

$x(x + 2) = 0;$ $x_1 = 0;\ x_2 = -2$
$x(x - 2) = 0;$ $x_1 = 0;\ x_2 = 2$
$(x - 2) \cdot (x - 2) = 0;$ $x = 2$
$(x + 2) \cdot (x + 2) = 0;$ $x = -2$
Bei den letzten beiden Aufgaben ist jeweils nur eine Lösung möglich, weil 0 die einzige Zahl ist, deren Quadrat gleich 0 ist.

6

a) Für die Nullstellen gilt $y = 0$, also für y wird 0 eingesetzt. Das Quadrat wird isoliert. Für den positiven und negativen Wurzelwert wird jeweils x berechnet.
b) siehe Abbildung
c) ① $(x + 3)^2 = 1;$ $x_1 = -2;\ x_2 = -4$
② $(x - 4)^2 = 9;$ $x_1 = 7;\ x_2 = 1$

7

a) $(x + 3)^2 = 0;\ x = -3$
b) $(x + 4)^2 = 0;\ x = -4$
c) $x^2 - \frac{4}{3}x + \frac{4}{9} = 0;\ \left(x - \frac{2}{3}\right)^2 = 0;\ x = \frac{2}{3}$
d) $x^2 + 4x + 4 = 0;\ (x + 2)^2 = 0;\ x = -2$

5

Es handelt sich um quadratische Gleichungen, da sich alle diese Gleichungen durch Ausmultiplizieren der Klammern in die Form $x^2 + px + q = 0$ überführen lassen.
a) $x_1 = 0;\ x_2 = -1{,}5$ b) $x_1 = 4;\ x_2 = 0$
c) $x_1 = 3;\ x_2 = 5$ d) $x_1 = 7;\ x_2 = -6$
e) $x_1 = -4;\ x_2 = -8$ f) $x_1 = -3;\ x_2 = 3$
g) $x = 9$ h) $x = -1$

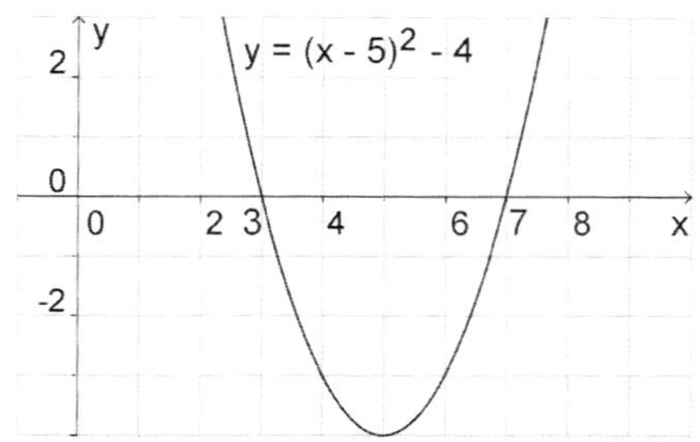

7

a) $(2x - 5)^2 = 0;\ x = 2{,}5$
b) $(4x + 6)^2 = 0;\ x = 1{,}5$
c) $(x + 4{,}5)(x - 4{,}5) = 0;$
$x_1 = -4{,}5;\ x_2 = 4{,}5$
d) $(0{,}7x + 7)(0{,}7x - 7) = 0;$
$x_1 = -10;\ x_2 = 10$

Allgemeinquadratische Gleichungen lösen

88 Entdecken

1

a) $x^2 - 4x + 4 = 13 - 4x;\ x^2 + 4 = 13;\ x^2 = 9;\ x_1 = 3;\ x_2 = -3$
b) $x^2 + 4x + 4 = 4x + 5;\ x^2 + 4 = 5;\ x^2 = 1;\ x_1 = 1;\ x_2 = -1$
c) $x^2 - 25 = 24;\ x^2 = 49;\ x_1 = 7;\ x_2 = -7$

2

1. Schritt: Es wird die quadratische Ergänzung addiert, um auf der linken Seite einen Term zu erhalten, der mit der ersten binomischen Formel vereinfacht werden kann.
2. Schritt: Die binomische Formel wird angewendet und auf der rechten Seite werden die Zahlen addiert.
3. Schritt: Die positive und negative Wurzel wird gezogen.
4. Schritt: Für jeden der beiden Fälle wird x berechnet (durch Subtraktion der Zahl 4).

89 Üben und anwenden

1

a) $x^2 + 14x + \mathbf{49} = 15 + \mathbf{49};$
$(x + 7)^2 = 64;$ $x_1 = 1;$ $x_2 = -15$
b) $x^2 - 6x + \mathbf{9} = 72 + \mathbf{9};$
$(x - 3)^2 = 81;$ $x_1 = 12;$ $x_2 = -6$
c) $x^2 - 8x + \mathbf{16} = 9 + \mathbf{16};$
$(x - 4)^2 = 25;$ $x_1 = 9;$ $x_2 = -1$
d) $x^2 + 7x + \mathbf{12{,}25} = 8 + \mathbf{12{,}25};$
$(x + 3{,}5)^2 = 20{,}25;$ $x_1 = 1;$ $x_2 = -8$
e) $x^2 - 22x + \mathbf{121} = 48 + \mathbf{121};$
$(x - 11)^2 = 169;$ $x_1 = 24;$ $x_2 = -2$
f) $x^2 - x + \mathbf{0{,}25} = 0{,}75 + \mathbf{0{,}25};$
$(x - 0{,}5)^2 = 1;$ $x_1 = 1{,}5;$ $x_2 = -0{,}5$

2

a) $x^2 + 6x + 9 = 16 + 9;$
$(x + 3)^2 = 25;$ $x_1 = 2;$ $x_2 = -8$
b) $x^2 + 3x + 2{,}25 = 10 + 2{,}25;$
$(x + 1{,}5)^2 = 12{,}25;$ $x_1 = 2;$ $x_2 = -5$
c) $x^2 + 2x + 1 = 15 + 1;$
$(x + 1)^2 = 16;$ $x_1 = 3;$ $x_2 = -5$
d) $x^2 + x + 0{,}25 = 20 + 0{,}25;$
$(x + 0{,}5)^2 = 20{,}25;$ $x_1 = 4;$ $x_2 = -5$
e) $x^2 - 1{,}2x + 0{,}36 = 5{,}4 + 0{,}36;$
$(x - 0{,}6)^2 = 5{,}76;$ $x_1 = 3;$ $x_2 = -1{,}8$
f) $x^2 - 3x + 2 + 0{,}25 = 0{,}25;$
$(x - 1{,}5)^2 = 0{,}25;$ $x_1 = 2;$ $x_2 = 1$

3

a) $x^2 + 4x + 8 = 0;$ $p = 4;$ $q = 8$
b) $x^2 - 10x + 37 = 0;$ $p = -10;$ $q = 37$
c) $x^2 - 14x - 147 = 0;$ $p = -14;$ $q = -147$
d) $x^2 + 16x - 161 = 0;$ $p = 16;$ $q = -161$
e) $4x^2 + 20x + 25 - 1 = 0;$
$x^2 + 5x + 6 = 0;$ $p = 5;$ $q = 6$
f) $16x^2 - 48x + 36 + 12 = 0;$
$x^2 - 3x + 3 = 0;$ $p = -3;$ $q = 3$

4

a) $x^2 - 3x + 2 = 0;$ $p = -3;$ $q = 2$
$x_{1/2} = 1{,}5 \pm \sqrt{2{,}25 - 2} = 1{,}5 \pm \sqrt{0{,}25}$
$x_{1/2} = 1{,}5 \pm 0{,}5;$ $x_1 = 2;$ $x_2 = 1$

1

a) $(x + 6)^2 = 121;$ $x_1 = 5;$ $x_2 = -17$
b) $(x - 8)^2 = 225;$ $x_1 = 23;$ $x_2 = -7$
c) $(x + 18)^2 = 361;$ $x_1 = 1;$ $x_2 = -37$
d) $(x - 8{,}5)^2 = 144;$ $x_1 = 20{,}5;$ $x_2 = -3{,}5$
e) $(x + 14)^2 = 324;$ $x_1 = 4;$ $x_2 = -32$
f) $(x + 0{,}9)^2 = 1{,}96;$ $x_1 = 0{,}5;$ $x_2 = -2{,}3$

2

a) $x^2 + 4x = 77;$ $x^2 + 4x + 4 = 81;$
$(x + 2)^2 = 81;$ $x_1 = 7;$ $x_2 = -11$
b) $x^2 - 6x = -5;$ $x^2 + 6x + 9 = 4;$
$(x + 3)^2 = 4;$ $x_1 = 1;$ $x_2 = -7$
c) $x^2 + 12x = 85;$ $x^2 + 12x + 36 = 121;$
$(x + 6)^2 = 121;$ $x_1 = 5;$ $x_2 = -17$
d) $x^2 - 1{,}2x = 2{,}2;$ $x^2 - 1{,}2x + 0{,}36 = 2{,}56;$
$(x - 0{,}6)^2 = 2{,}56;$ $x_1 = 2{,}2;$ $x_2 = -1$
e) $x^2 + 6x = 16;$ $x^2 + 6x + 9 = 25;$
$(x + 3)^2 = 25;$ $x_1 = 2;$ $x_2 = -8$
f) $x^2 - 14x = -13;$ $x^2 - 14x + 49 = 36;$
$(x - 7)^2 = 36;$ $x_1 = 13;$ $x_2 = 1$

3

a) $x^2 - 2x + 1 + 35 = 179;$
$x^2 - 2x - 143 = 0;$ $p = -2;$ $q = -143$
b) $289 + 34x + x^2 + 16 = 16;$
$x^2 + 34x + 289 = 0;$ $p = 34;$ $q = 289$
c) $0{,}25x^2 + 29x + 841 - 42 = 102;$
$0{,}25x^2 + 29x + 697 = 0;$
$x^2 + 116x + 2788 = 0;$
$p = 116;$ $q = 2788$

4

a) $x^2 - 36x + 34 = 0;$ $p = -36;$ $q = 34$
$x_{1/2} = 18 \pm \sqrt{324 - 34} = 18 \pm \sqrt{290}$
$x_1 \approx 35{,}029;$ $x_2 \approx 0{,}971$

4 *(Fortsetzung)*

b) $x^2 + 2x - 3 = 0$; $p = 2$; $q = -3$

$x_{1/2} = -1 \pm \sqrt{1+3} = -1 \pm \sqrt{4}$

$x_{1/2} = -1 \pm 2$; $x_1 = 1$; $x_2 = -3$

c) $x^2 + 3x - 4 = 0$; $p = 3$; $q = -4$

$x_{1/2} = -1{,}5 \pm \sqrt{2{,}25+4} = -1{,}5 \pm \sqrt{6{,}25}$

$x_{1/2} = -1{,}5 \pm 2{,}5$; $x_1 = 1$; $x_2 = -4$

d) $x^2 + 3x - 12 = 0$; $p = 3$; $q = -12$

$x_{1/2} = -1{,}5 \pm \sqrt{14{,}25}$

$x_1 \approx 2{,}275$; $x_2 \approx -5{,}275$

e) $x^2 + 6x - 12 = 0$; $p = 6$; $q = -12$

$x_{1/2} = -3 \pm \sqrt{9+12} = -3 \pm \sqrt{21}$

$x_1 \approx 1{,}583$; $x_2 \approx -7{,}583$

f) $x^2 - 10x - 11 = 0$; $p = -10$; $q = -11$

$x_{1/2} = 5 \pm \sqrt{25+11} = 5 \pm \sqrt{36}$

$x_{1/2} = 5 \pm 6$; $x_1 = 11$; $x_2 = -1$

5

individuelle Erklärungen des Lösungsweges

6

r: Radius in m; V: Volumen in m³

$\pi \cdot r^2 + 2\pi \cdot r \cdot 1{,}5 = 8{,}836$

$r^2 + 3r - 2{,}8126 = 0$

$r_{1/2} = -1{,}5 \pm \sqrt{2{,}25+2{,}8126}$

$r_{1/2} = -1{,}5 \pm \sqrt{5{,}0626} \approx -1{,}5 \pm 2{,}25$

$r_1 \approx 0{,}75$ (m); $r_2 < 0$ entfällt.

$V = \pi \cdot 0{,}75^2 \cdot 1{,}5 \approx 2{,}651$ (m³)

Der Wasserbehälter hat ein Volumen von 2,651 m³.

4 *(Fortsetzung)*

b) $x^2 - 170x + 729 = 0$; $p = -170$; $q = 729$

$x_{1/2} = 85 \pm \sqrt{7225 - 729} = 85 \pm \sqrt{6496}$

$x_1 \approx 165{,}598$; $x_2 \approx 4{,}402$

c) $x^2 + 38x - 39 = 0$; $p = 38$; $q = -39$

$x_{1/2} = -19 \pm \sqrt{361+39} = -19 \pm \sqrt{400}$

$x_{1/2} = -19 \pm 20$; $x_1 = 1$; $x_2 = -39$

d) $x^2 + 14x + 20 = 0$; $p = 14$; $q = 20$

$x_{1/2} = -7 \pm \sqrt{49-20} = -7 \pm \sqrt{29}$

$x_1 \approx -1{,}615$; $x_2 \approx -12{,}385$

e) $x^2 - 9{,}5x + 17{,}5 = 0$; $p = -9{,}5$; $q = 17{,}5$

$x_{1/2} = 4{,}75 \pm \sqrt{22{,}5625-17{,}5}$

$x_{1/2} = 4{,}75 \pm \sqrt{5{,}0625} = 4{,}75 \pm 2{,}25$

$x_1 = 7$; $x_2 = 2{,}5$

6

a: Länge in m; b: Breite in m

$a \cdot b = 3b \cdot b = 210 \cdot 0{,}4^2 = 33{,}6$

$b^2 = 11{,}2$; $b_1 \approx 3{,}347$ (m); $b_2 < 0$ entfällt.

$a = 3b \approx 10{,}04$ (m)

Die Terrasse ist 10,04 m lang und 3,347 m breit.

Methode: Allgemeinquadratische Funktionen mit einer Tabellenkalkulation zeichnen

90 Üben und anwenden

1

a), c) Übung mit einer Tabellenkalkulation

b) Für $x = -1{,}5$ wird $x^2 + bx + c = x^2 + 2x + 1{,}5$ berechnet.

2

Übung mit einer Tabellenkalkulation, Graph siehe Schülerbuch

90 3

Eine Veränderung in C7 bewirkt eine Erhöhung oder Verringerung aller Funktionswerte um einen konstanten Summanden und eine Verschiebung des Graphen in y-Richtung, da der Parameter c der Funktion $y = x^2 + bx + c$ geändert wird. Bei $c = 0$ verläuft der Graph durch den Koordinatenursprung. Bei $c = (0{,}5b)^2$ liegt der Scheitelpunkt auf der x-Achse. Bei einer Veränderung in C6 ändern sich beide Koordinaten des Scheitelpunktes des Graphen, da der Parameter b der Funktion geändert wird. Der Graph bleibt aber kongruent zur Normalparabel und nach oben geöffnet, da kein Faktor a vor x^2 hinzukommt. Bei $b = 0$ liegt der Graph symmetrisch zur y-Achse.

4

a)

x	−1,5	−1	−0,5	0	0,5	1	1,5
y	−5,5	−2,5	1	5	9,5	14,5	20

b)

x	−1,5	−1	−0,5	0	0,5	1	1,5
y	−2	−2,5	−2,5	−2	−1	0,5	2,5

c)

x	−1,5	−1	−0,5	0	0,5	1	1,5
y	−1,45	−2,8	−3,65	−4	−3,85	−3,2	−2,05

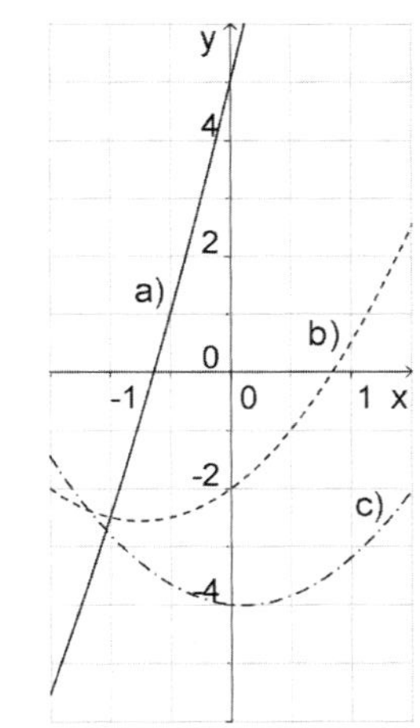

Bei Teilaufgabe a) ist der gewählte Bildausschnitt für x von −1,5 bis 1,5 für die grafische Darstellung ungünstig, da der Scheitelpunkt der Parabel außerhalb dieses Bereichs liegt. Auch bei b) und c) wäre die Wahl eines größeren Intervalls sinnvoll, da einer bzw. beide Schnittpunkte des Graphen mit der x-Achse nicht zu sehen sind.

Der Graph schneidet die y-Achse jeweils im Punkt (0 | c).

5

Beispiele:

a) $y = x^2 + 3$; $y = x^2 - 2$ (Alle Funktionen $y = x^2 + bx + c$ mit $b = 0$ sind Lösung.)

b) $y = x^2 + 2x + 1$; $y = x^2$ (Alle Funktionen $y = x^2 + bx + c$ mit $c = (0{,}5b)^2$ sind Lösung.)

c) $y = x^2 - 1$; $y = x^2 + 0{,}5x$ (Alle Funktionen $y = x^2 + bx + c$ mit $c < (0{,}5b)^2$ sind Lösung.)

d) $y = x^2 - 3$; $y = x^2 - 0{,}5x - 3$ (Alle Funktionen $y = x^2 + bx + c$ mit $c = -3$ sind Lösung.)

6

individuelle Lösungen

7

Beispiele:

a) $y = x^2 + 5$; $y = -x^2 + 5$; $y = 0{,}5x^2 + 5$

b) $y = (x + 5)^2 - 3 = x^2 + 10x + 22$; $y = 0{,}5(x + 5)^2 - 3 = 0{,}5x^2 + 5x + 9{,}5$

c) $y = -(x - 7)^2 + 4 = -x^2 + 14x - 45$; $y = -2(x - 7)^2 + 4 = -2x^2 + 28x - 94$

91 Thema: Quadratische Funktionen im Beruf

1

a) Seitenlänge des Raumes: 4,5 m

b) Länge: $4 \cdot 4{,}5\text{ m} - 1{,}1\text{ m} = 16{,}9\text{ m}$

2

Das Wohnzimmer hat 36 m^2 Fläche, die beiden Teppiche zusammen aber nur 18 m^2. Mit den Teppichstücken kann also nur die Hälfte des Raumes ausgelegt werden.

3

Die Wand ist $10 \cdot 0{,}25\text{ m} = 2{,}5\text{ m}$ breit und $15 \cdot 0{,}25\text{ m} = 3{,}75\text{ m}$ hoch.

4

a) f: $y = x^2$; g: $y = 6 - x^2$

b) individuelle Lösungen

5 + 6

individuell

Klar so weit?

92 Quadratische Funktionen

1

a)

v	0	50	100	150	200	250
s	0	193	771	1735	3084	4819

(v in $\frac{km}{h}$; s in m)

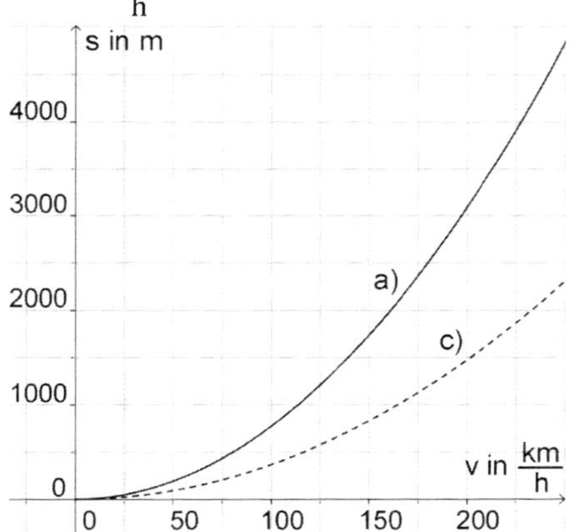

b) individuelle Lösungen

c)

v	0	50	100	150	200	250
s	0	92	368	828	1472	2300

Bei Vollbremsung verkürzen sich die Bremswege auf weniger als die Hälfte.

1

a)

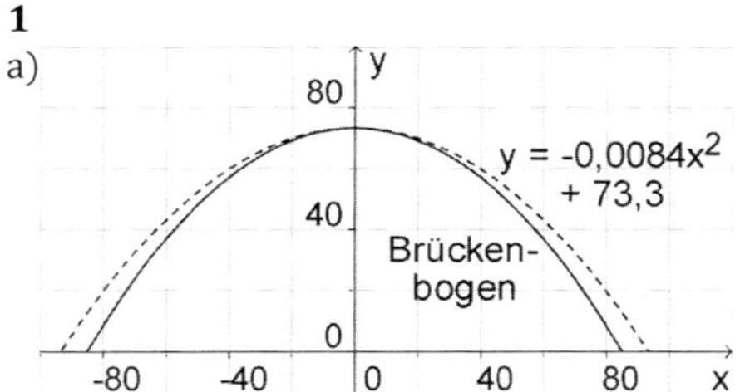

b) Wertetabelle der Funktion $y = -0{,}0084\,x^2 + 73{,}3$:

x	-85	-40	0	60	85
y	12,61	59,86	73,3	43,06	12,61

Die Funktionsgleichung beschreibt die Parabel nicht korrekt. Ein Brückenbogen mit dieser Gleichung hat eine größere Spannweite als $2 \cdot 85\text{ m} = 170\text{ m}$. Die richtige Funktionsgleichung lautet $y = -0{,}010\,145\,x^2 + 73{,}3$.

Wertetabelle hierzu:

x	-85	-40	0	60	85
y	0,002	57,07	73,3	36,78	0,002

92 Die Normalparabel

2

a) $S_1(0 \mid 0)$; $S_2(0 \mid 1)$; $S_3(0 \mid -1)$

b) $y_1 = x^2$; $y_2 = x^2 + 1$; $y_3 = x^2 - 1$

c)

x	-5	-4	-3	-2	-1	0	1	2	3	4	5
y_1	25	16	9	4	1	0	1	4	9	16	25
y_2	26	17	10	5	2	1	2	5	10	17	26
y_3	24	15	8	3	0	-1	0	3	8	15	24

Die Parabel $y = ax^2$

3

a) gestreckt, nach oben geöffnet
b) gestreckt, nach unten geöffnet
c) gestreckt, nach oben geöffnet
d) gestreckt, nach unten geöffnet
e) gestaucht, nach oben geöffnet
f) gestaucht, nach unten geöffnet

3

a) gestreckt, nach oben geöffnet
b) gestaucht, nach oben geöffnet
c) gestaucht, nach unten geöffnet
d) gestreckt, nach unten geöffnet
e) gestreckt, nach oben geöffnet
f) gestaucht, nach unten geöffnet

4

a) $A_1(\mathbf{-1} \mid 0{,}6)$ und $A_2(\mathbf{1} \mid 0{,}6)$
$B_1(\mathbf{-2} \mid 2{,}4)$ und $B_2(\mathbf{2} \mid 2{,}4)$
Zu C_1, C_2, D_1 und D_2 gibt es keine Lösungen, da die Funktion $y = 0{,}6x^2$ keine negativen Funktionswerte besitzt.

b)

x	-5	-4	-3	-2	-1
y	15	9,6	5,4	2,4	0,6

x	0	1	2	3	4	5
y	0	0,6	2,4	5,4	9,6	15

c) individuell

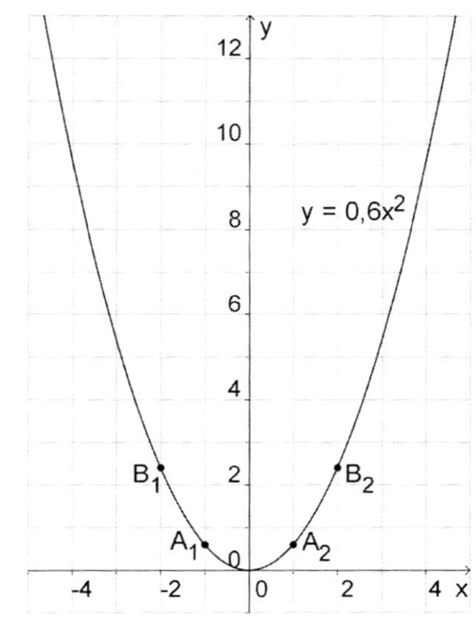

93 Die Normalparabel verschieben

5

a) $S(1 \mid -1)$

$y = (x-1)^2 - 1 = x^2 - 2x$

b) $S(1 \mid -1)$

$y = -(x-1)^2 - 1 = -x^2 + 2x - 2$

6

a) $S_1(1{,}5 \mid 0)$ b) $S_2(-1{,}5 \mid 0)$

c) $S_3(-\frac{1}{2} \mid -2)$ d) $S_4(\frac{1}{2} \mid 1)$

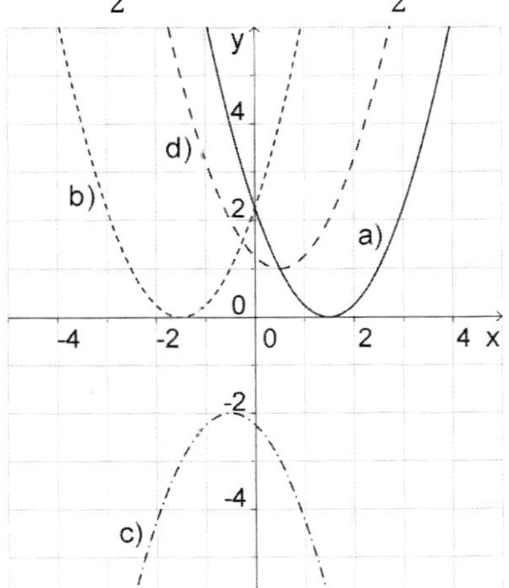

5

a) $S_1(0 \mid 2)$: $y_{1a/b} = \pm x^2 + 2$

$S_2(2 \mid 0)$: $y_{2a/b} = \pm(x-2)^2$

$S_3(2 \mid 2)$: $y_{3a/b} = \pm(x-2)^2 + 2$

$S_4(-2 \mid -2)$: $y_{4a/b} = \pm(x+2)^2 - 2$

b)

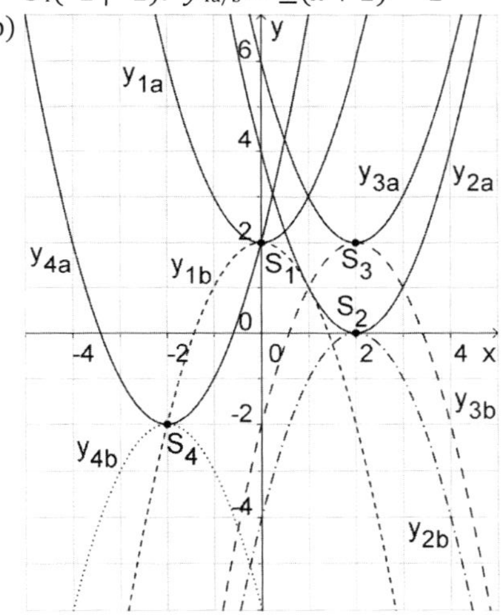

6

a) $A_1(3 \mid \mathbf{11})$ oder $A_2(3 \mid \mathbf{-7})$

b) $B_1(-3 \mid \mathbf{11})$ oder $B_2(-3 \mid \mathbf{-7})$

c) $C_1(\mathbf{4} \mid 18)$ oder $C_2(\mathbf{-4} \mid 18)$

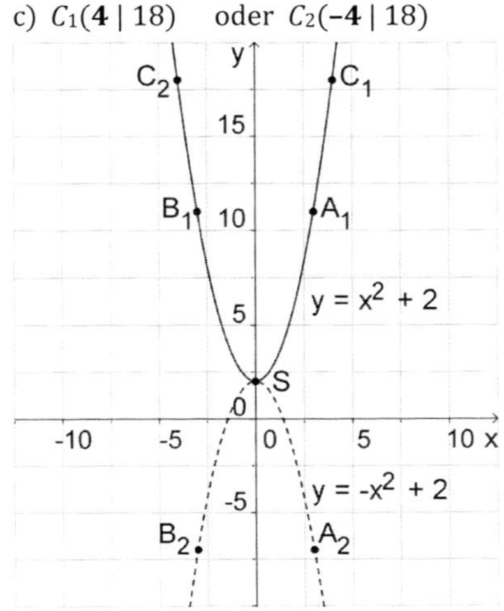

93 Die binomischen Formeln

7

a) $a^2 - 24a + 144$ b) $x^2 - 30x + 225$

c) $256 - 32x + x^2$ d) $m^2 - 196$

e) $x^2 + 50x + 625$ f) $a^2 - 169$

8

a) $a^2 + 6a + 9 = (a + \mathbf{3})^2$

b) $16 + 8b + b^2 = (\mathbf{4} + b)^2$

c) $36 - 25c^2 = (6 + \mathbf{5c})(6 - \mathbf{5c})$

Quadratische Gleichungen

9

a) $x_1 = 17$; $x_2 = -17$

b) keine Lösung

c) $m^2 = 9{,}61$; $m_1 = 3{,}1$; $m_2 = -3{,}1$

d) $a^2 = 196$; $a_1 = 14$; $a_2 = -14$

e) $a_1 = 7{,}5$; $a_2 = -12{,}5$

f) $y_1 = 34$; $y_2 = 4$

Allgemeinquadratische Gleichungen lösen

10

a) $(x+4)^2 = 64$; $x_1 = 4$; $x_2 = -12$

b) $(x-5)^2 = 16$; $x_1 = 9$; $x_2 = 1$

c) $(x-0{,}5)^2 = 6{,}25$; $x_1 = 3$; $x_2 = -2$

d) $(x+1{,}5)^2 = 0$; $x = -1{,}5$

e) $(x+1)^2 = 16$; $x_1 = 3$; $x_2 = -5$

f) $x^2 + \frac{1}{3}x = \frac{20}{9}$; $x^2 + \frac{1}{3}x + \frac{1}{36} = \frac{81}{36}$;

$\left(x + \frac{1}{6}\right)^2 = \frac{81}{36}$; $x_1 = \frac{4}{3}$; $x_2 = -\frac{5}{3}$

11

K: Alter von Karina

$K(K+4) = 357$; $K^2 + 4K + 4 = 361$;

$(K+2)^2 = 361$; $K = 17$ ($K_2 = -21$ entfällt)

Karina ist 17 Jahre alt, Tom 21 Jahre.

7

a) $d^2 - 30d + 225$ b) $x^2 - 36x + 324$

c) $144 - 72b + 9b^2$ d) $64p^2 - 400$

e) $289x^2 + 323x + 90{,}25$

f) $30{,}25 - 0{,}25y^2$

8

a) $(x-2)^2$ b) $(x+6)^2$

c) $(2b-9)^2$ d) $(c+3d)^2$

e) $(7r+0{,}5)(7r-0{,}5)$

f) $(18a+11b)(18a-11b)$

9

a) $x^2 = \frac{9}{121}$; $x_1 = \frac{3}{11}$; $x_2 = -\frac{3}{11}$

b) $a^2 = 59{,}4075$; $a_1 \approx 7{,}708$; $a_2 \approx -7{,}708$

c) $b^2 = -79{,}3$; keine Lösung

d) $a^2 = 0{,}64$; $a_1 = 0{,}8$; $a_2 = -0{,}8$

e) $(m-1)^2 = 144$; $m_1 = 13$; $m_2 = -11$

f) $0{,}25u = 12$; $u = 48$

10

a) $(x-0{,}5)^2 = 9$; $x_1 = 3{,}5$; $x_2 = -2{,}5$

b) $x^2 + \frac{16}{9}x = -\frac{20}{3}$;

$x^2 + \frac{16}{9}x + \frac{64}{81} = \frac{-540+64}{81}$;

$\left(x + \frac{8}{9}\right)^2 = -\frac{476}{81}$; keine Lösung

c) $(x-0{,}5)^2 = 4$; $x_1 = 2{,}5$; $x_2 = -1{,}5$

d) $(x+0{,}2)^2 = 5{,}29$; $x_1 = 2{,}1$; $x_2 = -2{,}5$

e) $x^2 - 5x = -5{,}25$; $x^2 - 5x + 6{,}25 = 1$;

$(x-2{,}5)^2 = 1$; $x_1 = 3{,}5$; $x_2 = 1{,}5$

f) $x^2 = 20x$; $x_1 = 20$; $x_2 = 0$

11

r: Radius des Kreises in cm

$\pi(r+15)^2 = 2\pi r^2$; $r^2 + 30r + 225 = 2r^2$;

$r^2 - 30r = 225$; $(r-15)^2 = 450$;

$r_1 = 15 + \sqrt{450} \approx 36{,}2$; $r_2 = 15 - \sqrt{450} < 0$

Der ursprüngliche Radius betrug 36,2 cm.

94 Vermischte Übungen

1

Individuelle Lösungen.
Gleichungen der Funktionen:

① $y = 0{,}5x - 3$
② $y = 2x + 2$
③ $y = -\frac{1}{3}x^2 + 3$
④ $y = (x - 3)^2 = x^2 - 6x + 9$

1

a)

x	-3	-2	-1	0	1	2	3
$y = x^2$	9	4	1	0	1	4	9
$y = x$	-3	-2	-1	0	1	2	3
$y = \frac{1}{x}$	$-\frac{1}{3}$	$-\frac{1}{2}$	-1	-	1	$\frac{1}{2}$	$\frac{1}{3}$

b)

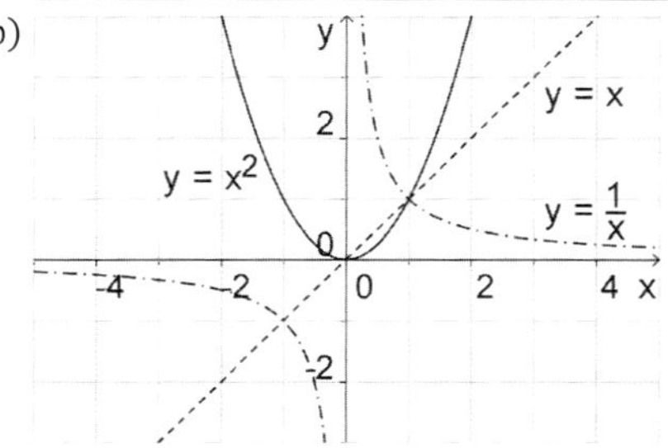

c) Individuelle Beschreibungen.
Der Graph der Funktion $y = \frac{1}{x}$ gehört zu einer antiproportionalen Zuordnung, da das Produkt $x \cdot y$ konstant ist:
$x \cdot y = x \cdot \frac{1}{x} = 1$ für alle x mit $x \neq 0$.

Zum Weiterarbeiten

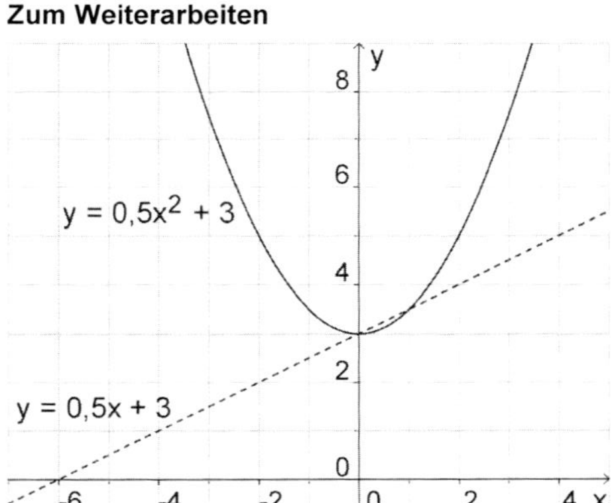

Gemeinsamkeiten:
- Beide Graphen schneiden die y-Achse im Punkt $A(0 \mid 3)$.
- Beide Graphen verlaufen außerdem durch den Punkt $B(1 \mid 3{,}5)$.
- Beide Graphen steigen für $x > 0$.
- Beide Funktionen besitzen keinen größten Funktionswert.

Unterschiede:
- Der Graph von $y = 0{,}5x^2 + 3$ ist eine Parabel, der von $y = 0{,}5x + 3$ eine Gerade.
- Der Graph von $y = 0{,}5x + 3$ schneidet die x-Achse, der von $y = 0{,}5x^2 + 3$ nicht.
- Der Graph von $y = 0{,}5x^2 + 3$ fällt für $x < 0$, der Graph von $y = 0{,}5x + 3$ steigt für $x < 0$.
- Die Funktion $y = 0{,}5x^2 + 3$ besitzt einen kleinsten Funktionswert ($y = 3$), die Funktion $y = 0{,}5x + 3$ nicht.
- Der Graph von $y = 0{,}5x^2 + 3$ ist achsensymmetrisch bezüglich der y-Achse, der Graph von $y = 0{,}5x + 3$ nicht.

94 2

① wahr: $e = -2$; $f = -4$
② falsch: Die Parabel ist kongruent zur Normalparabel, da vor dem Quadrat kein Faktor a steht.
③ falsch: Es gibt die Schnittpunkte $A(0 \mid 0)$ und $B(4 \mid 0)$.
④ falsch: Die Parabel ist nach oben geöffnet, da vor dem Quadrat kein Minuszeichen steht.
⑤ wahr: $(5 - 2)^2 - 4 = 9 - 4 = 5$

2

y_1: gestaucht, nach unten geöffnet, eine Nullstelle
y_2: gestreckt, nach oben geöffnet, zwei Nullstellen
y_3: kongruent zur Normalparabel, nach unten geöffnet, eine Nullstelle
y_4: gestreckt, nach oben geöffnet, eine Nullstelle
y_5: gestaucht, nach oben geöffnet, zwei Nullstellen

3

a) nein; $(-4{,}5 - 3)^2 + 1{,}5 = 57{,}75 \neq 20{,}5$
b) nein; $(-3 - 3)^2 + 1{,}5 = 37{,}5 \neq -9$
c) nein; $(3 - 3)^2 + 1{,}5 = 1{,}5 \neq 9$
d) nein; $(-1{,}5 - 3)^2 + 1{,}5 = 21{,}75 \neq 1$
e) nein; $(2{,}5 - 3)^2 + 1{,}5 = 1{,}75 \neq 6{,}5$
f) ja; $(4{,}3 - 3)^2 + 1{,}5 = 1{,}69 + 1{,}5 = 3{,}19$

3

a) $(-4{,}5 \mid \mathbf{-1{,}5})$
b) $(1{,}5 \mid \mathbf{22{,}5})$
c) $(5 \mid \mathbf{69{,}75})$
d) $(\mathbf{-0{,}5} \mid 6{,}5)$ oder $(\mathbf{-6{,}5} \mid 6{,}5)$
e) $(\mathbf{2{,}5} \mid 33{,}5)$ oder $(\mathbf{-9{,}5} \mid 33{,}5)$
f) $(\mathbf{-3} \mid -2{,}25)$ oder $(\mathbf{-4} \mid -2{,}25)$

4

individuelle Lösungen

5

a) $y = (x + 1{,}5)^2$; $S(-1{,}5 \mid 0)$
b) $y = (x - 12)^2$; $S(12 \mid 0)$
c) $y = (x + 22)^2$; $S(-22 \mid 0)$
d) $y = (x - 31)^2$; $S(31 \mid 0)$

5

a) $y = (x - 3)^2 + 3$; $S(3 \mid 3)$
b) $y = (x + 6)^2 - 38$; $S(-6 \mid -38)$
c) $y = (x + 3{,}5)^2 - 1$; $S(-3{,}5 \mid -1)$
d) $y = (x - 4)^2 - 34$; $S(4 \mid -34)$

6

Individuelle Lösungen. Eine quadratische Gleichung mit drei Lösungen gibt es nicht, da eine quadratische Parabel maximal zwei Schnittpunkte mit der x-Achse haben kann.

7

a) $x_1 = 22{,}5$; $x_2 = -22{,}5$
b) $x^2 = 43{,}56$; $x_1 = 6{,}6$; $x_2 = -6{,}6$
c) $x^2 = 342{,}25$; $x_1 = 18{,}5$; $x_2 = -18{,}5$
d) $x^2 = 4{,}6225$; $x_1 = 2{,}15$; $x_2 = -2{,}15$
e) $5 = x^2 + 1$; $x^2 = 4$; $x_1 = 2$; $x_2 = -2$
f) $16 = x^2$; $x_1 = 4$; $x_2 = -4$
g) $x^2 + 9 = 73$; $x^2 = 64$; $x_1 = 8$; $x_2 = -8$
h) $x^2 = 0{,}4$; $x_1 \approx 0{,}6325$; $x_2 \approx -0{,}6325$

7

a) $x^2 = 9$; $x_1 = 3$; $x_2 = -3$
b) $x^2 = -40$; keine Lösung, da ein Quadrat nicht negativ sein kann
c) $121 = x^2$; $x_1 = 11$; $x_2 = -11$
d) $x^2 - 9 = -5$; $x^2 = 4$; $x_1 = 2$; $x_2 = -2$
e) $4x = -4x$; $8x = 0$; $x = 0$
f) $x^2 - 1 = -1$; $x^2 = 0$; $x = 0$

8

Nach der Division durch 2 wird das Ergebnis quadriert und auf beiden Seiten der Gleichung addiert. Danach wird der Term auf der linken Seite der Gleichung nach der ersten binomischen Formel in ein Quadrat umgeformt. Anschließend wird auf beiden Seiten der Gleichung die positive und negative Wurzel gezogen:

94 **8** *(Fortsetzung)*

$x^2 + 2 \cdot x \cdot 2{,}5 + 6{,}25 = 50 + 6{,}25$; $(x + 2{,}5)^2 = 56{,}25$; $x + 2{,}5 = \pm 7{,}5$; $x_1 = 5$; $x_2 = -10$

95 **9**

① Unter dem Wurzelzeichen muss nicht − 2, sondern + 2 stehen. Korrektur:

$x_{1,2} = -\frac{4}{2} \pm \sqrt{\left(\frac{4}{2}\right)^2 + 2} = -2 \pm \sqrt{2^2 + 2}$

$x_1 \approx -2 + 2{,}45 = 0{,}45$

$x_2 \approx -2 - 2{,}45 = -4{,}45$

② Es ist $p = -10$ (nicht 10) und $q = -8$ (nicht 8). Korrektur:

$x_{1,2} = \frac{10}{2} \pm \sqrt{\left(\frac{10}{2}\right)^2 + 8} = 5 \pm \sqrt{5^2 + 8}$

$x_1 \approx 5 + 5{,}74 = 10{,}74$

$x_2 \approx 5 - 5{,}74 = -0{,}74$

9

$x^2 + px + q = 0$

$x^2 + px = -q$ ($x^2 + px$ isolieren)

$x^2 + 2 \cdot \frac{p}{2} x = 0$ ($\frac{p}{2}$ für quadratische Ergänzung bestimmen)

$x^2 + 2 \cdot \frac{p}{2} x + \left(\frac{p}{2}\right)^2 = -q + \left(\frac{p}{2}\right)^2$ (quadratisch ergänzen)

$\left(x + \frac{p}{2}\right)^2 = -q + \left(\frac{p}{2}\right)^2$ (binomische Formel anwenden)

$x + \frac{p}{2} = \pm\sqrt{-q + \left(\frac{p}{2}\right)^2}$ (± Wert der Wurzel)

$x_1 = -\frac{p}{2} + \sqrt{-q + \left(\frac{p}{2}\right)^2}$ ($\frac{p}{2}$ subtrahieren)

$x_2 = -\frac{p}{2} - \sqrt{-q + \left(\frac{p}{2}\right)^2}$ (zweite Lösung)

10

a) $(x + 4)^2 = 36$; $x_1 = 2$; $x_2 = -10$
b) $(x - 6)^2 = 81$; $x_1 = 15$; $x_2 = -3$
c) $(x - 1)^2 = 4$; $x_1 = 3$; $x_2 = -1$
d) $(x - 3)^2 = 0$; $x = 3$
e) $(x + 1)^2 = 49$; $x_1 = 6$; $x_2 = -8$
f) $(x + 0{,}2)^2 = 5{,}29$; $x_1 = 2{,}1$; $x_2 = -2{,}5$

10

a) $(x + 7)^2 = 225$; $x_1 = 8$; $x_2 = -22$
b) $(x - 7)^2 = 0$; $x = 7$
c) $x^2 + 7{,}4x + 13{,}69 = -5{,}85 + 13{,}69$; $(x + 3{,}7)^2 = 7{,}84$; $x_1 = -0{,}9$; $x_2 = -6{,}5$
d) $x^2 + 6x = -9$; $x^2 + 6x + 9 = 0$; $(x + 3)^2 = 0$; $x = -3$
e) $(x + 2)^2 = 9$; $x_1 = 1$; $x_2 = -5$
f) $x^2 - 8x = -16$; $x^2 - 8x + 16 = 0$; $(x - 4)^2 = 0$; $x = 4$

11

a) $a = \frac{2{,}5}{(-5)^2} = \frac{2{,}5}{6{,}25} = 0{,}4$
b) Beide Seiten der Gleichung $y = x^2$ wurden durch x^2 dividiert (Voraussetzung: $x \neq 0$). Beispiele individuell.
c) f_1: $y = 2x^2$; f_2: $y = 0{,}5x^2$; f_3: $y = -0{,}5x^2$; f_4: $y = -3x^2$

12

a) $y = -x^2$ b) $y = 2x^2$
c) $y = 1{,}5x^2$

12

a) $y = 12x^2 - 12$ b) $y = 6x^2 - 6$
c) $y = 2x^2 - 2$

95 **13**

a) $y = 0{,}5x$
b) z. B. $y = 0{,}5x^2$; $y = -0{,}5(x - 2)^2 + 2$; $y = 0{,}25(x + 1)^2 - 0{,}25$
c) $y = x^2$ d) $y = (x + 2{,}5)^2$

96 **14**

a) eine Nullstelle b) keine Nullstelle
c) zwei Nullstellen d) zwei Nullstellen
e) eine Nullstelle f) eine Nullstelle
g) eine Nullstelle h) zwei Nullstellen
i) keine Nullstelle j) zwei Nullstellen

15

a) Zwei Parabeln können zwei Schnittpunkte, einen oder keinen Schnittpunkt miteinander haben.
b) individuelle Beispiele
c) Die beiden Parabeln haben genau einen Schnittpunkt miteinander: den gemeinsamen Scheitelpunkt $S(2 \mid 0)$.
d) Die beiden Parabeln haben genau einen Schnittpunkt miteinander: den gemeinsamen Scheitelpunkt $S(0 \mid 0)$.

13

a) $y = 4x + 5$ b) $y = (x + 3)^2$
c) $y = -(x - 4)^2$ d) $y = -(x - 2)^2 - 3$
e) $y = (x + 2{,}5)^2 + 3$ f) $y = (x + 1)^2 + 0{,}5$
g) $y = -(x + 1)^2 - 1$

14

a) Nullstellen: $y = 0$
$0 = (x + 1)^2 - 4$ | + 4
$(x + 1)^2 = 4$ | $\pm\sqrt{}$
$x + 1 = 2$ oder $x + 1 = -2$ | − 1
$x_1 = 1$; $x_2 = -3$
Schnittpunkt mit der y-Achse: $x = 0$
$y = (0 + 1)^2 - 4 = 1 - 4 = -3$; $S(0 \mid -3)$
b) Nullstellen: $y = 0$
$0 = (x - 2{,}5)^2 - 4$ | + 4
$(x - 2{,}5)^2 = 4$; $x_1 = 4{,}5$; $x_2 = -0{,}5$
Schnittpunkte mit der x-Achse: $A(4{,}5 \mid 0)$; $B(-0{,}5 \mid 0)$
Schnittpunkt mit der y-Achse: $x = 0$
$y = (0 - 2{,}5)^2 - 4 = 2{,}25$; $S(0 \mid 2{,}25)$

15

a) $x^2 = -x^2 + 2$; $2x^2 = 2$; $x^2 = 1$;
$x_1 = 1$; $x_2 = -1$; $S_1(1 \mid 1)$; $S_2(-1 \mid 1)$

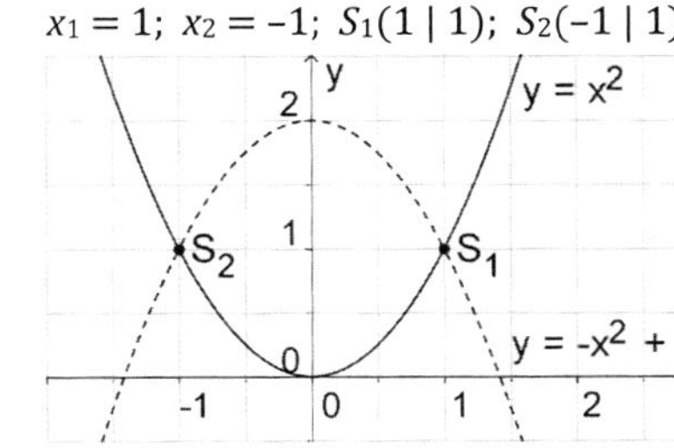

b) $(x + 2)^2 - 2 = (x - 3)^2 + 3$
$x^2 + 4x + 2 = x^2 - 6x + 12$
$10x = 10$; $x = 1$; $y = 7$; $S(1 \mid 7)$

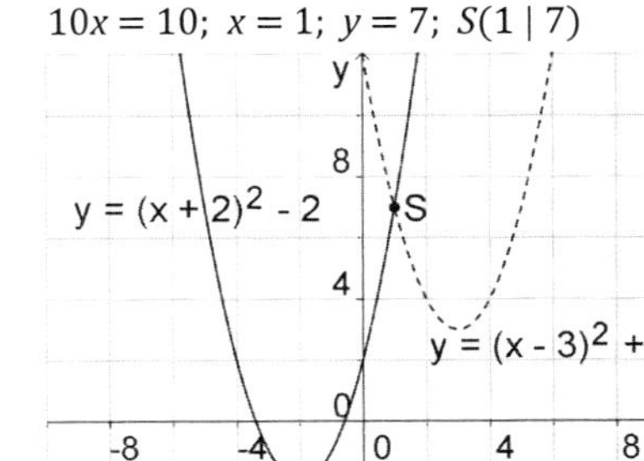

96

15 *(Fortsetzung)*

c) Zwei Parabeln können zwei Schnittpunkte, einen oder keinen Schnittpunkt haben. Beispiele individuell.

16

a) Der Golfball fliegt maximal 45 m hoch.

b) Der Ball fliegt 120 m weit.

c) $y_2 = -0{,}0125x^2 + 1{,}5x$

Die Funktionen y_1 und y_4 kommen nicht in Frage, da deren Graphen symmetrisch bezüglich der y-Achse sind. Die Funktion y_3 kann es ebenfalls nicht sein, da deren Graph wegen des positiven Faktors vor x^2 nach oben geöffnet ist.

d) $-0{,}0125 \cdot 10^2 + 1{,}5 \cdot 10 = -1{,}25 + 15 = 13{,}75$; $13{,}75 - 8 = 5{,}75$

Der Golfball fliegt in einer Höhe von 13,75 m über dem Boden bzw. 5,75 m von der Baumspitze aus gemessen über den Baum.

e) $-0{,}008 \cdot 10^2 + 10 = -0{,}8 + 10 = 9{,}2$; $9{,}2 - 8 = 1{,}2$

Ja, der Golfball kommt wahrscheinlich über den Baum. Er erreicht 10 m vom Abschlag entfernt eine Höhe von 9,2 m, das ist 1,2 m mehr als die Baumhöhe. Schwierigkeiten könnte es allerdings geben, wenn die Baumkrone oben sehr breit ist und z. B. in 1,5 m waagerechter Entfernung vom Stamm immer noch eine Höhe von 8 m hat:

$-0{,}008 \cdot 8{,}5^2 + 8{,}5 = -0{,}578 + 8{,}5 = 7{,}922$

In diesem Falle kommt der Ball nicht über den Baum, da er 1,5 m vom Stamm entfernt (vom Abschlag aus gesehen) nur eine Höhe von 7,92 m erreicht.

f) $-0{,}008x^2 + x = 0$; $x(-0{,}008x + 1) = 0$; $x_1 = 0$; $-0{,}008x_2 + 1 = 0$; $x_2 = 125$

Der zweite Golfball fliegt 125 m weit.

17

a)	Geschwindigkeit x in $\frac{\text{km}}{\text{h}}$	40	50	60	70	80	90	100
	Verbrauch y auf 100 km in l	4,55	4,55	4,95	5,75	6,95	8,55	10,55
b)	CO_2-Ausstoß z auf 100 km in kg	10,60	10,60	11,53	13,40	16,19	19,92	24,58

c) Die Zuordnung ist quadratisch, denn sie hat folgende Funktionsgleichung:

$z = 2{,}33 \cdot (0{,}002\,x^2 - 0{,}18\,x + 8{,}55) = 0{,}004\,66\,x^2 - 0{,}4194\,x + 19{,}9215$

97 **18**

a) $x^2 = 289$; $x_1 = 17$; $x_2 = -17$

b) $x^2 - 25 = 999$; $x_1 = 32$; $x_2 = -32$

c) $2x^2 = 1250$; $x^2 = 625$; $x_1 = 25$; $x_2 = -25$

18

a) $x^2 + (2x)^2 = 245$; $5x^2 = 245$; $x^2 = 49$; $x_1 = 7$; $x_2 = -7$

b) $7x^2 = 2023$; $x^2 = 289$; $x_1 = 17$; $x_2 = -17$

19

a) $5t^2 = 54$; $t^2 = 10{,}8$; $t \approx 3{,}29$. Der Stein fällt 3,29 s.

b) $s = 5 \cdot 2^2 = 20$. Der Stein muss aus 20 m Höhe fallen.

c) $5t^2 = 157$; $t^2 = 31{,}4$; $t \approx 5{,}60$. Der Stein würde 5,6 s fallen.

d)

t in s	1	2	3	4	5	6	7	8	9	10
s in m	5	20	45	80	125	180	245	320	405	500

t in s	11	12	13	14	15	16	17	18	19	20
s in m	605	720	845	980	1125	1280	1445	1620	1805	2000

97 **19** *(Fortsetzung)*

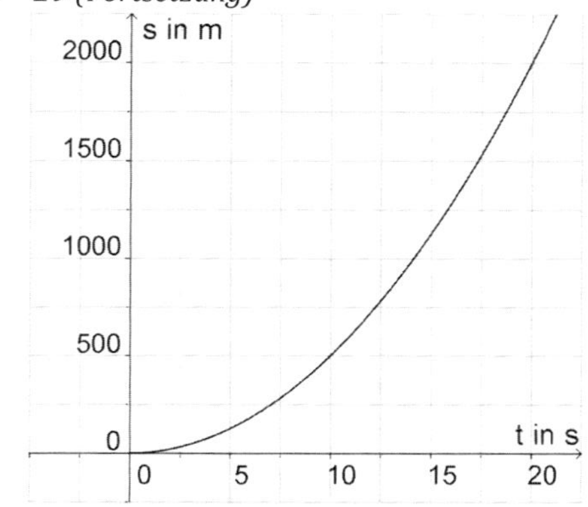

20

$x \approx 28{,}3$ cm

21

a)

Zeit x in s	0,5	1	2
Höhe y in m	11,25	15	0

b) $y = -15(x^2 - 2x)$

$y = -15(x^2 - 2x + 1) + 15$

$y = -15(x - 1)^2 + 15$

Scheitelpunkt: $S(1 \mid 15)$

Der Stein erreicht nach 1 s seine maximale Höhe von 15 m über dem Boden.

20

a) $a = b \approx 3{,}82$ cm

b) $a = 12$ cm; $b = 16$ cm

21

a) $f(x) = -\frac{5}{98}(x^2 - 19{,}6x - 33{,}32)$

$f(x) = -\frac{5}{98}(x^2 - 19{,}6x + 96{,}04 - 129{,}36)$

$f(x) = -\frac{5}{98}(x - 9{,}2)^2 + 6{,}6$; $S(9{,}2 \mid 6{,}6)$

Nullstellen: $(x - 9{,}2)^2 = 129{,}36$

$|x - 9{,}2| \approx 11{,}37$; $x_1 \approx 20{,}57$; $x_2 < 0$

$g(x) = -\frac{5}{72}(x^2 - 14{,}4x - 25{,}92)$

$g(x) = -\frac{5}{72}(x^2 - 14{,}4x + 51{,}84 - 77{,}76)$

$g(x) = -\frac{5}{72}(x - 7{,}2)^2 + 5{,}4$; $S(7{,}2 \mid 5{,}4)$

Nullstellen: $(x - 7{,}2)^2 = 77{,}76$

$|x - 7{,}2| \approx 8{,}82$; $x_1 \approx 16{,}02$; $x_2 < 0$

Die erste Kugel fliegt 20,57 m weit, die zweite nur 16,02 m.

b) Die erste Kugel fliegt 6,60 m hoch, die zweite nur 5,40 m.

97 Lerncheck

1

a) $1500\text{ cm} = 1{,}5 \cdot 10^3\text{ cm}$
b) $45\,000\text{ cm}^2 = 4{,}5 \cdot 10^4\text{ cm}^2$
c) $43\,000\text{ g} = 4{,}3 \cdot 10^4\text{ g}$
d) $0{,}027\text{ t} = 2{,}7 \cdot 10^{-2}\text{ t}$

2

$\frac{\pi}{4} \cdot d^3 = 330\text{ cm}^3;\ d^3 \approx 420{,}17\text{ cm}^3;\ d \approx 7{,}49\text{ cm}$

Die Getränkedose hat einen Durchmesser und eine Höhe von 7,49 cm.

3

Sei c die Schenkellänge der Leiter.

$c^2 = (0{,}6\text{ m})^2 + (3\text{ m})^2 = 0{,}36\text{ m}^2 + 9\text{ m}^2 = 9{,}36\text{ m}^2;\ c \approx 3{,}06$

Die Schenkel der Leiter sind 3,06 m lang.

4

a: Kantenlänge; V: Volumen

$6a^2 = 433{,}5\text{ cm}^2;\ a^2 = 72{,}25\text{ cm}^2;\ a = 8{,}5\text{ cm};\ V = a^3 = 614{,}125\text{ cm}^3$

Das Volumen des Würfels beträgt 614,125 cm³.

5

$A + B + C + D = 25\,845\text{ m}^2;\ A + 2A + 0{,}5(A + B) + (A + B) = 25\,845\text{ m}^2;$

$A + 2A + 0{,}5A + A + A + 2A = 25\,845\text{ m}^2;\ 7{,}5A = 25\,845\text{ m}^2;\ A = 3446\text{ m}^2;$

$B = 2A = 6892\text{ m}^2;\ D = A + B = 10\,338\text{ m}^2;\ C = 0{,}5(A + B) = 5169\text{ m}^2$

A erhält 3446 m² Fläche; B erhält 6892 m²; C erhält 10 338 m²; D erhält 5169 m².

6

Der Rabatt beträgt 2,98 € oder 2,99 €, der neue Preis 16,92 € oder 16,91 €.

Prozent- und Zinsrechnung

102 Noch fit?

1

	Bsp.:	a)	b)	c)
Bruch	$\frac{1}{4}$	$\frac{3}{4}$	$\mathbf{\frac{3}{10}}$	$\mathbf{\frac{1}{2}}$
Dezimalzahl	0,25	**0,75**	**0,3**	0,5
Prozent	25 %	**75 %**	30 %	**50 %**

1

	a)	b)	c)	d)
Bruch	$\frac{1}{5}$	$\mathbf{\frac{2}{5}}$	$\mathbf{\frac{3}{25}}$	$\frac{1}{8}$
Dezimalzahl	**0,2**	0,4	**0,12**	**0,125**
Prozent	**20 %**	**40 %**	12 %	**12,5 %**

2
a) $W = 10$ Fußballspieler; $G = 32$ Fußballspieler; $p\,\% = 31{,}25\,\%$
b) $W = 7{,}40$ €; $G = 38{,}95$ €; $p\,\% = 19\,\%$
c) $W = 63$ Lehrer; $G = 70$ Lehrer; $p\,\% = 90\,\%$

3
a) 5 € b) 24 mm
c) 3,75 cm d) 99 km

3
a) 0,81 m² b) 1,44 l
c) 19,20 € d) 285,6 cm
e) 2,222 kg f) 1,296 s

4
a) 300 kg b) 1400 €
c) 170 ml d) 112,5 mg

4
a) 7000 g b) 300 m³
c) 240 ha d) $10\frac{2}{3}$ l

5
a) 52 % b) 3 %
c) 65 % d) 5 %

5
a) 11 % b) 1,5 %
c) $6\frac{2}{3}$ % d) $1\frac{2}{3}$ %

6
a) Brokkoli: 0,095 %; Paprika: 0,14 %; Sanddorn: 0,45 %; Hagebutte: 1,25 %
b) 100 g Äpfel enthalten etwa 20 mg Vitamin C. Der Anteil ist hier deutlich geringer als bei den Nahrungsmitteln aus a).

7

Prozentrechnung	Zinsrechnung
Grundwert G	Kapital K
Prozentwert W	Zinsen Z
Prozentsatz $p\,\%$	Zinssatz $p\,\%$

7
a) siehe linke Aufgabe
b) $Z = \frac{K \cdot p}{100}$

103 8
a) 6 € b) 11,32 €
c) 48,13 €

8
a) 14,09 € b) 24,51 €
c) 120,81 €

103 9
2 Monate < 70 Tage < 3 Monate < 100 Tage < 350 Tage < 1 Jahr

9
a) 210 Tage b) 100 Tage c) 420 Tage
d) 483 Tage e) 30 Tage f) 60 Tage

10

	a)	b)	c)
K	100 €	9000 €	400 €
$p\,\%$	6 %	4 %	3 %
i	30 Tage	100 Tage	150 Tage
Z	**0,50 €**	**100 €**	**5 €**

10

	a)	b)	c)
K	750 €	1234 €	444 €
$p\,\%$	5 %	4,5 %	1,55 %
i	25 Tage	95 Tage	134 Tage
Z	**2,60 €**	**14,65 €**	**2,56 €**

11
Folgende Formeln passen zu der gegebenen Formel für das Volumen eines Kegels:

$\frac{V}{\pi \cdot r^2} = \frac{h}{3}$ (entsteht aus der gegebenen Formel $V = \frac{\pi \cdot r^2 \cdot h}{3}$ bei Division durch $(\pi \cdot r^2)$);

$3 = \frac{\pi \cdot r^2 \cdot h}{V}$ (entsteht aus der gegebenen Formel bei Multiplikation mit $\frac{3}{V}$);

$\frac{3 \cdot V}{h} = \pi \cdot r^2$ (entsteht aus der gegebenen Formel bei Multiplikation mit $\frac{3 \cdot \pi \cdot r^2}{h}$).

Folgende Formeln passen nicht:

$r^2 \cdot h = \frac{V}{\pi}$ (Multiplikation der gegebenen Formel mit $\frac{3}{\pi}$ ergibt $\frac{3V}{\pi} = r^2 \cdot h$);

$\frac{\pi \cdot V}{h} = \frac{r^2}{3}$ (Division der gegebenen Formel durch $(\pi \cdot h)$ ergibt $\frac{V}{\pi \cdot h} = \frac{r^2}{3}$);

$\frac{\pi \cdot r^2 \cdot h}{V} = \frac{1}{3}$ (Multiplikation der gegebenen Formel mit $\frac{3}{V}$ ergibt $3 = \frac{\pi \cdot r^2 \cdot h}{V}$).

12
a) 9 b) 8
c) 2 476 099 d) ≈ 244,14
e) 2048 f) ≈ 69,76
g) ≈ 2,77 h) ≈ 87 379,29
i) 300 000 j) 4000

12
a) $1{,}5^3 \approx 3{,}38$; $1{,}5^5 \approx 7{,}59$
b) $1{,}3^{10} \approx 13{,}79$; $1{,}3^{30} \approx 2620{,}00$
c) $1{,}115^4 \approx 1{,}55$; $1{,}115^{15} \approx 5{,}12$
d) $3 \cdot 8^2 = 192$; $3 \cdot 8^5 = 98\,304$
e) $4 \cdot 6^3 = 864$; $4 \cdot 6^6 = 186\,624$

Prozentrechnung mit Formeln

104 Entdecken

1
a) individuell
b) ① $G = 50$ ② $G = 400$ ③ $G = 40$
c) Partnerarbeit

104 **2**

$p = \frac{W \cdot 100}{G} = \frac{15{,}75 \cdot 100}{35} = 52{,}5$

Der Händler plant 52,5 % des Einkaufspreises als Geschäftskosten ein.

105 Üben und anwenden

1

Beispiele:

a) – Wie hoch ist der Kredit insgesamt? Er beträgt 1000 €.
 – Wie viel verbleibt davon nach Abzug der Bearbeitungsgebühr? Es sind 950 €.

b) – Wie viel Prozent seiner bisherigen Lebenszeit hat Michael in den USA gewohnt? Es sind $33\frac{1}{3}$ %.

c) – Wie viel Prozent des Verkaufspreises macht der Einkaufspreis aus? Es sind 58,34 %.
 – Um wie viel Prozent ist der Verkaufspreis höher als der Einkaufspreis? Um 71,4 %.

2

a) $W = 10$ t b) $G = 150$ km
c) $G = 200$ € d) $p\,\% = 20$ %

3

	a)	b)	c)	d)	e)
G	6 l	50 €	4 kg	16 t	12,5 s
W	1,2 l	20 €	30 g	4 t	1,5 s
p %	20 %	40 %	0,75 %	25 %	12 %

4

a) 19,26 €
b) 17 850 €

5

a), b) individuelle Erklärungen

c)

	Handy	Rasierer	LCD-TV
Einkaufspreis	62 €	49,30 €	99,10 €
Geschäftskosten	40 %	45 %	45 %
Selbstkosten	**86,80 €**	**71,49 €**	**143,70 €**
Gewinn	40 %	30 %	55 %
Verkaufspreis	**121,52 €**	**92,94 €**	**222,74 €**
Mehrwertsteuer	19 %	19 %	19 %
Endpreis	**144,61 €**	**110,60 €**	**265,06 €**

Zum Weiterarbeiten

	Handy	Rasierer	LCD-TV
Anteil des Einkaufspreises am Endpreis	**42,87 %**	**44,58 %**	**37,39 %**

2

a) $W = 18$ m b) $G = 400$ kg
c) $G = 4$ t d) $p\,\% \approx 25$ %

3

	a)	b)	c)	d)	e)
G	18 €	4,375 t	2,5 l	4 min	83 h 20 min
W	15 €	1,4 t	1,45 l	30 s	2,5 h
p %	83,3%	32 %	58 %	12,5%	3 %

4

a) 19 % MWSt.; Bruttopreis: 475,99 €
b) 7 % MWSt.; Bruttopreis: 3,73 €

105 **6**

Selbstkosten	14,30 €
Gewinn	30 %
Verkaufspreis	**18,59 €**
Mehrwertsteuer	19 %
Endpreis	**22,12 €**

6

Selbstkosten	540,00 €
Gewinn	**2,52 %**
Verkaufspreis	**553,61 €**
Mehrwertsteuer	19 %
Endpreis	658,80 €

Der Gewinn beträgt 2,52 %.

Vermehrter und verminderter Grundwert

106 Entdecken

1

	Pullover	Bluse	T-Shirt
alter Preis	24,90 €	19,50 €	14,90 €
reduziert um	60 %	30 %	40 %
neuer Preis	9,96 €	13,65 €	8,94 €

Am einfachsten ist es, von den alten Preisen auszugehen und von diesen probeweise die angegebenen Prozentanteile in Euro umzurechnen und abzuziehen.

2

Beispiele:

- Wie viel Inhalt war jeweils vorher in einer Packung?
 Bei der linken Packung waren es 125 g, bei der rechten 150 g.
- Um wie viel Gramm wurde der Inhalt bei der linken Packung erhöht? Um 25 g.
- Um wie viel Prozent wurde der Inhalt bei der rechten Packung erhöht? Um 20 %.

107 Üben und anwenden

1

a) auf 104 % b) auf 89 % c) auf 70 % d) auf 103,5 %

2

DVD-Recorder: 238 €; Spiel: 48,79 €; MP3-Player: 44,98 €

3

530,00 € reduziert um 22 % ergibt 413,40 € (richtig).
285,50 € reduziert um 22 % ergibt 222,69 € (statt 242,68 €; der Preis wurde irrtümlich nur um 15 % reduziert).
177,80 € reduziert um 15 % ergibt 151,13 € (statt 115,13 €; Zahlendreher).
199,00 € reduziert um 15 % ergibt 169,15 € (richtig).

2

Zahncreme: 1,95 €; Haarspray: 1,29 €; Waschmittel: 4,95 €

3

Neue Preise:
a) 280 €
b) 55,30 €
c) 12,74 €
d) 90,09 €

107 **4**

106 % sind 760 €.
100 % sind 716,98 €.
Der Laptop kostete vorher 716,98 €.

4

40 % sind 3,40 €. | : 4
10 % sind 0,85 €. | · 10
100 % sind 8,50 €.

5

Vorjahresumsatz:
a) 123 853,21 € b) 102 167,57 €

5

Mitgliederzahlen im Vorjahr:
a) 356 400 b) 251 256

6

Miete vor der Erhöhung:
a) 365,38 € b) 456,73 €

6

Das Zimmer hat eine Fläche von 20 m^2.

7

Das Ergebnis ist kleiner als der ursprüngliche Preis, da beim zweiten Mal 30 % von einem größeren Grundwert gebildet werden. Beispiel: 100 € → 130 € → 91 €

7

Beim Rückblick hat der Bauer 5 % von einem größeren Grundwert berechnet als zum Zeitpunkt der Planung. Er hat also sein Ziel erreicht und sogar überboten. Beispiel: Der Bauer hat in diesem Jahr 100 t Getreide geerntet. Dann waren es im Vorjahr 95 t und er hätte sein Ziel in diesem Jahr bereits bei 99,75 t erreicht.

Zinsrechnung

108 Entdecken

1

a) Gruppenarbeit
b) Beispiele:

Zinssatz	0,1 %	0,2 %	0,5 %	1 %	1,5 %	2 %	2,5 %	3 %
Jahreszinsen	0,50 €	1,00 €	2,50 €	5,00 €	7,50 €	10,00 €	12,50 €	15,00 €

2

Die Jahreszinsen (2,4 % von 1000 €) werden durch 12 dividiert.
Die Zinsen nach einem Monat betragen 2,00 €.

109 Üben und anwenden

1

a) 324 € b) 348 €

1

a) 767,27 € b) 195,54 €

2

Die Familie muss 8720 € zurückzahlen.

2

Guthaben nach einem Jahr: 278,31 €

3

Anlagedauer	50 Tage	80 Tage	4 Monate
Kapital	1505,21 €	1508,33 €	1512,50 €

109 **4**

a) 35,00 € b) 70,00 €
c) 184,72 € d) 33,22 €

4

a) 1,72 € b) 312,50 €
c) 803,69 € d) 1951,78 €

5

Die Zinsen für 42 Tage betragen 14,49 €; das Guthaben wächst auf 4614,49 €.

5

a) 745,14 €
b) 746,70 €

6

a) Die erste Anlage bringt mehr Zinsen, da die Anlagedauer bei gleichem Kapital und gleichem Zinssatz größer ist.
b) Die zweite Anlage bringt mehr Zinsen. Um eine Halbierung der Anlagedauer auszugleichen, müsste sich der Zinssatz verdoppeln. Hier verdreifacht er sich sogar, folglich sind die Zinsen höher.

6

Bei allen drei Anlagen ergeben sich gleich hohe Zinsen, da das Kapital und das Produkt aus Zinssatz und Anlagedauer gleich sind. Eine Halbierung der Anlagedauer wird jeweils durch eine Verdopplung des Zinssatzes ausgeglichen.

7

$K = \frac{Z \cdot 100}{p}$; $p = \frac{Z \cdot 100}{K}$

7

$K = \frac{Z \cdot 100 \cdot 360}{i \cdot p}$; $p = \frac{Z \cdot 100 \cdot 360}{K \cdot i}$;
$i = \frac{Z \cdot 100 \cdot 360}{K \cdot p}$

8

	K in €	p %	Z in €
a)	**6000**	2 %	120
b)	**90 000**	5 %	4500
c)	**33 000**	4 %	1320
d)	200 700	**2 %**	4014
e)	340 000	**2,5 %**	8500
f)	45 970	**3 %**	1379

8

	K in €	p %	i	Z in €
a)	**36 000**	2 %	100 Tage	200
b)	9000	**1 %**	10 Tage	2,50
c)	100 000	3,5 %	**6 Monate**	1750
d)	**7200**	4 %	125 Tage	100
e)	3150	**3 %**	56 Tage	14,70
f)	125	4,5 %	**320 Tage**	5

Zinseszins berechnen

110 Entdecken

1

Im ersten Jahr wurden 1000 € zu 3 % verzinst, das ergibt 30 € Jahreszinsen. Diese wurden am Jahresende dem Guthaben zugeschlagen. Im zweiten Jahr wurden somit 1030 € zu 3 % verzinst, das ergibt Jahreszinsen in Höhe von 30,90 €.

2

Die zweite Geldanlage bringt mehr Zinsen, da hier im zweiten Jahr ein etwas höherer Betrag als 2000 € mit 1,5 % verzinst wird. Bei der ersten Geldanlage werden hingegen nur zweimal 2000 € ein Jahr lang mit 1,5 % verzinst.

111 Üben und anwenden

1

1. Jahr:

Prozent	Zinsen (in €)
100 %	7800
1 %	$\frac{7800}{100}$
3 %	$\mathbf{\frac{7800 \cdot 3}{100} = 234}$

Nach dem 1. Jahr hat Frau König 8034 €.

2

a) 10 816 € b) 5097,96 €
c) 39 359,39 € d) 819,49 €

3

Kreditsumme	Zinssatz	Rückzahlung
5000 €	9 %	**5940,50 €**
10 000 €	10 %	**12 100,00 €**
15 000 €	11 %	**18 481,50 €**

4

individuelle Lösungen

5

Zeit nach	1 Jahr	2 Jahren	3 Jahren
Anfangskapital	4000 €	4080 €	**4161,60 €**
Zinsen	80 €	**81,60 €**	**83,23 €**
Endkapital	4080 €	**4161,60 €**	**4244,83 €**

6

Jahr	Zinsen	Kapital am Jahresende
1	138,24 €	4458,24 €
2	142,66 €	4600,90 €
3	147,23 €	4748,13 €

Nach drei Jahren beträgt das Kapital 4748,13 €.

1

2. Jahr:

Prozent	Zinsen (in €)
100 %	**8034**
1 %	$\mathbf{\frac{8034}{100}}$
3 %	$\mathbf{\frac{8034 \cdot 3}{100} = 241{,}02}$

Nach dem 2. Jahr hat Frau König 8275,02 €.

2

a) 12 746,79 € b) 1 369 075,18 €
c) 384 804,70 € d) 737,01 €

3

Kreditsumme	Zinssatz	Rückzahlung
30 000 €	18,3 %	**41 984,67 €**
25 000 €	14,3 %	**32 661,23 €**
40 000 €	21,08 %	**58 641,47 €**

5

Jahr	Zinsen	Kapital am Jahresende
1	12,00 €	512,00 €
2	12,29 €	524,29 €
3	12,58 €	536,87 €
4	12,88 €	549,75 €
5	13,19 €	562,94 €

An ihrem 18. Geburtstag würde Dilara 524,29 € ausgezahlt bekommen, an ihrem 21. Geburtstag 562,94 €.

6

Jahr	Zinsen	Kapital am Jahresende
1	270,00 €	9270,00 €
2	278,10 €	9548,10 €
3	286,44 €	9834,54 €
4	295,04 €	10 129,58 €

Nach vier Jahren ist das Kapital größer als 10 000 €.

Der Zinsfaktor

112 Entdecken

1

individuelle Erklärungen

2

a) individuelle Erklärungen
b) Nach drei Jahren beträgt das Guthaben 10,93 €.

3

a) $K_3 = 5624{,}32$ €; Erklärungen individuell
b) Die Schreibweise ist zulässig, denn es ist $(1{,}04)^3 = 1{,}04 \cdot 1{,}04 \cdot 1{,}04$.

113 Üben und anwenden

1

a) 1,05 b) 1,022

2

a) $K_3 = 8489{,}66$ € b) $K_4 = 49\,522{,}39$ €

3

a) $K_7 = 6892{,}11$ € b) $K_5 = 24\,333{,}06$ €
c) $K_3 = 19\,013{,}45$ € d) $K_{10} = 11\,408{,}12$ €

4

individuelle Lösungen

5

① $K_3 = 10\,000\text{ €} \cdot 1{,}02^3 = 10\,612{,}08$ €
② $K_3 = 10\,000\text{ €} \cdot 1{,}03^2 = 10\,609{,}00$ €
Bei Anlageform ① wird das Endkapital größer.

6

$K_4 = 450\text{ €} \cdot 1{,}025^4 = 496{,}72$ €
Nach vier Jahren reicht das Geld noch nicht für den Koi-Karpfen aus.

1

a) 1,098 b) 1,007

2

a) $K_2 = 2237{,}83$ € b) $K_5 = 18\,324{,}37$ €
c) $K_7 = 139\,921{,}94$ €

3

a) $K_4 = 13\,269{,}61$ € b) $K_{15} = 65\,790{,}44$ €
c) $K_{12} = 79\,570{,}54$ € d) $K_1 = 46\,892{,}87$ €

5

① $K_4 = K_0 \cdot 1{,}03^4 = K_0 \cdot 1{,}125\,508\,81$
② $K_3 = K_0 \cdot 1{,}04^3 = K_0 \cdot 1{,}124\,864$
Bei Anlageform ① wird das Endkapital stets größer als bei Form ②, unabhängig davon, wie hoch das Anfangskapital ist.

6

$K_7 = 7777\text{ €} \cdot 1{,}0375^7 = 10\,063{,}03$ €
Das Endkapital ist für ein neues Auto im Wert von 9999 € ausreichend.

Methode: Zinsrechnung mit einer Tabellenkalkulation

114 Üben und anwenden

1
Formel: = 1 + C7/100

Begründung: In C7 steht der Jahreszinssatz p. Der Zinsfaktor ist gleich $1+\frac{p}{100}$. In der Formel für die Tabellenkalkulation muss p durch C7 ersetzt werden, außerdem steht am Anfang immer ein Gleichheitszeichen.

2
In C6 steht das Anfangskapital K_0, in C10 der Zinsfaktor und in C8 die Anlagedauer n.

3
a) C11 b) C10 und C11

4
a) $K_n = 5938{,}43$ € b) $K_n = 49\,629{,}90$ €

5
$K_0 = 100\,000$ € : $1{,}035^5 \approx 84\,197{,}32$ €. Das Anfangskapital sollte 84 197,32 € betragen.

6
$K_{35} = 500$ € $\cdot\, 1{,}02^{35} \approx 999{,}94$ €; $K_{36} = 500$ € $\cdot\, 1{,}02^{36} \approx 1019{,}94$ €
Nach 35 Jahren wird die Verdopplung des Startkapitals nur knapp verfehlt, nach 36 Jahren ist die Verdopplung auf jeden Fall erfolgt. Das Ergebnis hängt nicht von der Höhe des Startkapitals ab: Es ist $1{,}02^{35} \approx 1{,}999\,889 < 2$ und $1{,}02^{36} \approx 2{,}039\,887 > 2$. Damit kann eine Verdopplung des Anfangskapitals immer erst im 36. Jahr erfolgen.

115 Thema: Prozent- und Zinsrechnung im Beruf

1
In Deutschland sind etwa 63,8 % der Mitarbeiterinnen und Mitarbeiter beschäftigt.

2
a) individuell
b) ① 27,16 % ② 24,66 % ③ 21,43 % ④ 32,88 %
c) Mit einer Bahncard 25 lassen sich Normalpreise und ICE- und IC-Sparpreise um 25 % ermäßigen. Bei dem Sparpreis für die RE-Verbindung (dritte Tabellenzeile) handelt es sich um ein Quer-durchs-Land-Ticket. Dessen Preis ist festgelegt und kann nicht weiter ermäßigt werden.
Eine Bahncard 25 kostet 62 € für Erwachsene und 41 € für Schüler, Auszubildende, Studenten und Personen ab 60 Jahre (Stand Herbst 2015). Nur für die eine Fahrt lohnt sich der Kauf der Bahncard also auf keinen Fall, denn mit dieser können maximal 20,25 € bei der teuersten Verbindung eingespart werden. Da die Bahncard jedoch ein Jahr lang gilt, kann sich der Kauf lohnen, wenn man häufiger mit der Bahn fährt, vor allem mit ICE- oder IC-Zügen oder auch auf kurzen Regionalstrecken.

115 2 c) *(Fortsetzung)*
Fährt man hingegen lange Strecken mit Regionalzügen, dann kann der Kauf von Länder-, Quer-durchs-Land- oder Wochenend-Tickets günstiger sein als die mit der Bahncard erzielbare Ermäßigung.
Ist man vorwiegend innerhalb eines Verkehrsverbundes mit Regionalzügen unterwegs, sollte vor dem Kauf einer Bahncard geprüft werden, ob sie dort gilt.

3
Im Juni fahren normalerweise etwa 78 000 Züge im Nahverkehr.

4
Im Jahr 2013 waren etwa 14 780 Fernverkehrszüge pünktlich.

5
individuell

Klar so weit?

116 Prozentrechnung mit Formeln

1
a) $G = 2{,}50$ €; $p\,\% = 20\,\%$; $W = 0{,}50$ € (Gewinn des Verkäufers in €)
b) $G = 8$ €; $W = 1{,}60$ €; $p\,\% = 20\,\%$ (auf die Zutaten entfallender Kostenanteil)
c) $W = 1300$ €; $p\,\% = 65\,\%$; $G = 2000$ € (monatliche Gesamtkosten des Arztes)

2

	Grundwert	Prozentwert	Prozentsatz
a)	10 000	**150**	1,5 %
b)	5000	100	**2 %**
c)	**4000**	80	2 %

2

	Grundwert	Prozentwert	Prozentsatz
a)	14 800 l	**296 l**	2 %
b)	6800 m	85 m	**1,25 %**
c)	**6800 g**	170 g	2,5 %

Vermehrter und verminderter Grundwert

3
a) 134,40 € b) 94,08 € c) 604,80 €

4
① 50 € ② 30 € ③ 20 €

3
a) 2621 b) 3196 c) 10

4
① 59 € ② 9,60 € ③ 3 € ④ 12 €

Zinsrechnung

5

	Kapital	Jahreszinsen	Zinssatz
a)	50 €	**1 €**	2 %
b)	2400 €	60 €	**2,5 %**
c)	**1200 €**	36 €	3 %

5

	Kapital	Jahreszinsen	Zinssatz
a)	700 €	**10,50 €**	1,5 %
b)	11 500 €	460,50 €	**4,00435 %**
c)	**404 €**	11,11 €	2,75 %

116 **6**

Leyla erzielt 2,50 € Zinsen, Ron 2,10 €. Leyla bekommt also mehr Zinsen.

6

Deniz erzielt 3,15 € Zinsen, Svea 13,10 €. Da Guthaben am Ende der Laufzeit beträgt bei Deniz 278,15 €, bei Svea 278,10 €. Deniz hat also am Ende mehr Geld.

117 Zinseszins berechnen

7

	a)	b)	c)	d)	e)
Kapital K	200 €	190 €	320 €	570 €	60 €
Zinssatz p %	4 %	1,5 %	2,2 %	3 %	**2,5 %**
Zinsen für das 1. Jahr	**8 €**	**2,85 €**	**7,04 €**	**17,10 €**	1,50 €
Kapital zu Beginn des 2. Jahres	208 €	**192,85 €**	**327,04 €**	**587,10 €**	**61,50 €**
Zinsen für das 2. Jahr	**8,32 €**	**2,89 €**	**7,19 €**	**17,61 €**	**1,54 €**
Kapital nach 2 Jahren	**216,32 €**	**195,74 €**	**334,23 €**	**604,71 €**	**63,04 €**

8

Nach zwei Jahren beträgt das Kapital 15 606 €.

8

Der Kontostand beträgt nach zwei Jahren 15 441,59 €.

9

Nach zwei Jahren beträgt das Guthaben bei Bank A 1081,60 €, bei Bank B 1072,50 €. Tina sollte sich für Bank A entscheiden.

9

Nach drei Jahren beträgt das Guthaben bei Bank A 1568,52 €, bei Bank B ebenfalls 1568,52 €. Hans kann sich beliebig für eine der beiden Banken entscheiden. (Der Unterschied der Produkte der Zinsfaktoren für die drei Jahre ist so gering, dass er bei 1500 € Startkapital nicht ins Gewicht fällt.)

Der Zinsfaktor

10

a) Zinsfaktor: 1,09; $K_5 = 11\,539{,}68$ €
b) Zinsfaktor: 1,07; $K_5 = 10\,519{,}14$ €
c) Zinsfaktor: 1,055; $K_5 = 9802{,}20$ €
d) Zinsfaktor: 1,016; $K_5 = 8119{,}51$ €

10

Endkapital:
a) 11 565,73 € b) 19 524,21 €
c) 17 978,73 € d) 12 883,52 €
e) 13 725,25 € f) 10 159,48 €

117 **11**

a) Der Zinsfaktor beträgt 1,04.
b) Endkapital nach 10 Jahren:
$K_{10} = 7500\text{ €} \cdot 1{,}04^{10} = 11\,101{,}83\text{ €}$
Endkapital nach 15 Jahren:
$K_{15} = 7500\text{ €} \cdot 1{,}04^{15} = 13\,507{,}08\text{ €}$
c) Zinsen in 10 Jahren:
11 101,83 € – 7500 € = 3601,83 €
Zinsen in 15 Jahren:
13 507,08 € – 7500 € = 6007,08 €

11

a) Auf dem Sparbuch sind 306,77 €.
b)

Jahr	Guthaben
2016	475,51 €
2017	483,59 €
2018	491,81 €
2019	500,17 €
2020	508,67 €
2021	517,32 €
2022	526,11 €
2023	535,05 €
2024	544,15 €
2025	553,40 €

c) Im Jahr 2030 wird ein Guthaben von 602,07 € erreicht.

118 Vermischte Übungen

1

	a)	b)	c)	d)	e)
G	75	440	1650	112	562,5
W	15	22	33	14	22,5
p %	20 %	5 %	2 %	12,5 %	4 %

1

	a)	b)	c)	d)	e)
G	208 t	114 km	2,5 h	13 g	11,5 l
W	13 t	8 km	0,35 h	11 g	1,5 l
p %	6,25%	7 %	14 %	84,6%	13 %

2

alter Preis	17,00 €	18,50 €	19,99 €
7 % Rabatt	15,81 €	17,21 €	18,59 €
10 % Rabatt	15,30 €	16,65 €	17,99 €
12 % Rabatt	14,96 €	16,28 €	17,59 €

2

Es müssen mindestens 14,96 € und höchstens 18,59 € bezahlt werden (vgl. Tabelle links).

3

	Tablet	Kamera	Router
Einkaufspreis	400 €	129 €	99 €
Geschäftskosten	50 %	45 %	30 %
Selbstkosten	600 €	187,05 €	128,70 €
Gewinn	30 %	25 %	45 %
Verkaufspreis	780 €	233,81 €	186,62 €
MWSt.	19 %	19 %	19 %
Endpreis	928,20 €	278,23 €	222,08 €

3

a) Der Verkaufspreis beträgt 0,07 €.
b) Der Endpreis beträgt 0,08 €.
c) individuell
d) Der Einkaufspreis macht 37,5 % des Endpreises aus.

118 **4**

Die 246 Füller sind nicht 6 %, sondern 100 % – 6 % = 94 % der im Januar verkauften Anzahl. Die Rechnung muss daher wie folgt korrigiert werden:

Prozent	Füller	
94 %	246	| : 94
1 %	$\frac{246}{94}$	| · 100
100 %	$\frac{246 \cdot 100}{94} \approx 262$	

Im Januar wurden 262 Füller verkauft.

5

Am 1. April lag der Wasserstand der Mosel bei 400 cm.

5

Vor dem Waschen waren die Hosenbeine etwa 71 cm lang.

6

individuelle Lösungen

119 **7**

a) Jannik bekäme bei einer Anlagedauer von einem Monat nur 0,28 € Zinsen.
b) – d) individuelle Lösungen

8

a) 0,4444 € ≈ 0,44 € b) 0,89 €
c) 1,33 € d) 2,67 €
e) Für 20 Tage erhält man doppelt so viel Zinsen wie für 10 Tage, für 30 Tage dreimal und für 60 Tage sechsmal so viel. Also lassen sich die Aufgaben b) bis d) durch Vervielfachung des (nicht gerundeten) Ergebnisses aus a) lösen.

8

a) 1,11 € b) 9,53 €
c) 10,65 € d) 20,18 €
e) Das Ergebnis von c) ist gleich der Summe der Ergebnisse aus a) und b), weil die Laufzeit in c) gleich der Summe der Laufzeiten in a) und b) ist. Ebenso ist das Ergebnis von d) gleich der Summe der Ergebnisse aus b) und c).

9

Die Anlagen erbringen folgende Zinsen:
① 150,00 € ② 125,00 € ③ 138,89 €
Bei Anlageform ① erhält Frau Krall die meisten Zinsen.

9

Der Jahreszinssatz beim Sparbrief ② beträgt 1,9075 %. Damit ist das Festgeldkonto ③ die lukrativste Anlage, vorausgesetzt, das Geld wird nicht vor Ablauf der fünf Monate benötigt. Andernfalls sollte das Tagesgeldkonto ① gewählt werden. Der Sparbrief ② bringt am wenigsten Zinsen.

10

Nach 15 Tagen wird ein Guthaben von 1 000 040,63 € erreicht.

10

a) Der Zinssatz beträgt 2,5 %.
b) 5,00 € · 0,3 = 1,50 €
90 Tage · 0,3 = 27 Tage
Nach 27 Tagen betrugen Julias Zinsen 1,50 €.

119 **11**

a) 50,00 €
b) 51,00 €

11

Zinsen im 1. Jahr:	170,08 €
Zinsen im 2. Jahr:	185,22 €
Gesamtzinsen:	355,30 €

Der Anteil der Zinsen im 1. Jahr an den Gesamtzinsen beträgt 47,87 %.

12

a)

Laufzeit	6 Monate	1 Jahr	2 Jahre	3 Jahre	4 Jahre
Zinsen	24,00 €	48,00 €	120,90 €	207,49 €	312,77 €

b) individuell
c) Folgende Fragen sind z. B. zu beachten:
- Kann das Geld vor Ablauf der Laufzeit abgehoben werden? Falls nicht: Wird es während der Anlagedauer mit Sicherheit nicht benötigt?
- Ist das Geld ausreichend gegen Verlust gesichert?
- Gibt es andere Anlagemöglichkeiten mit günstigeren Konditionen?

120 **13**

a) 51,25 €
b) 54,33 €

13

Am einfachsten ist es, zu berechnen, wie viel Zinsen ein Startkapital von 8,95 € erbringt. Das sind 1,86 €. So hoch ist der Zinsverlust durch den Buchkauf.

14

Zeit	Kontostand
am Anfang	5600 €
nach 1 Jahr	5824 €
nach 2 Jahren	6056,96 €
nach 3 Jahren	6299,24 €
nach 4 Jahren	6551,21 €

14

a) Das Geld wird mit 3,5 % verzinst.
b) Nach 5 Jahren beträgt das Kapital 6027,51 €.

15

Nach 10 Jahren erhält man 155,30 €, nach 20 Jahren 241,17 €.

15

a) Nach fünf Jahren würde die Kreditsumme 150 923,45 € betragen.
b) Die Kreditsumme verdoppelt sich innerhalb von acht Jahren.

16

a) Nico muss insgesamt 27 000 € einzahlen.
b) Nach 45 Jahren beträgt das Guthaben mindestens 37 453,10 €.
c) Würde der Zinssatz immer 3,1 % betragen, dann hätte sich nach 45 Jahren ein Guthaben von 59 474,55 € angesammelt.

120 **17**

Einkaufswert	Einkommen (K_0) in €		
	1200	1500	2400
K_1 (nach 1 Jahr)	1176,00	1470,00	2352,00
K_2 (nach 2 Jahren)	1152,48	1440,60	2304,96
K_3 (nach 3 Jahren)	1129,43	1411,79	2258,86
K_4 (nach 4 Jahren)	1106,84	1383,55	2213,68
K_{20} (nach 20 Jahren)	801,13	1001,41	1602,26

Nachgedacht

$K_2 = K_1 \cdot 0{,}98 = K_0 \cdot 0{,}98 \cdot 0{,}98 = K_0 \cdot 0{,}98^2$

$K_3 = K_2 \cdot 0{,}98 = K_0 \cdot 0{,}98^2 \cdot 0{,}98 = K_0 \cdot 0{,}98^3$

$K_4 = K_3 \cdot 0{,}98 = K_0 \cdot 0{,}98^3 \cdot 0{,}98 = K_0 \cdot 0{,}98^4$

$K_n = K_{n-1} \cdot 0{,}98 = K_0 \cdot 0{,}98^{n-1} \cdot 0{,}98 = K_0 \cdot 0{,}98^n$

Ergebnisse für K_{20} siehe Tabelle oben.

121 Thema: Vorsicht! Schuldenfalle

1

Gruppenarbeit

2

Individuelle Lösungen. Beim linken Angebot sind, wenn man sich z. B. 30 000 € leiht, nach zwei Jahren 37 564,83 € zurückzuzahlen. Um das zu schaffen, müsste man von seinem Einkommen monatlich 1565,20 € zurücklegen. Auszubildende verdienen gewöhnlich nicht so viel Geld, dass ihnen das möglich ist. Beim rechten Angebot ist zu beachten, dass 1,4 % Zinsen im Monat einen Jahreszinssatz von $12 \cdot 1{,}4\,\% = 16{,}8\,\%$ bedeuten. Bei einem so hohen Zinssatz verdoppelt sich die Schuldenlast, wenn man nichts zurückzahlen kann, innerhalb von viereinhalb Jahren.

3

Monat	Restschuld	Zinsen	Restschuld + Zinsen	Tilgungsrate	Restschuld nach Tilgung
1	1000,00	10,00	1010,00	200,00	810,00
2	810,00	8,10	818,10	200,00	618,10
3	618,10	6,18	624,28	200,00	424,28
4	424,28	4,24	428,52	200,00	228,52
5	228,52	2,29	230,81	200,00	30,81
6	30,81	0,31	31,12	31,12	0,00

Jana ist nach fünf Monaten noch nicht schuldenfrei, sondern erst nach sechs Monaten.

121 **4**

a) Die monatliche Rate beträgt etwa 235 €, wie die folgende Tabelle zeigt:

Monat	Restschuld	Zinsen	Restschuld + Zinsen	Tilgungsrate	Restschuld nach Tilgung
1	5000,00	48,33	5048,33	235,00	4813,33
2	4813,33	46,53	4859,86	235,00	4624,86
3	4624,86	44,71	4669,57	235,00	4434,57
4	4434,57	42,87	4477,44	235,00	4242,44
5	4242,44	41,01	4283,45	235,00	4048,45
6	4048,45	39,13	4087,58	235,00	3852,58
7	3852,58	37,24	3889,82	235,00	3654,82
8	3654,82	35,33	3690,15	235,00	3455,15
9	3455,15	33,40	3488,55	235,00	3253,55
10	3253,55	31,45	3285,00	235,00	3050,00
11	3050,00	29,48	3079,48	235,00	2844,48
12	2844,48	27,50	2871,98	235,00	2636,98
13	2636,98	25,49	2662,47	235,00	2427,47
14	2427,47	23,47	2450,94	235,00	2215,94
15	2215,94	21,42	2237,36	235,00	2002,36
16	2002,36	19,36	2021,72	235,00	1786,72
17	1786,72	17,27	1803,99	235,00	1568,99
18	1568,99	15,17	1584,16	235,00	1349,16
19	1349,16	13,04	1362,20	235,00	1127,20
20	1127,20	10,90	1138,10	235,00	903,10
21	903,10	8,73	911,83	235,00	676,83
22	676,83	6,54	683,37	235,00	448,37
23	448,37	4,33	452,70	235,00	217,70
24	217,70	2,10	219,80	219,80	0,00

b) Nach Abzug der monatlichen Rate von 235 € bleiben von Helens Monatseinkommen noch 276 € übrig. Dieser Betrag reicht keinesfalls aus, um alle angegebenen Ausgaben und dazu noch den Lebensunterhalt zu bestreiten.

Wachstum

126 Noch fit?

1

a)

n	11	12	13	14	15	16	17	18	19	20
n^2	121	144	169	196	225	256	289	324	361	400

b)

Kantenlänge a in cm	1	2	3	4	5	6	7	8	9	10
Volumen V in cm³	1	8	27	64	125	216	343	512	729	1000

2

a) 25 b) 900 c) 0,64
d) 64 e) 1000 f) 0,216
g) 32 h) 81 i) 1 000 000

3

a) 0; 0; 0 b) 1; 1; 1
c) 100; 1000; 10 000 d) 1; –1; 1
e) 3; 4; 5; 6 f) 1; 1; 1; 1

4

a) $25 = 5^2 < 2^5 = 32$
b) $1000 = 10^3 < 3^{10} = 59\,049$
c) $1 = 3^0 > 0^3 = 0$
d) $625 = 5^4 < 4^5 = 1024$

5

a) Der Stromverbrauch war um 12:00 Uhr am größten und um 5:00 Uhr am kleinsten.
b) größter Stromverbrauch: 68 GW; kleinster Stromverbrauch: 50 GW

2

a) 256 b) 1225 c) 0,5625
d) 512 e) –512 f) 0,008
g) 1024 h) 16 i) 248 832

3

a) 0; 0; 0; 0 b) 1; 1; 1; 1; 1
c) 4; 2; 1; $\frac{1}{2}$; $\frac{1}{4}$ d) –1; 1; –1
e) 9; –3; 1; $-\frac{1}{3}$; $\frac{1}{9}$

4

a) $729 = 3^6 > 6^3 = 216$
b) $4096 = 8^4 = 8^4 = 4096$
c) $32\,768 = 8^5 > (-8)^5 = -32\,768$
d) $625 = 5^4 < (0{,}2)^{-8} = 390\,625$

5

a) Der Graph beginnt um 0:00 Uhr bei 60 GW und fällt bis 5:00 Uhr auf seinen Tiefstwert 50 GW. Anschließend steigt er bis 12:00 Uhr auf seinen Höchstwert 68 GW. Danach fällt er bis 21:00 Uhr auf 62 GW, steigt bis 22:00 Uhr noch einmal leicht auf 63 GW und fällt schließlich bis 24:00 Uhr auf 60 GW.
b) Der Stromverbrauch ist zwischen 8:00 und 18:00 Uhr am größten, weil in dieser Zeit nicht nur in Privathaushalten, sondern auch in Betrieben, Geschäften und Schulen Strom benötigt wird. Am höchsten ist der Verbrauch zwischen 11:00 Uhr und 14:00 Uhr, weil überwiegend zu dieser Zeit warmes Mittagessen zubereitet wird.

126

6

a)

Einkauf (g)	100	200	250	300
Preis (€)	**1,39**	**2,78**	**3,48**	**4,17**

b)

Benzin (l)	1	5	24	38
Preis (€)	**1,69**	**8,45**	**40,56**	**64,22**

c)

Preis (€)	10,00	25,00	50,00	60,00
Preis ($)	**11,25**	**28,13**	**56,26**	**67,51**

127 **7**

a) ① (0 | 3); (1,5 | 0)
② (0 | 0); (0 | 0)
③ (0 | –2); (6 | 0)
④ (0 | 6); (–2 | 0)
⑤ (0 | –5); (5 | 0)

b) ① z. B. (–2 | 7); (4 | –5)
② z. B. (–4 | 4); (5 | –5)
③ z. B. (–3 | –3); (3 | –1)
④ z. B. (–4 | –6); (–1 | 3)
⑤ z. B. (–1 | –6); (7 | 2)

8

x	–2	–1	0	0,5	1	2
$y = 2x - 1$	–5	–3	–1	0	1	3

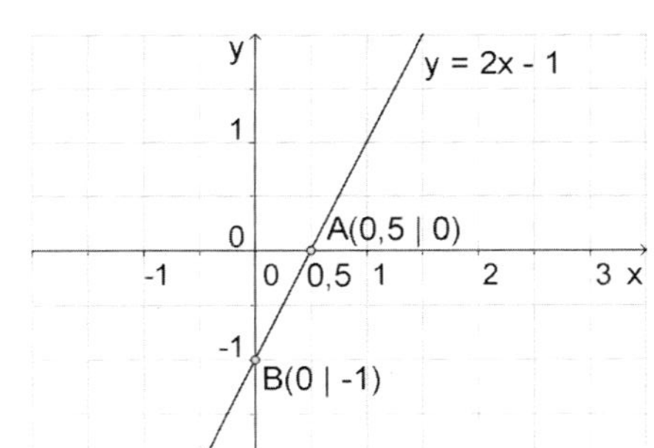

5 *(Fortsetzung)*

Der kleine Anstieg zwischen 21:00 Uhr und 22:00 Uhr wird auf die einsetzende Dunkelheit zurückzuführen sein. Zwischen 22:00 Uhr und 5:00 Uhr nimmt der Stromverbrauch kontinuierlich ab, weil die Menschen nach und nach schlafen gehen und dann Licht und Elektrogeräte kaum noch benötigen.

6

a)

kWh	100	200	300	400	500
Preis (€)	33	58	83	108	133

b)

Zeit (h)	0	1	2	3	4	5
Höhe (cm)	20	16	12	8	4	0

7

a) Die Graphen ① und ② fallen; die Graphen ③, ④ und ⑤ steigen.
b) Graph ④ hat die größte Steigung ($m = 3$).
c) ① $b = 3$ ② $b = 0$
③ $b = -2$ ④ $b = 6$ ⑤ $b = -5$
d) ① $y = -2x + 3$ ② $y = -x$
③ $y = \frac{1}{3}x - 2$ ④ $y = 3x + 6$
⑤ $y = x - 5$

8

x	–2	0	2	4	8
$y = 2x - 1$	–5	–1	3	7	15
$y = -0{,}5x + 4$	5	4	3	2	0

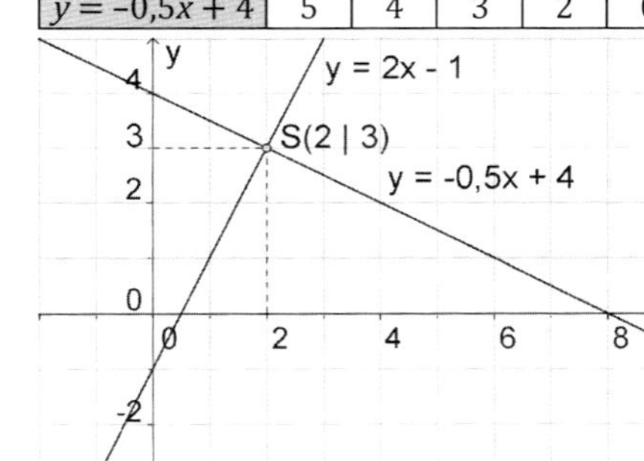

127 9

	a)	b)	c)	d)	e)	f)	g)	h)
Prozentsatz	75 %	**30 %**	**95 %**	**110 %**	200 %	**120 %**	**104 %**	**88 %**
gekürzter Bruch	$\mathbf{\frac{3}{4}}$	$\frac{3}{10}$	$\mathbf{\frac{19}{20}}$	$\mathbf{\frac{11}{10}}$	$\mathbf{\frac{2}{1}}$	$\frac{6}{5}$	$\mathbf{\frac{26}{25}}$	$\mathbf{\frac{22}{25}}$
Hundertstel-Bruch	$\mathbf{\frac{75}{100}}$	$\mathbf{\frac{30}{100}}$	$\frac{95}{100}$	$\mathbf{\frac{110}{100}}$	$\mathbf{\frac{200}{100}}$	$\mathbf{\frac{120}{100}}$	$\frac{104}{100}$	$\mathbf{\frac{88}{100}}$
Dezimalbruch	**0,75**	**0,30**	**0,95**	1,1	**2,00**	**1,20**	**1,04**	0,88

10

a) 68,60 € b) 132,30 €
c) 164,50 € d) 5,60 €

11

	Kapital K	Zinssatz $p\,\%$	Zinsen Z
a)	612 €	9,5 %	**58,14 €**
b)	1080 €	**35 %**	378 €
c)	**2105 €**	3,6 %	75,78 €

10

a) 14,035 % b) 12,346 %
c) 12,618 %

11

	Zinssatz $p\,\%$	Kapital K (alt)	Jahreszinsen Z	Kapital K (neu)
a)	3,5 %	41,50 €	**1,45 €**	**42,95 €**
b)	**2,5 %**	6600 €	165 €	**6765 €**
c)	12 %	**1970 €**	236,40 €	**2206,40 €**

Positives und negatives Wachstum

128 Entdecken

1

a) Der bislang höchste Wert wurde im Jahr 2012 erreicht.
b) 2004; 2005; 2007 bis 2012 c) 2006; 2013 d) individuelle Voraussagen

2

a) ① richtig ② richtig ③ falsch ④ richtig
b) individuelle Aussagen

129 Üben und anwenden

1

a) höchste Passagierzahl im Jahr 2015; niedrigste Passagierzahl im Jahr 2011
b) positives Wachstum: 2006 bis 2008 und 2011 bis 2015; negatives Wachstum: 2008 bis 2011

1

a) positives Wachstum: Februar bis März, Juli bis Dezember; negatives Wachstum: Januar bis Februar; März bis Juli
b) Beispiele:
- Je kälter es draußen ist, desto mehr Heizenergie wird benötigt. Abhängig von der Wetterlage kann der Heizenergiebedarf stark schwanken.
- Von Mai bis August wird am wenigsten Strom für Beleuchtung benötigt.

129 2

a)

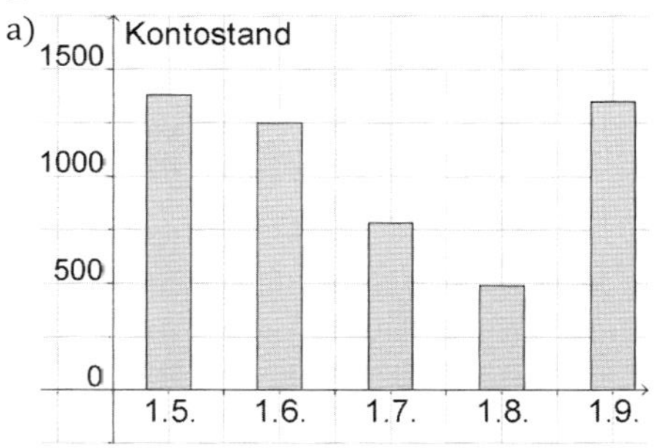

b) positives Wachstum: 1.8. bis 1.9.
negatives Wachstum: 1.5. bis 1.8.

3

a) Im April und Mai war das Wachstum zum Vormonat positiv.
Im Februar, März und Juni war das Wachstum zum Vormonat negativ.
b) Von März bis Juni stieg der Umsatz um 370 € bzw. um 4,69 %.
c) Vom April zum Mai stieg der Umsatz um 0,85 %.

2

a)

Datum	1.6.	1.7.	1.8.
Kontostand (€)	950	1400	1850

Datum	1.9.	1.10.
Kontostand (€)	2300	2750

b) Es handelt sich um positives Wachstum, da der Kontostand jeden Monat um 450 € zunimmt.

3

a) Im April und Mai war das Wachstum zum Vormonat positiv.
Im Februar, März und Juni war das Wachstum zum Vormonat negativ.
b) vom Januar zum Februar: − 1,92 %
vom Februar zum März: − 3,31 %
vom März zum April: + 4,44 %
vom April zum Mai: + 0,85 %
vom Mai zum Juni: − 0,60 %

c)

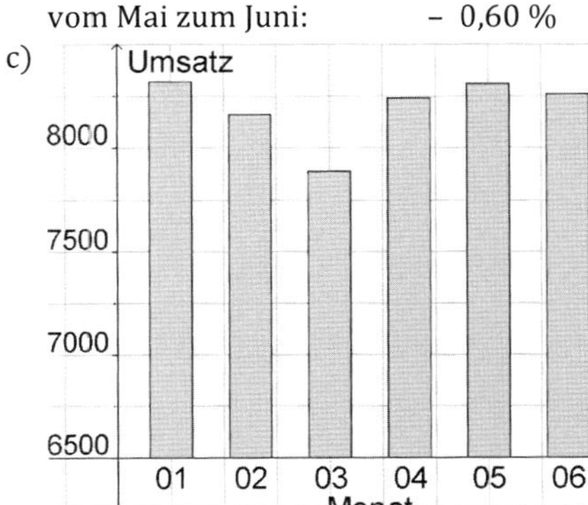

129 4

a)
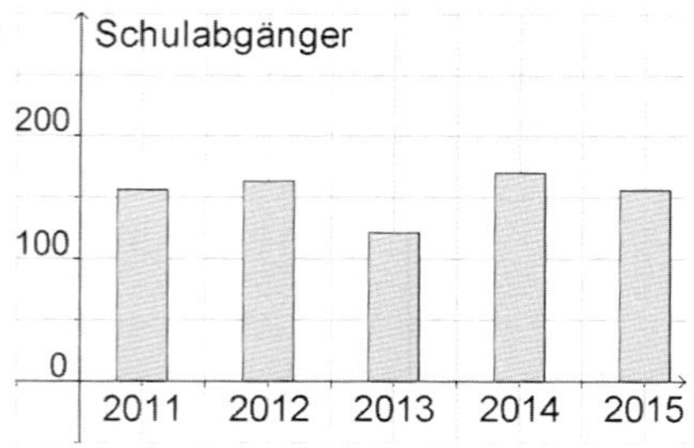

b) positives Wachstum:
2011 bis 2012; 2013 bis 2014;
negatives Wachstum:
2012 bis 2013; 2014 bis 2015

4

a)
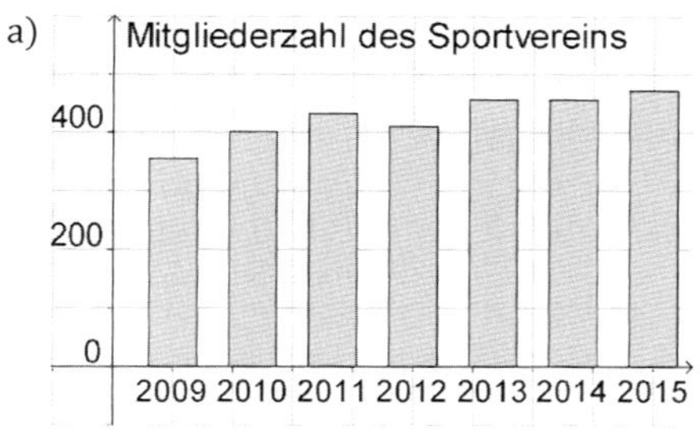

b) positives Wachstum: 2009 bis 2011;
2012 bis 2013; 2014 bis 2015;
negatives Wachstum: 2011 bis 2012;
Nullwachstum: 2013 bis 2014

Lineares Wachstum

130 Entdecken

1

a)

Zeit (Jahre)	0	20	40	60	80	100
Länge (mm)	0	2	**4**	**6**	**8**	**10**

b)
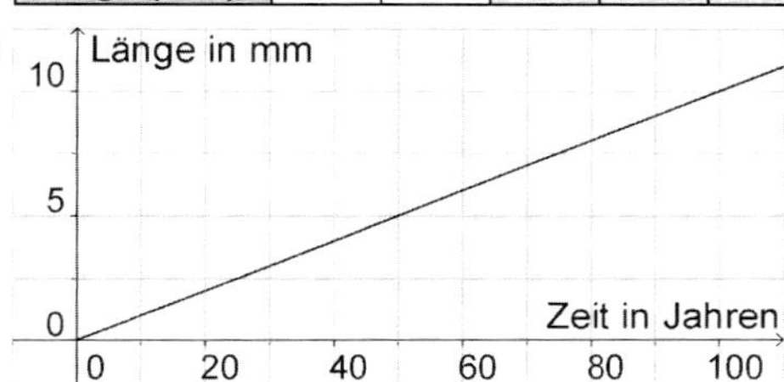

c) Ja, der Längenzuwachs der Tropfsteine in mm innerhalb einer bestimmten Zeitspanne ist immer gleich einem Zehntel der zur Verfügung stehenden Zeit in Jahren.

d) Ein 20 000 Jahre alter Tropfstein ist 2 m lang, ein 35 000 Jahre alter Tropfstein 3,5 m.

2

a)

Uhrzeit	10:00	10:30	11:00	11:30	12:00	12:30	13:00
Länge (cm)	18	15	12	9	6	3	0

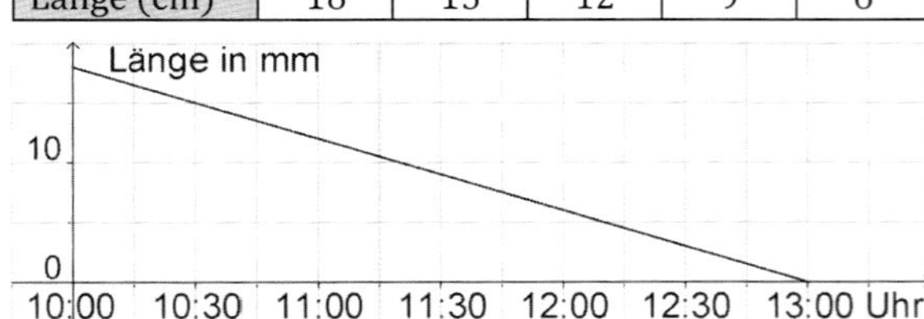

130 2 *(Fortsetzung)*

b) Ja, die Längenabnahme der Kerze in mm innerhalb einer bestimmten Zeitspanne ist immer gleich der Länge der Zeitspanne in Minuten.

131 Üben und anwenden

1

a) 2012: Anstieg um 40 Einwohner
2013: Anstieg um 40 Einwohner
2014: Anstieg um 40 Einwohner
2015: Anstieg um 40 Einwohner

b) Ja, die Veränderung zum Vorjahr ist immer gleich.

c) Da die Einwohnerzahl zunimmt, liegt positives lineares Wachstum vor.

2

a) Bis 45 Liter Treibstoff im Tank sind, dauert es 50 Sekunden.

b) Zu Beginn waren 5 Liter im Tank.

c) Es handelt sich um (positives) lineares Wachstum, da in gleichen Zeitspannen immer die gleiche Menge Treibstoff in den Tank fließt, z. B. in einer Sekunde 0,8 Liter, in 10 Sekunden 8 Liter.

3

a) Zu Beginn waren 3000 Liter im Tank.

b) Pro Monat (zu 30 Tagen) werden 660 Liter Heizöl verbraucht.

c) Es handelt sich um (negatives) lineares Wachstum, da der Heizölvorrat in gleichen Zeitspannen immer um die gleiche Menge abnimmt, z. B. in 10 Tagen um 220 Liter.

4

a) lineares positives Wachstum

b) bei gleichbleibender Geschwindigkeit: auf dem Hinweg lineares negatives Wachstum, auf dem Rückweg lineares positives Wachstum

1

a) 2012: Anstieg um 13 €
2013: Anstieg um 29 €
2014: Anstieg um 45 €
2015: Anstieg um 23 €

b) Nein, die Veränderung zum Vorjahr ist jedes Jahr unterschiedlich.

c) Es handelt sich um nichtlineares positives Wachstum.

2

a) (0 | 5): Zu Beginn befinden sich 5 Liter Treibstoff im Tank.
(77 | 67): Nach 77 Sekunden befinden sich rund 67 Liter im Tank.

b) $y = 0{,}8x + 5$
(x: Zeit in s; y: Tankinhalt in l)

c) Es handelt sich um (positives) lineares Wachstum, da in gleichen Zeitspannen immer die gleiche Menge Treibstoff in den Tank fließt, z. B. in einer Sekunde 0,8 Liter, in 10 Sekunden 8 Liter.

3

a) $y = -22x + 3000$
(x: Zeit in Tagen; y: Tankinhalt in l)

b) Nach 136 Tagen und etwa 9 Stunden ist der Tank leer.

c) Es handelt sich um (negatives) lineares Wachstum, da der Heizölvorrat in gleichen Zeitspannen immer um die gleiche Menge abnimmt, z. B. in 10 Tagen um 220 Liter.

4

a) lineares positives Wachstum

b) negatives Wachstum (nicht linear)

c) negatives Wachstum, bei gleichmäßig bedruckten Seiten lineares negatives Wachstum

131 **4** *(Fortsetzung)*
c) bei gleichbleibender Geschwindigkeit: auf dem Hinweg lineares positives Wachstum, auf dem Rückweg lineares negatives Wachstum
d) lineares positives Wachstum
e) lineares positives Wachstum
f) bei gleichbleibender Geschwindigkeit: lineares positives Wachstum
g) negatives Wachstum, bei gleichbleibendem Verbrauch pro Kilometer lineares negatives Wachstum

4 *(Fortsetzung)*
d) positives Wachstum (nicht linear)
e) negatives Wachstum (nicht linear)
f) positives lineares Wachstum (außer z. B. bei Tarifen mit Mengenrabatt, dort nur positives Wachstum)
g) – wenn die Zinsen für ein Jahr gemeint sind: positives lineares Wachstum;
– wenn die insgesamt über die Laufzeit zu zahlenden Zinsen bei gleicher monatlicher Ratenhöhe gemeint sind: positives Wachstum

Exponentielles Wachstum

132 Entdecken

1
a)

Feld	1	2	3	4	5	6	7	8
Anzahl Reiskörner als Zahl	1	2	4	**8**	**16**	**32**	**64**	**128**
Anzahl Reiskörner als Potenz	2^0	2^1	$\mathbf{2^2}$	$\mathbf{2^3}$	$\mathbf{2^4}$	$\mathbf{2^5}$	$\mathbf{2^6}$	$\mathbf{2^7}$

b) Nein, bei jedem weiteren Schritt kommen mehr Reiskörner als beim vorherigen hinzu.
c) Auf dem n-ten Feld liegen stets 2^{n-1} Reiskörner. Folglich befinden sich auf dem 15. Feld $2^{14} = 16\,384$ Reiskörner.

133 Üben und anwenden

1
5 →(·2) 10 →(·2) 20 →(·2) 40 →(·2) 80 →(·2) 160
a) Es wird die Zielzahl 160 erreicht.
b)
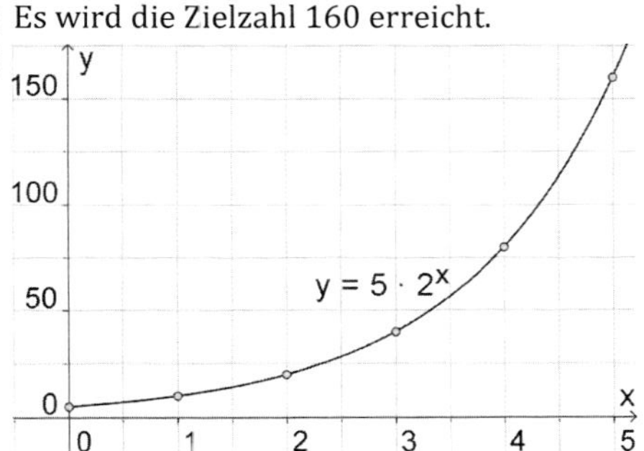

c) exponentielles positives Wachstum

1
a) Es liegen 32 Schichten übereinander (exponentielles positives Wachstum).
b) Die längere Kante des zusammengefalteten Papiers ist 5,25 cm lang (exponentielles negatives Wachstum).
c) Das zusammengefaltete Papier hat eine Fläche von etwa 19,49 cm² (exponentielles negatives Wachstum).
d) siehe a) bis c)

133 **2**
3 →(:2) 1,5 →(:2) 0,75 →(:2) 0,375 →(:2) 0,1875 →(:2) 0,09375
a) Es wird die Zielzahl 0,09375 erreicht.
b)
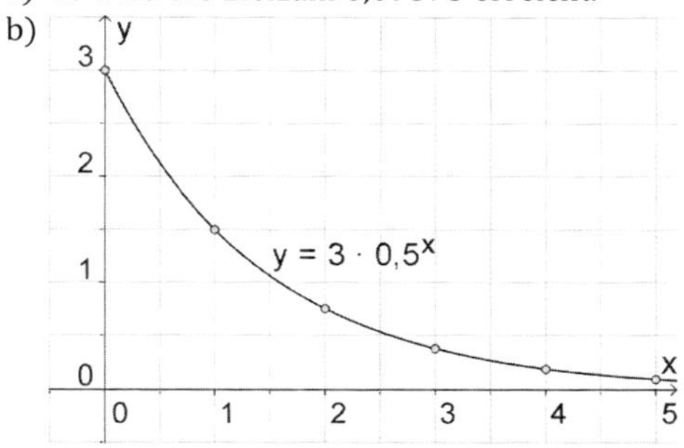

c) exponentielles negatives Wachstum

3
a) $q = 1{,}07$
b) $q = 1{,}12$
c) $q = 1{,}024$
d) $q = 2{,}5$

4
a) Zinsen für das 1. Jahr: 60,00 €
b) Guthaben nach 1 Jahr: 3060,00 €
Guthaben nach 2 Jahren: 3121,20 €
Guthaben nach 3 Jahren: 3183,62 €
Guthaben nach 5 Jahren: 3312,24 €

134 **5**
a) $q = 0{,}9$
b) $q = 0{,}94$
c) $q = 0{,}962$
d) $q = 0{,}988$

2
a)
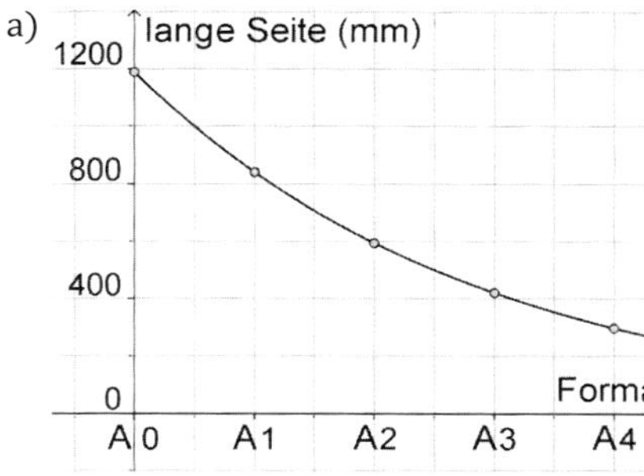

b) exponentielles negatives Wachstum
c)

Format	A5	A6	A7
lange Seite (mm)	210	148,5	105

3

Zunahme um ...	6 %	3,2 %	2,85 %
q	**1,06**	**1,032**	**1,0285**

Zunahme um ...	120 %	**90 %**
q	**2,2**	1,90

4
a) Guthaben nach 1 Jahr: 2842,00 €
Guthaben nach 2 Jahren: 2884,63 €
Guthaben nach 3 Jahren: 2927,90 €
Guthaben nach 5 Jahren: 3016,40 €
b) Zinsen für das 1. Jahr: 42,00 €
Zinsen für das 3. Jahr: 43,27 €
Zinsen für das 5. Jahr: 44,58 €
Die Zinsen steigen vom 1. zum 3. Jahr sowie vom 3. zum 5. Jahr jeweils um 3,02 %.

5

Abnahme um ...	7 %	4,8 %	25 %
q	**0,93**	**0,952**	**0,75**

Abnahme um ...	**90 %**	**15 %**
q	0,1	0,85

134 **6**

a) $q = 0{,}994$

b), c)

Jahr	2016	2017	2018
Bevölkerung	49 700	49 402	49 106
Unterschied zum Vorjahr	−300	−298	−296

7

a)

Jahr	2016	2017	2018	2019
Verlust an Kaufkraft	2 %	2 %	2 %	2 %

b)

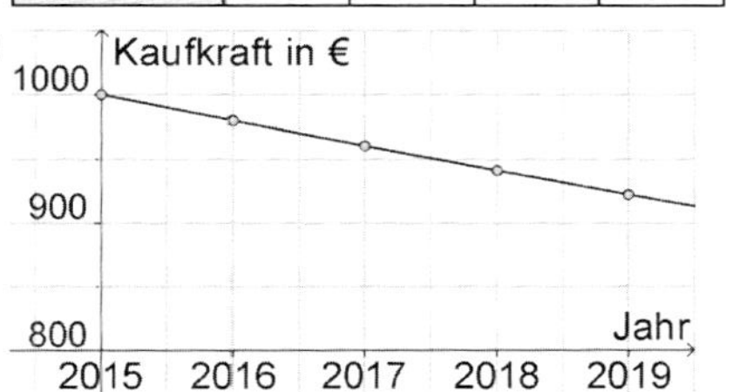

c)

Jahr	2016	2017	2018	2019
Kaufkraft-verlust(€)	20,00	19,60	19,28	18,75

d) Es liegt exponentielles negatives Wachstum vor.

6

a) $q = 0{,}996$

b) ≈ 63,94 Mio. Menschen

c)

Jahr	2015	2016	2017	2018
Bevölkerung (Mio.)	64,2	63,94	63,69	63,43

Jahr	2019	2020	2021
Bevölkerung (Mio.)	63,18	62,93	62,67

d) ≈ 64,46 Mio. Menschen

e) 60 Mio. Einwohner werden im Jahr 2032 erreicht.

7

a)

Jahr	2014	2015	2016
Kaufkraft (€)	2250,00	2218,50	2187,44

Jahr	2017	2018	2019
Kaufkraft (€)	2156,82	2126,62	2096,85

Jahr	2020	2021
Kaufkraft (€)	2067,49	2038,55

b)

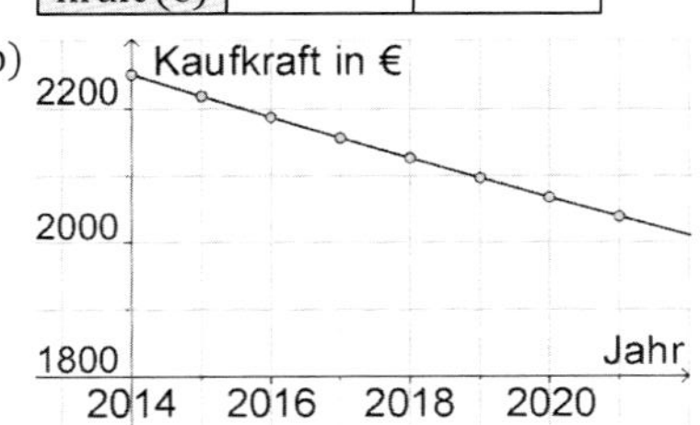

c)

Jahr	2015	2016	2017	2018
Kaufkraft-verlust(€)	31,50	31,06	30,62	30,20

Jahr	2019	2020	2021
Kaufkraft-verlust(€)	29,77	29,36	28,94

d) Es liegt exponentielles negatives Wachstum vor.

134 **8**

a)

Zeit (h)	0	1	2
Anzahl	200	300	450

Zeit (h)	3	4	5
Anzahl	675	1013	1519

Zeit (h)	6	7	8
Anzahl	2278	3417	5126

b)

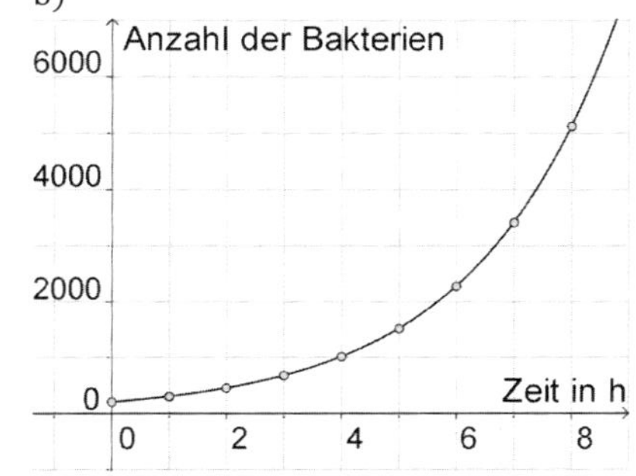

c) Nach 24 Stunden gibt es etwa 3,367 Millionen Bakterien.

9

a) Gehalt nach *n* Jahren in €:
$w_n = 1200 \cdot 1{,}046^n$

b)

Jahr	0	1	2
Gehalt(€)	1200,00	1255,20	1312,94

Jahr	3	4	5
Gehalt(€)	1373,33	1436,51	1502,59

Nach fünf Jahren wird Claudias Gehalt 1500 € übersteigen.

8

a)

Zeit (h)	0	0,5	1	1,5
Anzahl	480	778	1260	2041

Zeit (h)	2	2,5	3	3,5
Anzahl	3306	5356	8676	14 056

Zeit (h)	4	4,5	5
Anzahl	22 770	36 887	59 757

b)

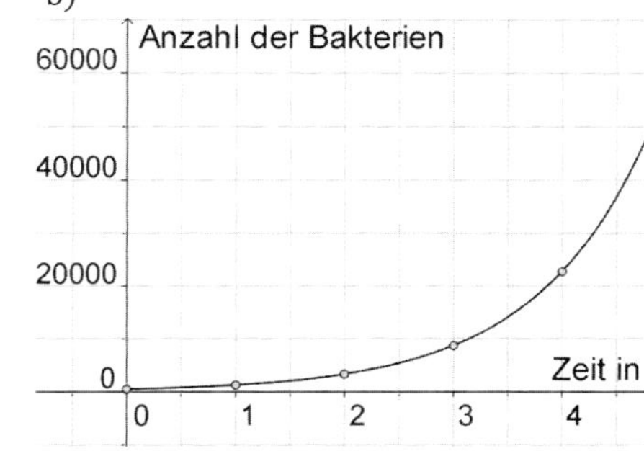

c) 10 000 Bakterien gab es nach 3 Stunden und 9 Minuten, 20 000 Bakterien nach 3 Stunden und 52 Minuten.

9

a)

Monat	0	1	2	3
mg/l	200	170	144,5	122,8

Monat	4	5	6	7
mg/l	104,4	88,7	75,4	64,1

Monat	8	9	10	11	12
mg/l	54,5	46,3	39,4	33,5	28,4

b) Der Grenzwert von 50 mg/l wird nach 8 Monaten und 16 Tagen unterschritten.

Methode: Wachstum mit einer Tabellenkalkulation beschreiben

135 Üben und anwenden

1

Laufzeit in Jahren	Kapital in € am Jahresanfang	Zinsen in €	Kapital in € am Jahresende
1	4500,00	56,25	4556,25
2	4556,25	56,95	4613,20
3	4613,20	57,67	4670,87
4	4670,87	58,39	4729,25
5	4729,25	59,12	4788,37
6	4788,37	59,85	4848,22
7	4848,22	60,60	4908,83
8	4908,83	61,36	4970,19
9	4970,19	62,13	5032,31
10	5032,31	62,90	5095,22
11	5095,22	63,69	5158,91
12	5158,91	64,49	5223,40
13	5223,40	65,29	5288,69
14	5288,69	66,11	5354,80
15	5354,80	66,93	5421,73

2

a) Übung mit einer Tabellenkalkulation

b)

Feld	B11	C11	D11	E11
Formel	= B10*2	= C10+B11	= C11/A3	= C11*A4

c) Übung mit einer Tabellenkalkulation

d) – Auf dem 64. Feld liegen $9{,}223 \cdot 10^{18}$ Reiskörner. Das sind $2{,}767 \cdot 10^{11}$ t Reis.
- Auf dem 1. bis 32. Feld zusammen liegen 4 294 967 295 Reiskörner.
- Das sind etwa 128,8 t Reis.
- Auf dem Schachbrett liegen insgesamt etwa $5{,}534 \cdot 10^{11}$ t Reis.

Thema: Wachstum im Beruf

136 Radiologieassistent/in

1

Das Zeichen warnt vor radioaktiver Strahlung. Es ist z. B. an Röntgenapparaten und medizinischen Bestrahlungsgeräten zu sehen.

136 2

a)

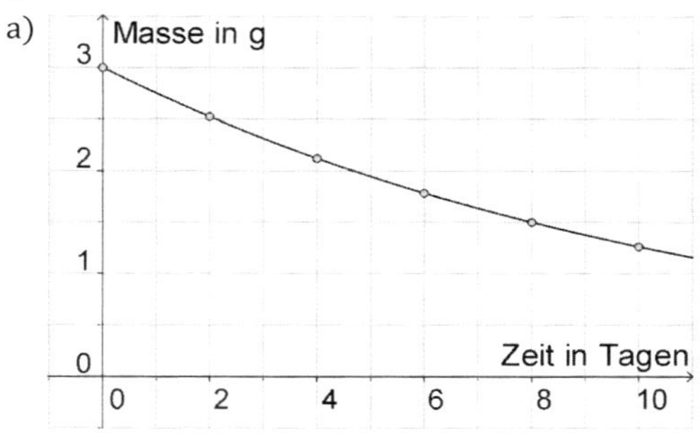

b) Die Halbwertszeit beträgt 8 Tage.

c) Die Menge an Jod 131 verändert sich alle zwei Tage um den Faktor 0,8409. Dies entspricht einer Verringerung um 15,91 %.

d) $w_8 = w_0 \cdot q^8$; $1{,}5 = 3 \cdot q^8$; $q^8 = 0{,}5$; $q = \sqrt[8]{0{,}5} = 0{,}5^{0{,}125} \approx 0{,}917$; $w_n = w_0 \cdot 0{,}917^n$

e) nach 16 Tagen 750 mg; nach 24 Tagen 375 mg; nach 32 Tagen 187,5 mg

3

a)

Zeit in h	0	12	24	36	48	60
Masse in mg	2000	1000	500	250	125	62,5

b) 800 mg Jod 123 sind nach 15 Stunden und 52 Minuten noch vorhanden.

c) Die Halbwertszeit von Jod 131 ist 16-mal so lang wie die von Jod 123.

4

individuell

137 Biologielaborant/in

1

a) Es liegt exponentielles Wachstum vor, da sich die Anzahl der Bakterien in gleichen Zeitspannen (alle 20 Minuten) um den gleichen Faktor $q = 2$ erhöht.

b) Bis aus 10 Salmonellen 160 Salmonellen geworden sind, sind 80 Minuten vergangen.

c)

Zeit in min	0	20	40	60	80	100	120
Anzahl der Salmonellen	90	180	360	720	1440	2880	5760

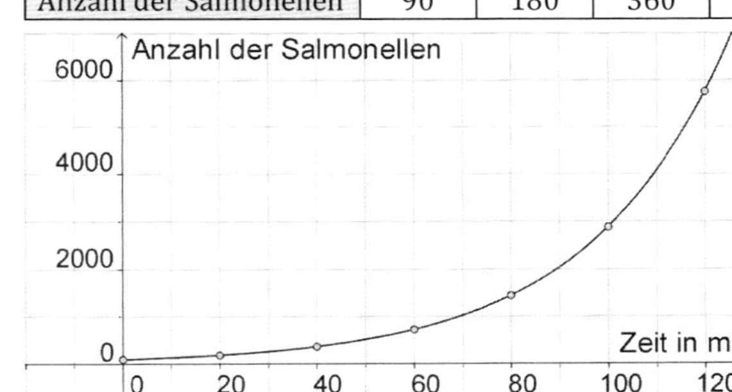

137 **2**

a) 256 000 Bakterien
b) 8000 Bakterien
c) 250 Bakterien
d) Zunahme um 100 %

3

a) Nach 10 Stunden sind es 1024 Bakterien geworden.
b) In zwei Stunden steigt die Bakterienzahl um 300 %, in einer Stunde um 100 %.

4

individuell

Klar so weit?

138 Positives und negatives Wachstum

1

Es liegt positives Wachstum vor, da der Geldbetrag in der Spardose zunimmt.

1

Es liegt negatives Wachstum vor, da die Schülerzahl abnimmt.

2

Über den gesamten betrachteten Zeitraum liegt positives Wachstum vor, da der Umsatz zunimmt.

2

Von April bis Juni liegt positives Wachstum vor, da der Umsatz zunimmt. Von Juni bis Juli ist das Wachstum negativ, da der Umsatz abnimmt.

3

a) Körpergewicht zu Beginn: 68 kg
Körpergewicht am Ende: 57 kg
Unterschied: –11 kg bzw. –16,2 %
b) Es liegt negatives Wachstum vor, da das Körpergewicht im gesamten betrachteten Zeitraum abnimmt.

3

a) Es liegt negatives Wachstum vor.
b)

Monat	0	1	2	3	4	5
Gewicht in kg	68	64	61	59	58	57

c) Das Gewicht hat sich nicht jeden Monat um den gleichen Wert verringert, sondern zuerst um 4 kg, dann um 3 kg, danach um 2 kg und am Schluss zweimal um 1 kg. Eine monatliche Gewichtsabnahme um jeweils den gleichen Faktor oder Prozentsatz liegt auch nicht vor.

Lineares Wachstum

4

Es liegt lineares Wachstum vor, da der Preis bei Zunahme des Datenvolumens um 1 GB stets um den gleichen Wert, nämlich um 2,90 € steigt.
(Funktionsgleichung: $y = 2{,}9x$)

4

Es liegt lineares Wachstum vor, da der Preis bei Anstieg des Heizgasverbrauchs um 500 m³ stets um den gleichen Wert, nämlich um 28,00 € zunimmt.
(Funktionsgleichung: $y = 0{,}056x + 9{,}3$)

138 **5**

a) Es liegt lineare Abnahme vor, da die Anzahl der Tabs kleiner wird.
b) Die Packung reicht sieben Wochen.

5

a) Es liegt lineare Abnahme vor, da die Menge der Zahnpasta sich pro Tag um den gleichen Wert (5 ml) verringert.
b) $y = -5x + 100$ (x: Zeit in Tagen; y: Menge an Zahnpasta in ml)
c) Die Tube reicht 20 Tage.

139 Exponentielles Wachstum

6

a) 289 m²
b) nach 12 Wochen und 6 Tagen
c) $q = 1{,}4$
d) 10 m²

6

a) $q = 1{,}4$; $w_0 = 10$
b) Die Fläche nimmt in gleichen Zeitspannen um den gleichen Faktor zu (pro Woche um den Faktor 1,4).
c) nach 16 Wochen 2178 m²; nach 20 Wochen 8367 m²

7

a) $q = 1{,}01$
b) 2016: 303 000; 2017: 306 030; 2018: 309 090

7

a) 2016: 7,38 Mrd.; 2020: 7,71 Mrd.; 2022: 7,88 Mrd.
b) 7,22 Mrd.

8

a) $q = 0{,}9$
b) 2016: 1350 Schildkröten;
2017: 1215 Schildkröten;
2018: 1094 Schildkröten

8

a)

Jahr	2015	2016	2017	2018
Mio. ha	2,40	2,25	2,10	1,97

Jahr	2019	2020	2021	2022
Mio. ha	1,84	1,72	1,61	1,51

b)

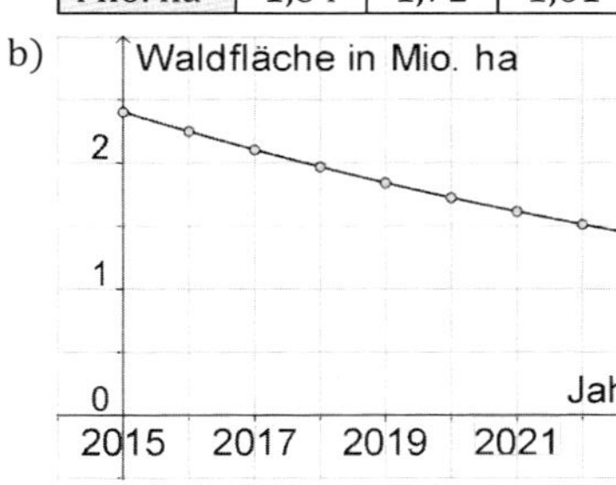

139 **9**

a)

	Zinsen	Kapital
zu Beginn	0 €	5000 €
nach 1 Jahr	150 €	5150 €
nach 2 Jahren	**154,50 €**	**5304,50 €**
nach 3 Jahren	**159,14 €**	**5463,64 €**
nach 4 Jahren	**163,91 €**	**5627,55 €**
nach 5 Jahren	**168,83 €**	**5796,38 €**

b) Es wurden insgesamt 796,38 € Zinsen gezahlt.

c)
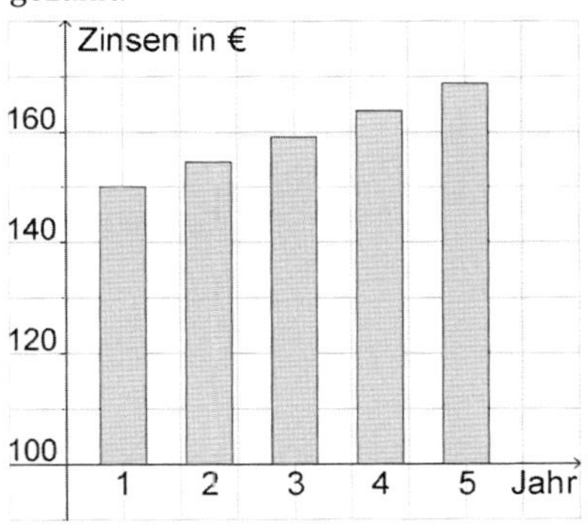

9

a)

Jahr	Zinsen	Kapital
zu Beginn	0 €	4200 €
nach 1 Jahr	77,70 €	4277,70 €
nach 2 Jahren	79,14 €	4356,84 €
nach 3 Jahren	80,60 €	4437,44 €
nach 4 Jahren	82,09 €	4519,53 €
nach 5 Jahren	83,61 €	4603,14 €
nach 6 Jahren	85,16 €	4688,30 €

b)
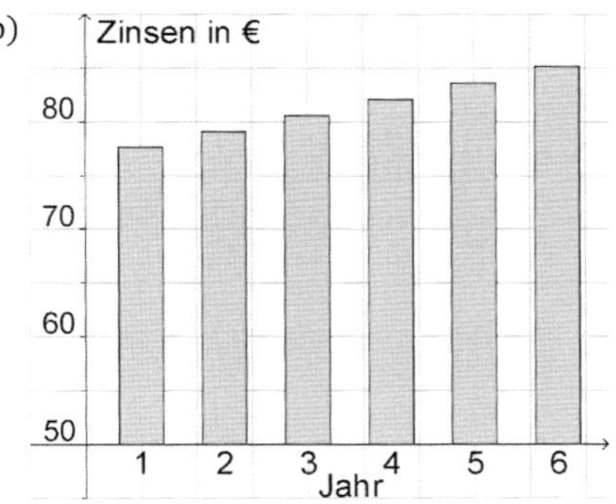

c) insgesamt gezahlte Zinsen: 488,30 €

d) Nach 10 Jahren wird ein Guthaben von 5044,98 € erreicht.

e) Es wären jährlich 77,70 € Zinsen gezahlt worden, insgesamt also 466,20 €.

140 Vermischte Übungen

1

individuelle Lösungen

2

a) 32 b) 62,5 c) 1 000 000

3

Es liegt exponentielles positives Wachstum vor. Wert am Ende:

a) 17,39 m² b) 13,03 m² c) 7,404 m²

4

a) individuelle Beschreibungen

b) ① $w_0 = 2287{,}01$ ② $w_0 = 13\,895{,}80$ ③ $w_0 = 599{,}65$ ④ $w_0 = 2057{,}61$ (Angaben in €)

2

a) 6,25 b) 125 000,125 c) 960

3

Es liegt exponentielles positives Wachstum vor. Endkapital: a) 10 433,47 € b) 44 286,16 € c) 7144,25 €

4

a) individuelle Erklärungen

b) ① 3,75 % ② 4,6 % ③ 6,7 % ④ 5,25 %

140 **5**

a) $n = 15$ b) $n = 10$

141 **6**

a) Ein Futtersack reicht 50 Tage.

b) Es liegt lineares negatives Wachstum vor.

c) $y = -20x + 1000$ (x: Zeit in Tagen; y: Trockenfuttervorrat in g)

d)
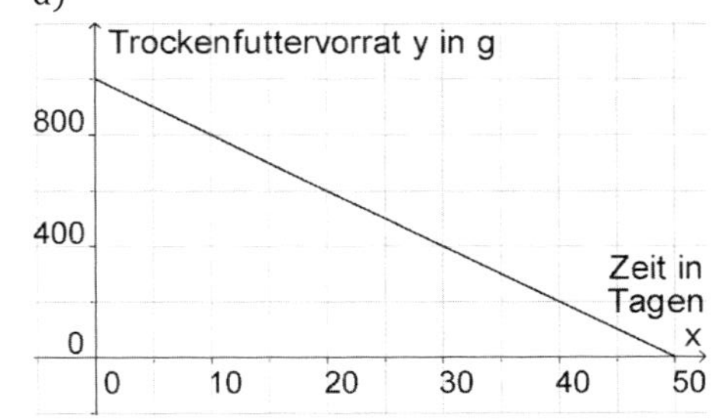

7

a) 406 €

b) 430,91 €

c) Das Wachstum ist positiv, da das Guthaben zunimmt.

d) Nein, es kam jedes Jahr etwas mehr Geld hinzu. Im ersten Jahr waren es z. B. 6,00 € und im fünften Jahr 6,37 €.

e) Es liegt exponentielles Wachstum vor, da das Guthaben pro Jahr um den konstanten Faktor 1,015 zunimmt.

8

Monatliche Pflegekosten bei einer Inflationsrate von 2 %:

Jahr	2014	2015	2020	2030
Pflegestufe I	2365 €	2412 €	2663 €	3247 €
Pflegestufe II	2795 €	2851 €	3148 €	3837 €
Pflegestufe III	3252 €	3317 €	3662 €	4464 €

5

a) $n = 4$ b) $n = 5$ c) $n = 6$

6

a) lineares negatives Wachstum

b) $y = -19x + 280$

(x: Zeit in h; y: Wasserstand in cm)

x in h	0	2	4	6	8
y in cm	280	242	204	166	128

x in h	10	12	13	14	14,74
y in cm	90	52	33	14	0

c), d)
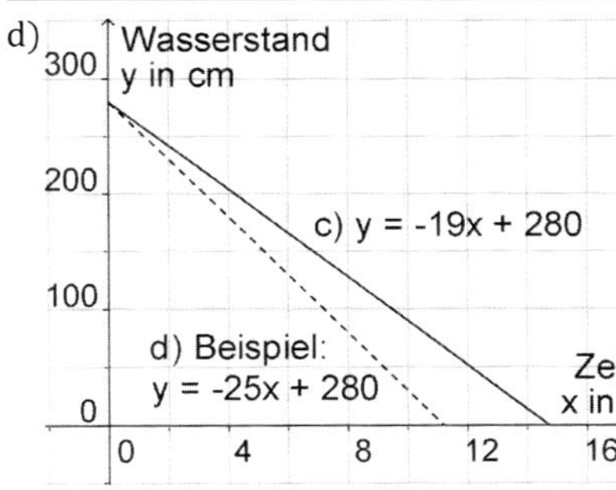

7

a) Zinsen für drei Jahre: 2186,02 €
Zinsen für fünf Jahre: 3687,44 €

b) Zinsen für zehn Monate: 600,00 €

141 Lerncheck

1

	α	β	γ	a	b	c
a)	**30°**	**60°**	90°	**4,13 cm**	7,2 cm	8,3 cm
b)	**22°**	**68°**	90°	4,1 cm	**10,2 cm**	11 cm
c)	**25°**	**65°**	90°	6,3 dm	**13,6 dm**	15 dm
d)	**61°**	90°	**29°**	**8,25 cm**	9,4 cm	4,5 cm
e)	**56°**	**34°**	90°	24 cm	16,4 cm	**29,1 cm**
f)	90°	**45°**	**45°**	24 dm	**16,9 dm**	17 dm
g)	90°	**63°**	**27°**	7,6 cm	**6,8 cm**	3,4 cm
h)	**55°**	90°	**35°**	18 dm	22 dm	**12,6 dm**

2

a) $16 = 4^2 > 4 \cdot 2 = 8$

b) $0{,}001 = 10^{-3} > 10^{-4} = 0{,}0001$

c) $25 = 5^2 < 2^5 = 32$

d) $24 = 3 \cdot 8 < 3^8 = 6561$

3

a) Drei Viertel der Felder sind $12 + 1 + 5 = 18$ Felder, also hat das Glücksrad insgesamt 24 Felder. Auf einem Viertel der Felder, also sechs Feldern, gewinnt man einen Rubin. Zeichenübung.

b) Einen Diamanten gewinnt man auf einem von 24 (gleich großen) Feldern. Die Wahrscheinlichkeit, einen Diamanten zu gewinnen, beträgt deshalb $\frac{1}{24} \approx 4{,}17\ \%$.

142 9

a)

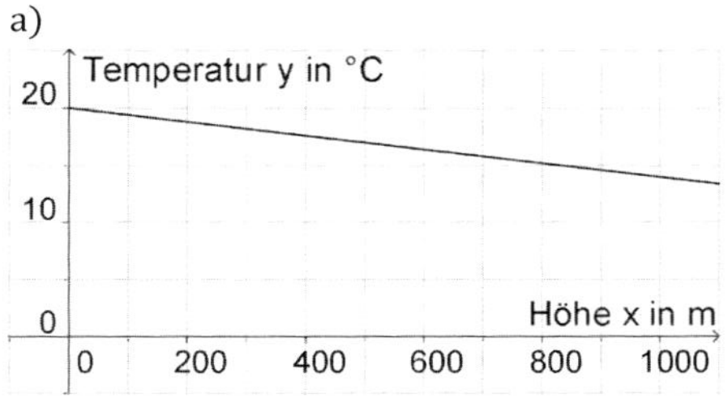

b) Es handelt sich um lineares negatives Wachstum, da die Temperatur bei gleichem Höhenzuwachs um den gleichen Wert abnimmt.

c) $y = -0{,}006x + 20$
(x: Höhe in m; y: Temperatur in °C)

d) Der Höhenunterschied beträgt 850 m. Die Temperatur im Tal ist deshalb um $8{,}5 \cdot 0{,}6\ °C = 5{,}1\ °C$ höher als auf dem Berggipfel, sie beträgt also 12,1 °C.

9

a)

Jahr	Menge an Cäsium-137
1986	2000 kg
2016	**1000 kg**
2046	**500 kg**
2076	**250 kg**
2106	**125 kg**

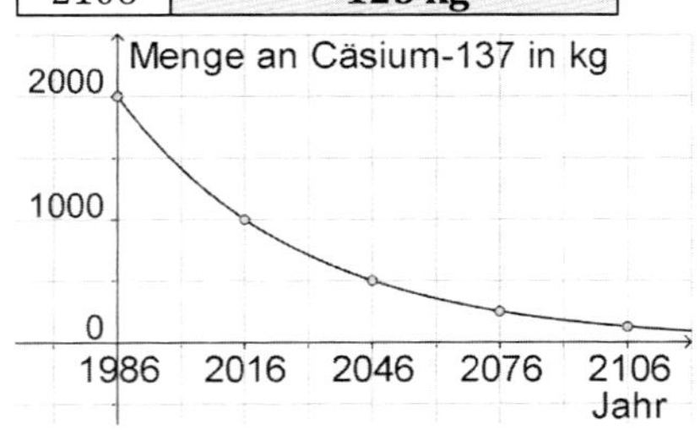

b) Nach 48 220 Jahren, also im Jahr 50 206, ist die Plutoniummenge auf ein Viertel des ursprünglichen Wertes gesunken.

142 10

Es liegt exponentielles negatives Wachstum vor, da sich die Menge der Atomkerne in gleichen Zeitabschnitten um denselben Faktor verringert (in zehn Minuten um den Faktor 0,5).

11

Zeit in h	0	1	2
Temperatur in °C	90,0	81,0	72,9

Zeit in h	3	4	5
Temperatur in °C	65,6	59,0	53,1

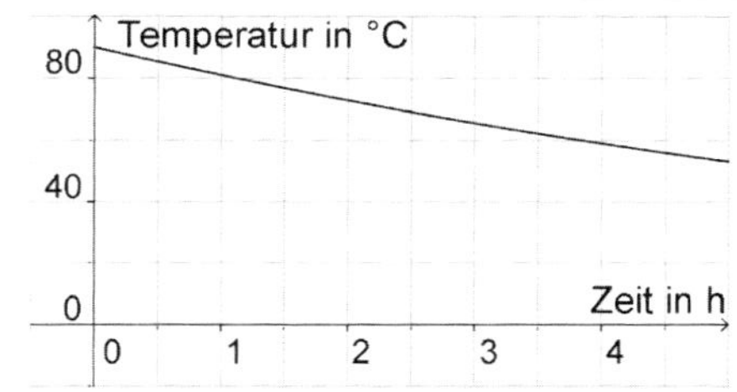

10

a) In zehn Jahren wird die Eisfläche nur noch eine Größe von etwa 3,96 km^2 haben.

b) Vor 30 Jahren hatte die Eisfläche eine Größe von etwa 7,86 Mio. km^2.

11

Zeit in h	0	1	2
Temperatur in °C	950	779	639

Zeit in h	3	4	5
Temperatur in °C	524	430	352

Zeit in h	6	7	8
Temperatur in °C	289	237	194

Nach acht Stunden beträgt die Temperatur des Zylinders noch 194 °C.

143 12

a) Im Jahr 1810 lebten etwa 1 Mrd. Menschen. Bis sich diese Zahl verdoppelte, dauerte es etwa 110 Jahre.

b) 2 Mrd.: 1920; 3 Mrd.: 1965; 4 Mrd.: 1985; 5 Mrd.: 1997; 6 Mrd.: 2000.
Die Verdopplung von 2 Mrd. auf 4 Mrd. dauerte etwa 65 Jahre, die von 3 Mrd. auf 6 Mrd. etwa 35 Jahre. Die für eine Verdopplung benötigte Zeitdauer wurde also immer kürzer.

c) individuelle Lösungen

13

a) Das Guthaben von Herrn Bremer beträgt in 20 Jahren 19 230,56 €.

b) Ein Guthaben von 15 000 € hat in 20 Jahren eine Kaufkraft von 9811,72 €.

c) Ein Guthaben von 19 230,56 € hat in 20 Jahren eine Kaufkraft von 12 578,99 €. Die Kaufkraft des Guthabens ist also heute höher als in 20 Jahren.

13

a) Das Guthaben von Frau Neman beträgt in 20 Jahren 32 768,35 €.

b) Ein Guthaben von 32 768,35 € hat in 20 Jahren eine Kaufkraft von 21 434,26 €. Die Kaufkraft des Guthabens ist also in 20 Jahren höher als heute.

143 **14**

a)

Zeit in h	1	2	3	**4**	**5**	**6**	**7**	**8**	**9**	**10**
Konzentration in %	80	64	**51,2**	**41**	**32,8**	**26,2**	**21**	**16,8**	**13,4**	**10,7**

Zeit in h	**11**	**12**	**13**	**14**	**15**	**16**	**17**	**18**	**19**	**20**
Konzentration in %	**8,6**	**6,9**	**5,5**	**4,4**	**3,5**	**2,8**	**2,3**	**1,8**	**1,4**	**1,2**

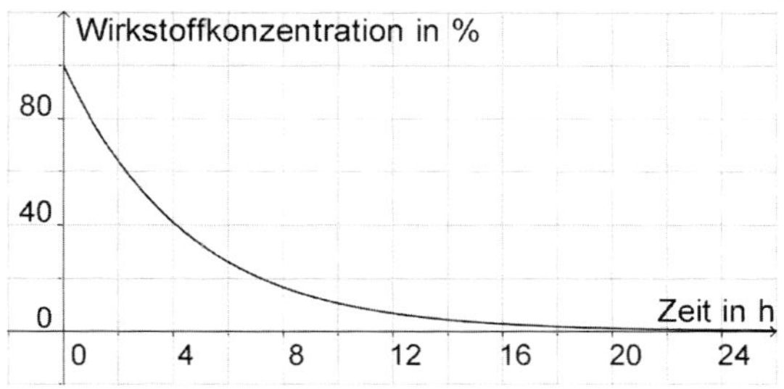

b) $w_n = 100 \cdot 0{,}8^n$

c) Eine Stunde vorher betrug die Konzentration 37,5 %.

15

a)

Seitenlänge in cm	1	2	3	**4**	**5**	**6**	**7**	**8**	**9**	**10**	**11**	12
Flächeninhalt in cm²	1	**4**	**9**	**16**	**25**	**36**	**49**	**64**	**81**	**100**	**121**	**144**

b) Bei linearem Wachstum müsste die Differenz aufeinanderfolgender Funktionswerte konstant sein, bei exponentiellem Wachstum der Quotient aufeinanderfolgender Funktionswerte. Beides ist nicht der Fall.

Trigonometrie

148 Noch fit?

1

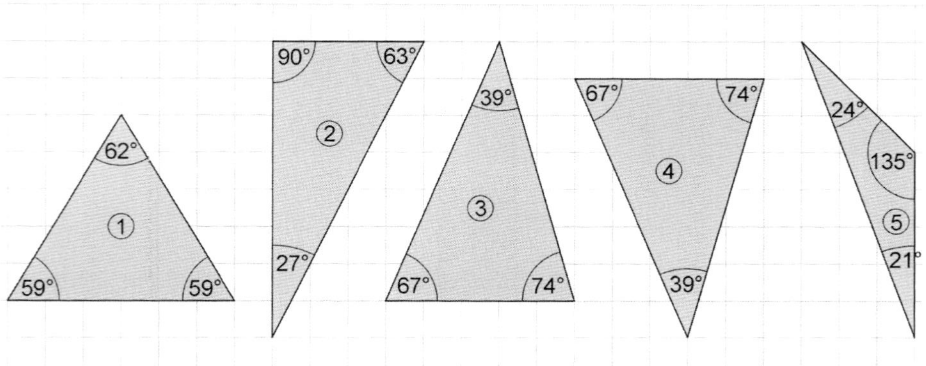

a) siehe Abbildung
b) Der 90°-Winkel von Dreieck ② ist ein rechter Winkel; der 135°-Winkel von Dreieck ⑤ ist ein stumpfer Winkel. Alle anderen Innenwinkel der Dreiecke sind spitze Winkel.
c) siehe Abbildung

2
Zeichenübung

3
a) $\beta = 37°$ b) $\alpha = 88°$
c) $\gamma = 47°$

4
a) Die Winkelsumme in einem Dreieck *ABC* beträgt **180°**.
b) Im Dreieck *ABC* liegt die Seite *a* dem Winkel $\boldsymbol{\alpha}$ gegenüber.
c) Im Dreieck *ABC* liegt der Winkel $\boldsymbol{\beta}$ der Seite ***b*** gegenüber.
d) Wenn in einem Dreieck *ABC* alle drei Winkel gleich groß sind, dann beträgt ihre Größe jeweils **60°**.

1
a) Die Dreiecke ①, ③ und ④ sind spitzwinklig. Dreieck ② ist rechtwinklig; Dreieck ⑤ ist stumpfwinklig.
b) siehe Abbildung. Die Innenwinkelsumme beträgt in allen Dreiecken 180°.

2
Zeichenübung. Unterschiede zu 180°:
a) 111° b) 64° c) 25°

3
a) $\beta = 74°$ b) $\gamma = 36°$; $\alpha = 126°$
c) $\beta = 37°$; $\gamma = 69°$

4
a) In einem Dreieck *ABC* ist der Punkt *B* der Scheitelpunkt des Winkels β.
b) Ein Dreieck *ABC* kann mehrere **spitze** Winkel haben.
c) Ein Dreieck *ABC* kann höchstens einen **rechten** oder einen **stumpfen** Winkel haben.
d) In einem gleichschenkligen Dreieck sind mindestens **zwei** Seiten gleich lang und mindestens **zwei** Winkel gleich groß.

149 5
a) Maßstab 1 : 2

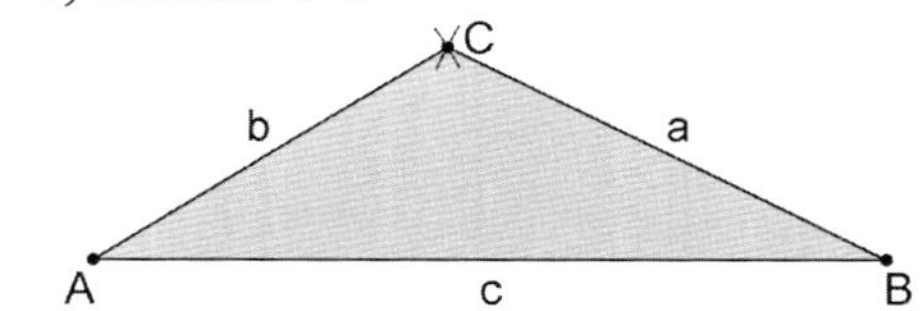

b) Maßstab 1 : 1

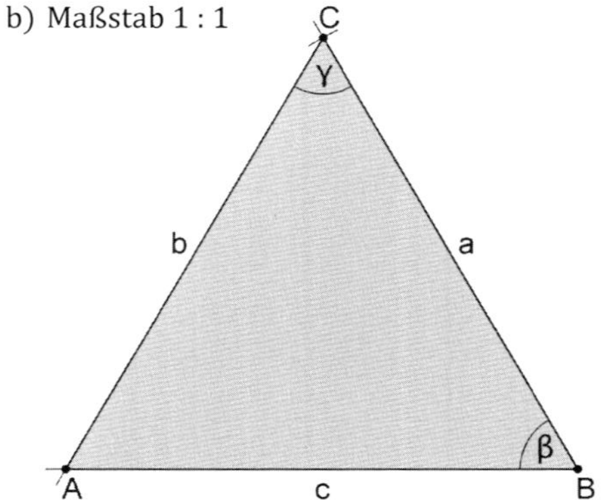

6
a) – c)

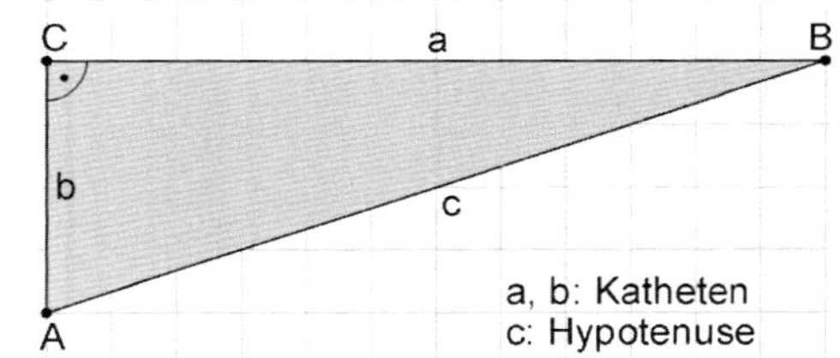

a, b: Katheten
c: Hypotenuse

5
a) Maßstab 1 : 2

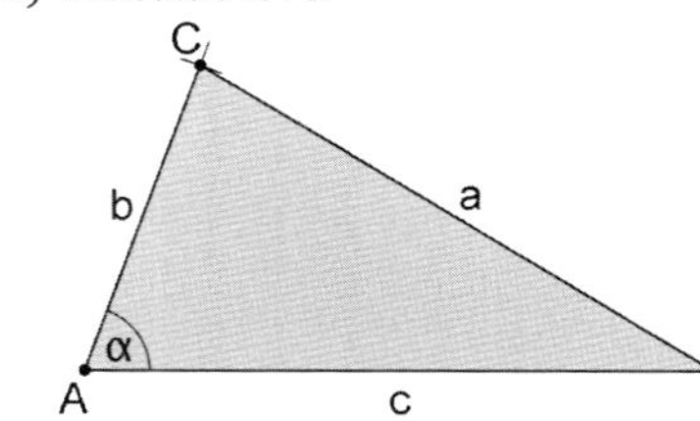

b) Maßstab 1 : 1

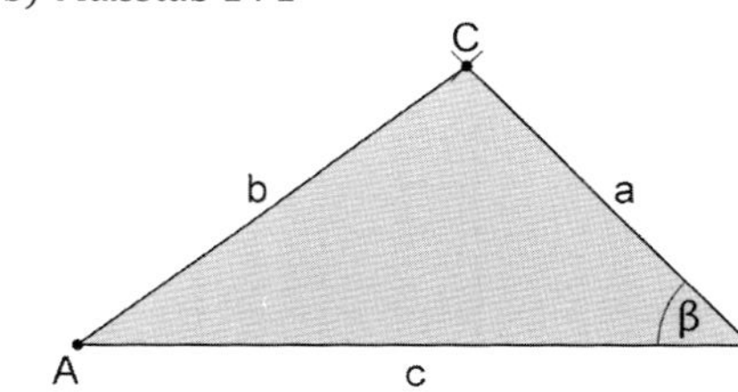

6
a), b)

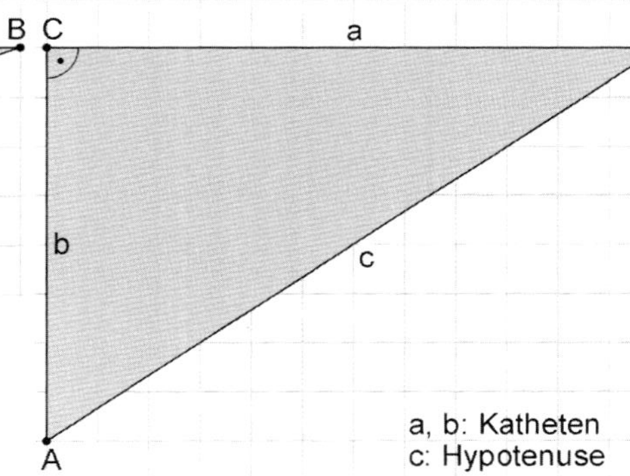

a, b: Katheten
c: Hypotenuse

c)

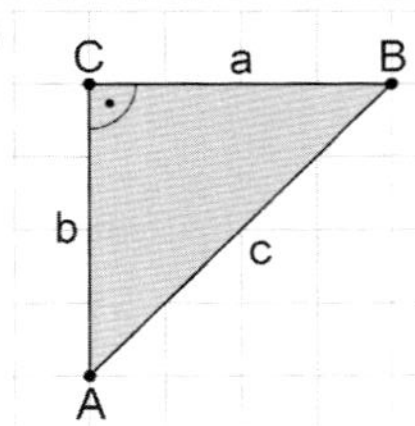

Die Katheten in diesem Dreieck sind gleich lang.

149 **7**
a) $c \approx 7{,}81$ cm   b) $a \approx 8{,}94$ cm
c) $b \approx 9{,}54$ cm

8
a) $x = 70$ mm   b) $x = 4{,}5$ cm

9
Der Drachen befindet sich 60 m über dem Boden.

10
Nach dem Satz des Pythagoras ist ein Dreieck genau dann rechtwinklig, wenn das Quadrat der längsten Seite gleich der Summe der Quadrate der beiden anderen Seiten ist.
a) $c^2 = 25\text{ cm}^2 = a^2 + b^2$
Das Dreieck ist rechtwinklig.
b) $c^2 = 49\text{ cm}^2 \neq a^2 + b^2 = 58{,}25\text{ cm}^2$
Das Dreieck ist nicht rechtwinklig.
c) $a^2 = 136{,}89\text{ cm}^2 \neq b^2 + c^2 = 113\text{ cm}^2$
Das Dreieck ist nicht rechtwinklig.

7
a) $b \approx 7{,}11$ cm   b) $c \approx 6{,}72$ cm
c) $a \approx 8423$ m

8
a) $x = 6{,}4$ cm   b) $x \approx 13{,}6$ cm

9
a) Der Funkturm ist 131 m hoch.
b) Wenn der Funkturm 111 m hoch ist und die Abspannseile an den gleichen Punkten verankert werden wie vorher, ist jedes Abspannseil 172,5 m lang. Werden die Abspannseile hingegen näher am Turm verankert, so dass der Winkel, den sie mit dem Boden bilden, gleich bleibt, ist jedes Seil 157,6 m lang.

10
Nach dem Satz des Pythagoras ist ein Dreieck genau dann rechtwinklig, wenn das Quadrat der längsten Seite gleich der Summe der Quadrate der beiden anderen Seiten ist.
a) $c^2 = 16\text{ cm}^2 \neq a^2 + b^2 = 16{,}25\text{ cm}^2$
Das Dreieck ist nicht exakt rechtwinklig, aber näherungsweise:
$\sqrt{a^2 + b^2} \approx 4{,}03\text{ cm} \approx 4\text{ cm} = c$
b) $b^2 = 40{,}96\text{ m}^2 \neq a^2 + c^2 = 30{,}76\text{ m}^2$
Das Dreieck ist nicht rechtwinklig.
c) $a^2 = 118{,}81\text{ cm}^2 = b^2 + c^2$
Das Dreieck ist rechtwinklig.

Die Steigung in rechtwinkligen Dreiecken

150 Entdecken

1
Auf 100 m waagerechter Strecke steigt die Straße um 20 m an.

2
a) Die Steigung ist der Quotient aus Höhenunterschied und Horizontalunterschied.
b) Auf 100 m horizontaler Strecke wird ein Höhenunterschied von 80 m überwunden.

3
a) Zeichenübung
b) Die Steigung beträgt 6 %.

151 Üben und anwenden

1
Zeichenübung

2
a) 50 %   b) 78,3 %

3

	Höhenunterschied	Horizontalunterschied	Steigung
a)	1200 m	4000 m	**30 %**
b)	3 cm	10 cm	**30 %**
c)	**5 m**	100 m	5 %
d)	**450 m**	5000 m	9 %
e)	**460 m**	2000 m	23 %
f)	**46,8 m**	780 m	6 %
g)	84 m	**700 m**	12 %

4
a) Die Steigung beträgt 100 %.
b) Die Steigung beträgt 100 % wie bei a), da der Quotient aus Höhenunterschied und Horizontalunterschied hier ebenfalls gleich 1, also gleich 100 % ist.

1
a) Zeichenübung
b) Bei einer Steigung von 100 % ist das Steigungsdreieck gleichschenklig-rechtwinklig.

2
a) 76,9 %   b) 78,1 %

3
a) Höhenunterschied: 960 m
b) Höhenunterschied: 500 m
c) Horizontalunterschied: 300 m
d) Horizontalunterschied: 25 km

4
a) Zeichenübung
b) Horizontalunterschied: 1100 m;
Höhenunterschied:
20 m + 17,5 m + 52,5 m = 90 m;
durchschnittliche Steigung: 8,18 %
c) Die Steigung ist meist nicht überall gleich groß. Sie kann an verschiedenen Stellen des Weges nach oben oder nach unten vom Durchschnitt abweichen.

5

	Lift	Übungslift	Schaidberg-doppelsessellift	Gamskarllift
a)	horizontale Entfernung	220 m	710 m	400 m
b)	Höhenunterschied	70 m	330 m	40 m
c)	durchschnittliche Steigung	31,8 %	46,5 %	10 %

Der Tangens eines Winkels

152 Entdecken

1

a) Zeichenübung

b) Das Seitenverhältnis ist bei allen drei Dreiecken gleich, es beträgt immer etwa 0,65.

2

Die Gegenkathete ist die dem Winkel α gegenüberliegende Dreiecksseite. Die Ankathete ist diejenige Seite, die α und dem rechten Winkel anliegt. Sie ist die kürzere der beiden dem Winkel α anliegenden Seiten.

3

Die Seitenlängen des Dreiecks ändern sich beim Vergrößern, der Winkel α und das Seitenverhältnis $a : b$ jedoch nicht.

153 Üben und anwenden

1

a)
- Die Gegenkathete von α ist a.
- Die Ankathete von α ist b.
- Die Hypotenuse ist c.
- Die Ankathete von β ist a.
- Die Gegenkathete von β ist b.

b) $\tan\alpha = \frac{a}{b}$; $\tan\beta = \frac{b}{a}$

2

Übung mit dem Taschenrechner

3

a) 1 b) 0,2126 c) 0,7002
d) 0,1763 e) 3,4874 f) 5,6713

1

a) Gegenkathete von α: ① f ④ a
Ankathete von α: ① g ④ b
Gegenkathete von β: ① g ④ b
Ankathete von β: ① f ④ a
Bei den Dreiecken ② und ③ ist eine Angabe von Gegenkatheten und Ankatheten nicht möglich, da diese Dreiecke nicht rechtwinklig sind.

b) ① $\tan\alpha = \frac{f}{g} = \frac{1{,}85\text{ cm}}{1{,}85\text{ cm}} = 1$

$\tan\beta = \frac{g}{f} = \frac{1{,}85\text{ cm}}{1{,}85\text{ cm}} = 1$

b) ④ $\tan\alpha = \frac{a}{b} = \frac{1{,}3\text{ cm}}{1{,}65\text{ cm}} \approx 0{,}79$

$\tan\beta = \frac{b}{a} = \frac{1{,}65\text{ cm}}{1{,}3\text{ cm}} \approx 1{,}27$

3

a) 0,3249 b) 0,7265 c) 1,3764
d) 3,0777 e) 57,2900 f) 572,9572
Für $\alpha < 45°$ ist $\tan\alpha < 1$; für $\alpha > 45°$ ist $\tan\alpha > 1$. Bei Annäherung von α an 90° werden die Werte von $\tan\alpha$ sehr groß.

153

4

a) $\alpha = 45°$ b) $\alpha \approx 63{,}4°$
c) $\alpha \approx 71{,}6°$ d) $\alpha \approx 76{,}0°$

5

a) $\beta \approx 14{,}0°$
b) $\alpha \approx 26{,}6°$

6

	Gegenkathete	Ankathete	$\tan\beta$	β
a)	4,6 cm	8 cm	**0,575**	**29,9°**
b)	5 cm	5 cm	**1**	**45°**
c)	6 cm	2 cm	**3**	**71,6°**
d)	120 mm	6,5 cm	**1,8462**	**61,6°**

3 *(Fortsetzung)*

g) Wird z. B. in der Zeichnung zu Aufgabe 1 links der Winkel α vergrößert, so dass er sich 90° nähert, und b konstant gehalten, so wächst die Gegenkathete a zu α ins Unendliche. Für $\alpha = 90°$ (exakt) sind a und c parallel und es entsteht kein Dreieck mehr. Deshalb lässt sich tan 90° nicht sinnvoll definieren.

4

a) $\alpha \approx 43{,}5°$ b) $\alpha \approx 79{,}9°$
c) $\alpha \approx 40{,}5°$ d) $\alpha \approx 70{,}0°$

5

a) $\alpha \approx 47{,}3°$; $\beta \approx 42{,}7°$
b) $\alpha \approx 57{,}6°$; $\beta \approx 32{,}4°$

6

a) $\alpha \approx 25°$; $\beta \approx 65°$
b) $\alpha = \beta = 60°$

Der Sinus eines Winkels

154 Entdecken

1

	α	a	b	$\frac{a}{b}$
①	33°	1,3 cm	2,4 cm	**0,542**
②	33°	1,9 cm	3,5 cm	**0,543**
③	33°	2,5 cm	4,6 cm	**0,543**

Die Quotienten $\frac{a}{b}$ stimmen annähernd überein.

Zum Weiterarbeiten

Individuelle Lösungen. Beispiele:

	α	a	b	c
④	33°	3,3 cm	6,1 cm	5,1 cm
⑤	33°	3,8 cm	7 cm	5,9 cm
⑥	33°	4,7 cm	8,6 cm	7,2 cm

154 2

	β	c	b	$\frac{c}{b}$
①	57°	2,02 cm	2,4 cm	**0,842**
②	57°	2,94 cm	3,5 cm	**0,840**
③	57°	3,86 cm	4,6 cm	**0,839**

Die Quotienten $\frac{c}{b}$ stimmen annähernd überein.

3

Die Seitenlängen des Dreiecks ändern sich beim Vergrößern, der Winkel α und das Seitenverhältnis $a : c$ jedoch nicht.

155 Üben und anwenden

1

Die Gegenkathete von α ist a.
Die Gegenkathete von β ist b.
$\sin\alpha = \frac{a}{c}$; $\sin\beta = \frac{b}{c}$

2

a) 0,7071 b) 0,3420 c) 0,5736
d) 0,1736 e) 0,1392 f) 0,9659

3

a) $\alpha \approx 21{,}6°$ b) $\alpha \approx 60{,}6°$
c) $\alpha \approx 2{,}9°$ d) $\alpha \approx 64{,}2°$

4

a) $\beta \approx 48{,}6°$
b) $\alpha \approx 14{,}5°$

1

a) $\sin\alpha = \frac{a}{b}$; $\sin\gamma = \frac{c}{b}$

b) $\sin\beta = \frac{b}{a}$; $\sin\gamma = \frac{c}{a}$

2

α	0°	10°	20°
$\sin\alpha$	**0**	**0,1736**	**0,3420**

α	30°	40°	50°
$\sin\alpha$	**0,5**	**0,6428**	**0,7660**

α	60°	70°	80°
$\sin\alpha$	**0,8660**	**0,9397**	**0,9848**

Es liegt kein lineares Wachstum vor, da die Differenzen aufeinanderfolgender Werte von $\sin\alpha$ bei Erhöhung von α um jeweils 10° nicht gleich sind, sondern mit größer werdendem α immer kleiner werden.

3

α	15°	**30°**	**45°**	60°	**75°**
$\sin\alpha$	**0,259**	0,5	0,707	**0,866**	0,966

4

a) $\beta \approx 61°\ldots 62°$; $\gamma \approx 28°\ldots 29°$
b) $\alpha \approx 60°$; $\gamma \approx 30°$

155 5

	a	c	$\sin\alpha$	α
a)	4,5 cm	6,0 cm	**0,75**	**48,6°**
b)	1,9 cm	8,4 cm	**0,2262**	**13,1°**
c)	4,0 cm	7,1 cm	**0,5634**	**34,3°**

6

a) $\alpha \approx 16{,}7°$; $\beta \approx 73{,}3°$
b) Zeichenübung

7

In einem rechtwinkligen Dreieck mit dem spitzen Innenwinkel α gilt:
$\sin\alpha = \frac{\text{Gegenkathete von } \alpha}{\text{Hypotenuse}}$.
Da die Hypotenuse die längste Seite im rechtwinkligen Dreieck ist, ist dieser Quotient stets kleiner als 1.

5

a)

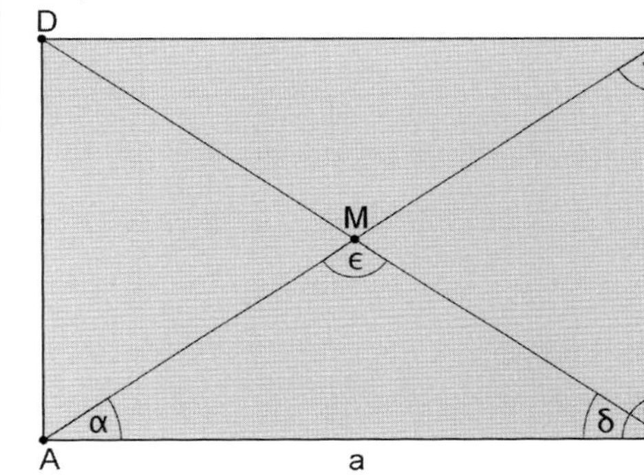

b) $\tan\alpha = \frac{b}{a} = \frac{2}{3}$; $\alpha \approx 33{,}7°$;
$\beta = 90°$; $\gamma = 90° - \alpha \approx 56{,}3°$
c) $\alpha = \delta \approx 33{,}7°$; $\varepsilon = 180° - 2\alpha \approx 112{,}6°$

6

a) $\alpha \approx 16{,}7°$; $\beta \approx 73{,}3°$
b) Zeichenübung
c) gesuchte Länge: $x = 1{,}8$ m

Der Kosinus eines Winkels

156 Entdecken

1

a) individuelle Lösungen
b) Für alle drei Dreiecke muss sich annähernd derselbe Quotient $\frac{c}{b}$ ergeben.

2

a)

	α	a	b	c	$\frac{c}{b}$
①	35°	1,75 cm	3,05 cm	2,5 cm	**0,820**
②	35°	2,45 cm	4,27 cm	3,5 cm	**0,820**
③	35°	3,15 cm	5,5 cm	4,5 cm	**0,818**

156 2 *(Fortsetzung)*

b) Die Quotienten $\frac{c}{b}$ stimmen annähernd überein.

157 Üben und anwenden

1

a) Ankathete von β: c
Ankathete von γ: b
$\cos\beta = \frac{c}{a}$; $\cos\gamma = \frac{b}{a}$

b) Ankathete von α: b
Ankathete von β: a
$\cos\alpha = \frac{b}{c}$; $\cos\beta = \frac{a}{c}$

2

a) $\cos 10° \approx 0{,}9848$
b) $\cos 82° \approx 0{,}1392$
c) $\cos 70° \approx 0{,}3420$
d) $\cos 45° \approx 0{,}7071$
e) $\cos 57° \approx 0{,}5446$
f) $\cos 87° \approx 0{,}0523$

3

a) $\alpha \approx 48{,}9°$ b) $\alpha \approx 41{,}3°$
c) $\alpha \approx 30°$ d) $\alpha = 60°$

4

a) $\alpha \approx 46{,}6°$
b) $\beta \approx 55{,}8°$

5

a) $\alpha \approx 68°$; $65° < \alpha < 75°$
Die Leiter steht sicher.
b) Zeichenübung
c) $\alpha \approx 75{,}5° > 75°$
Bei 2 m Abstand steht die Leiter nicht mehr sicher.
d) $\alpha = 60° < 65°$
Auch bei 4 m Abstand steht die Leiter nicht mehr sicher.

1

a) $\cos\alpha = \frac{c}{b}$
$\cos\gamma = \frac{a}{b}$

b) $\cos\alpha = \frac{a}{e}$
$\cos\beta = \frac{b}{e}$

2

a) $0{,}3090 \approx \cos 72° < \cos 12° \approx 0{,}9781$
b) $0{,}7071 \approx \cos 45° > \cos 46° \approx 0{,}6947$
c) $0{,}99996 \approx \cos 0{,}5° > \cos 50° \approx 0{,}6428$
d) $0{,}9998 \approx \cos 1° > \cos 89° \approx 0{,}0175$
e) $0{,}0872 \approx \cos 85° < \sin 85° \approx 0{,}9962$
f) $0{,}9962 \approx \cos 5° > \sin 5° \approx 0{,}0872$

3

α	15°	**30°**	**45°**
$\cos\alpha$	**0,966**	0,866	0,707

α	60°	**75°**	**89°**
$\cos\alpha$	**0,5**	0,259	0,017

4

a) $\alpha \approx 27{,}3°$; $\beta \approx 62{,}7°$
b) $\alpha \approx 53{,}7°$; $\beta \approx 36{,}3°$

5

a) $\cos\alpha = \frac{0{,}5 \cdot (21\text{ m} - 15\text{ m})}{4{,}85\text{ m}} = \frac{3\text{ m}}{4{,}85\text{ m}}$
b) $\cos\alpha \approx 0{,}6186$; $\alpha \approx 51{,}8°$
c)

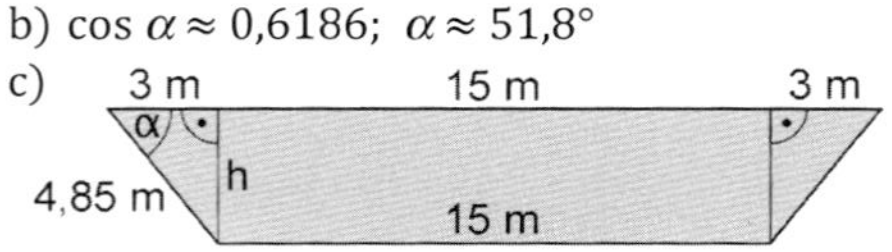

d) $h = \sqrt{(4{,}85\text{ m})^2 - (3\text{ m})^2} \approx 3{,}81\text{ m}$
oder $h = 4{,}85\text{ m} \cdot \sin\alpha \approx 3{,}81\text{ m}$
oder $h = 3\text{ m} \cdot \tan\alpha \approx 3{,}81\text{ m}$
Der Kanal ist 3,81 m tief.

157 **6**

In einem rechtwinkligen Dreieck mit dem spitzen Innenwinkel α gilt:
$\cos\alpha = \frac{\text{Ankathete von }\alpha}{\text{Hypotenuse}}$.
Da die Hypotenuse die längste Seite im rechtwinkligen Dreieck ist, ist dieser Quotient stets kleiner als 1.

Streckenberechnungen am rechtwinkligen Dreieck

158 Entdecken

1

a) Es ist zu prüfen, ob gilt: $\tan\alpha = \frac{h}{l}$, also $\tan 3° = \frac{890\text{ m}}{17\,000\text{ m}}$.
Dies stimmt. Die Angabe ist korrekt.

b) $\tan\alpha = \frac{h}{l}$; Umstellen ergibt: $h = l \cdot \tan\alpha$.
Nach dieser Formel kann die Höhe h berechnet werden.

2

a) ① z. B. Stützpfeiler an einem Gebäude oder Leiter, die an das Gebäude gelehnt wurde
② z. B. Spitzdach, große Stehleiter oder Gestänge eines großen Zeltes
③ Abspannung eines Funkmastes

b) ① $\sin 55° = \frac{12{,}50\text{ m}}{x}$, somit $x = \frac{12{,}50\text{ m}}{\sin 55°} \approx 15{,}26\text{ m}$
② $\cos 31° = \frac{x}{3{,}80\text{ m}}$, somit $x = 3{,}80\text{ m} \cdot \cos 31° \approx 3{,}26\text{ m}$
③ $\cos 60° = \frac{35\text{ m}}{x}$, somit $x = \frac{35\text{ m}}{\cos 60°} = 70\text{ m}$

c) Partnerarbeit

159 Üben und anwenden

1

a) $b = \frac{4\text{ m}}{\tan 42°} \approx 4{,}44\text{ m}$
b) $a = 3{,}2\text{ km} \cdot \tan 39° \approx 2{,}59\text{ km}$

1

a) $b = 45\text{ mm} \cdot \tan 32° \approx 28{,}1\text{ mm}$
b) $h = 3\text{ cm} \cdot \sin 67° \approx 2{,}76\text{ cm}$

159 **2**

	Gegen-kathete	An-kathete	$\tan\beta$	β
a)	**5,65 dm**	7,5 dm	0,7536	**37,0°**
b)	32,40 m	**67,93 m**	**0,4770**	25,5°
c)	156,56 m	**17,28 m**	**9,0579**	83,7°
d)	**7,79 km**	4,5 km	1,7321	**60,0°**
e)	1,2 km	**2,078 km**	0,5774	**30,0°**

3
a) $c = 18$ cm b) $a \approx 14$ cm

4
a) $a = c \cdot \sin\alpha \approx 12{,}0$ cm
b) $a \approx 15{,}4$ cm
c) $a \approx 4{,}40$ cm
d) $a \approx 4{,}91$ cm

5
a) $c \approx 39{,}7$ cm b) $a \approx 3{,}83$ km

6
a) $b = 2$ cm b) $b \approx 7{,}31$ cm
c) $a \approx 40{,}1$ mm d) $a \approx 1{,}62$ m

7
a)

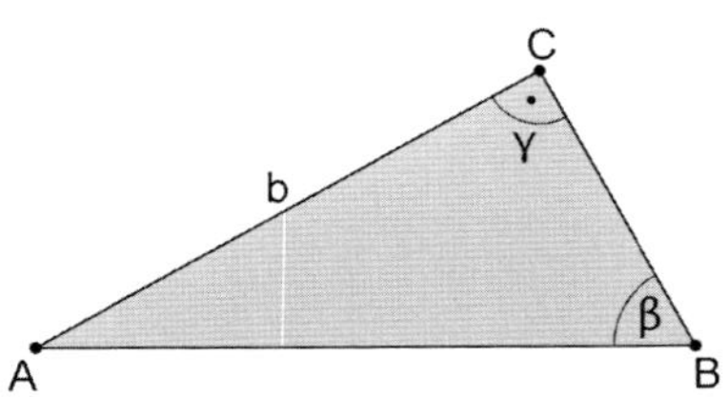

b) $\alpha = 29°$; $a \approx 4{,}43$ cm; $c \approx 9{,}15$ cm

2
a) $a = b \cdot \tan\alpha \approx 12{,}4$ cm
b) $a = \dfrac{b}{\tan\beta} \approx 1{,}2$ cm
c) $a = \dfrac{c}{\tan\gamma} \approx 80{,}5$ mm
d) $c = \dfrac{a}{\tan\alpha} = 5{,}9$ cm
e) $c = \dfrac{b}{\tan\beta} \approx 4{,}08$ km
f) $b = \dfrac{c}{\tan\gamma} \approx 8{,}94$ cm

3
a) $c \approx 3{,}49$ dm b) $a \approx 5{,}09$ cm

4
a) $b = \dfrac{a}{\cos\gamma} \approx 4{,}21$ cm
b) $a = \dfrac{c}{\sin\gamma} \approx 3{,}09$ cm

5
a) $a \approx 72{,}3$ mm b) $a \approx 7{,}92$ cm

6
a) $a \approx 3{,}51$ cm; $b \approx 7{,}19$ cm
b) $a \approx 5{,}77$ m; $c \approx 3{,}04$ m

7
a)

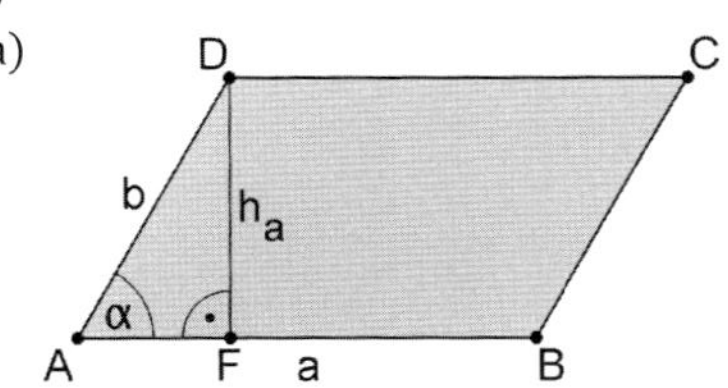

b) $b = \dfrac{h_a}{\sin\alpha} \approx 4{,}04$ cm
$a = 1{,}5b \approx 6{,}06$ cm
$A = a \cdot h_a \approx 21{,}2\ \text{cm}^2$

160 **8**
a) $x \approx 3{,}98$ cm b) $x \approx 2{,}20$ cm c) $x \approx 4{,}34$ cm d) $x \approx 7{,}05$ cm

9
Der Funkmast ist 96,6 m hoch. Lukas hat die beste Schätzung.

160 **10**
Die Tanne ist 17,3 m hoch.

11
a) $h = 6{,}55\ \text{m} \cdot \sin 48° \approx 4{,}87$ m
b) $0{,}5a = 6{,}55\ \text{m} \cdot \cos 48° \approx 4{,}383$ m
$a \approx 8{,}77$ m

10
a) individuell b) Höhe: 1,613 km
c) Sei s die gesuchte Entfernung.
$s = \dfrac{3{,}8\ \text{km}}{\cos 23°} = \dfrac{1{,}613\ \text{km}}{\sin 23°} \approx 4{,}13$ km

11
Entfernung: $s = \dfrac{129\ \text{m}}{\sin 15°} \approx 498$ m
Der Ballon ist 498 m vom Haus entfernt.

Methode: Den Sinussatz entdecken und beweisen

161 Üben und anwenden

1
Fall 1: $\alpha < 90°$; $\gamma < 90°$

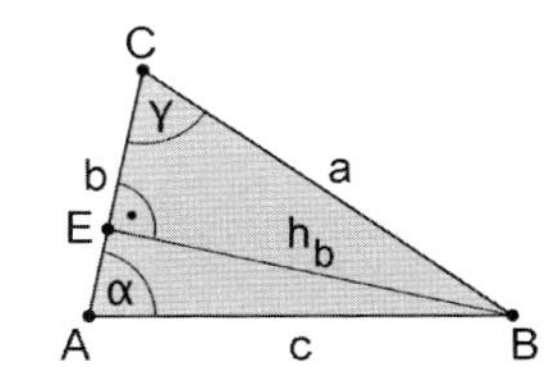

$\sin\alpha = \dfrac{h_b}{c}$; $\sin\gamma = \dfrac{h_b}{a}$
$h_b = a \cdot \sin\gamma = c \cdot \sin\alpha$ | : $(\sin\alpha \cdot \sin\gamma)$
$\dfrac{a}{\sin\alpha} = \dfrac{c}{\sin\gamma}$

Fall 2: $\alpha < 90°$; $\gamma = 90°$

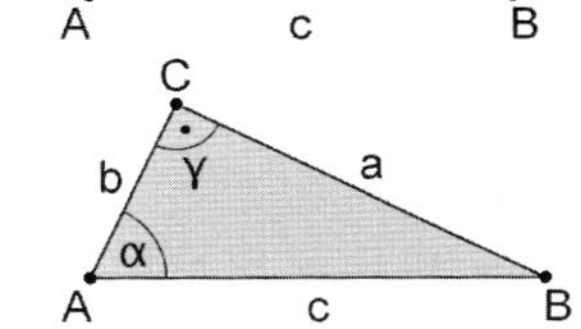

$\sin\alpha = \dfrac{a}{c}$; $\sin\gamma = 1$
$c = \dfrac{a}{\sin\alpha}$; $\dfrac{a}{\sin\alpha} = \dfrac{c}{\sin\gamma}$

Fall 3: $\alpha < 90°$; $\gamma > 90°$

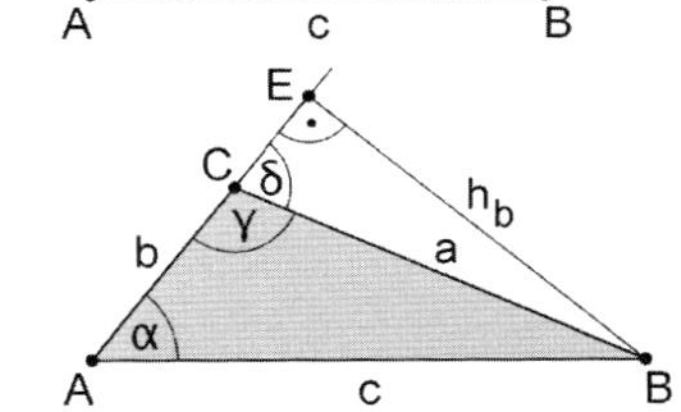

$\sin\alpha = \dfrac{h_b}{c}$; $\sin\gamma = \sin(180° - \gamma) = \sin\delta = \dfrac{h_b}{a}$
$h_b = a \cdot \sin\gamma = c \cdot \sin\alpha$ | : $(\sin\alpha \cdot \sin\gamma)$
$\dfrac{a}{\sin\alpha} = \dfrac{c}{\sin\gamma}$

Fall 4: $\alpha = 90°$; $\gamma < 90°$

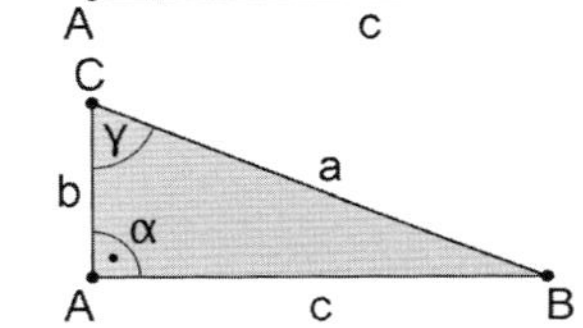

$\sin\alpha = 1$; $\sin\gamma = \dfrac{c}{a}$ | $\cdot \dfrac{a}{\sin\gamma}$
$a = \dfrac{c}{\sin\gamma}$; $\dfrac{a}{\sin\alpha} = \dfrac{c}{\sin\gamma}$

Fall 5: $\alpha > 90°$; $\gamma < 90°$

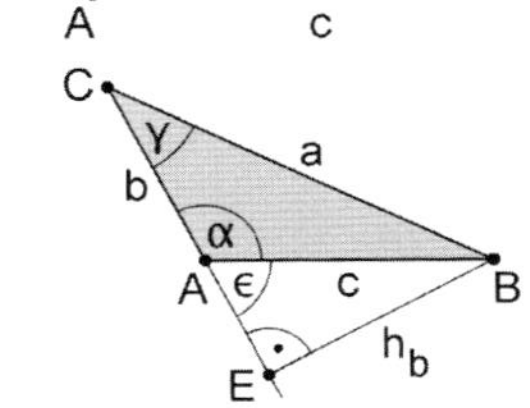

$\sin\alpha = \sin(180° - \alpha) = \sin\varepsilon = \dfrac{h_b}{c}$; $\sin\gamma = \dfrac{h_b}{a}$
$h_b = a \cdot \sin\gamma = c \cdot \sin\alpha$ | : $(\sin\alpha \cdot \sin\gamma)$
$\dfrac{a}{\sin\alpha} = \dfrac{c}{\sin\gamma}$

161 **2**
a) $b \approx 13{,}5$ m b) $\beta \approx 41{,}3°$ c) $c \approx 6{,}93$ cm d) $c \approx 39{,}6$ cm e) $b \approx 4{,}00$ cm

Die Sinusfunktion

162 Entdecken

1
a) individuelle Beschreibungen
- Die Fahrgastgondel überwindet 100 m Höhenunterschied.
- Die Gondel kehrt nach 200 s zum Startpunkt zurück.

b) Zeichenübung

2
a) Die Hypotenusen sind Radien ein und desselben Kreisbogens.
b) individuelle Lösungen

3
a) Es ändern sich die Länge der Strecke a und der Winkel α zwischen der x-Achse und der Strecke $\overline{MP}$. Die Länge der roten Linie a_1 ist gleich der Länge der Gegenkathete a zu α.
b) Die Behauptung ist wahr: $\sin\alpha = \frac{\text{Gegenkathete}}{\text{Hypotenuse}} = \frac{a}{1} = a.$

163 Üben und anwenden

1
Bei beiden EKG-Aufnahmen wiederholen sich die Werte und es gibt Hoch- und Tiefpunkte.
① Dieser Graph ist periodisch.
② Hier gibt es auch nichtperiodische Abschnitte.

2
Beschreibungen individuell. Die Graphen ähneln dem der Sinusfunktion.
Länge einer Periode:
a) $p = 8$ b) $p = 9$

2
a) nicht periodisch
b) periodische Funktion;
Länge einer Periode: $p \approx \frac{18}{7} \approx 2{,}57$

164 **3**
a) 0,643 b) 0,985 c) 0,766
d) –0,5 e) –0,985 f) –0,866

3
a) 0,940 b) 0,961 c) 0
d) –0,988 e) –1 f) 0,707

4

α	0°	15°	30°	45°	60°	75°	90°	105°	120°
$\sin(\alpha)$	0	0,259	0,5	0,707	0,866	0,966	1	0,966	0,866

α	135°	150°	165°	180°	195°	210°	225°	240°	255°
$\sin(\alpha)$	0,707	0,5	0,259	0	–0,259	–0,5	–0,707	–0,866	–0,966

α	270°	285°	300°	315°	330°	345°	360°
$\sin(\alpha)$	–1	–0,966	–0,866	–0,707	–0,5	–0,259	0

164 **4** *(Fortsetzung)*

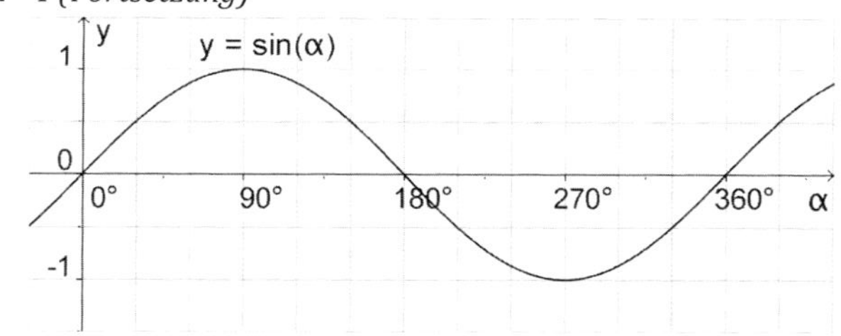

(Darstellung verkleinert)

a) Der Graph steigt von 0° bis 90°, fällt von 90° bis 270° und steigt wieder von 270° bis 360°. Die Funktion hat Nullstellen bei 0°, 180° und 360°. Bei 90° besitzt sie einen Hochpunkt und bei 270° einen Tiefpunkt.
b) Im Intervall]0°; 180°[ist $\sin(\alpha) > 0$; im Intervall]180°; 360°[ist $\sin(\alpha) < 0$.
c) $\sin(\alpha)$ steigt in den Intervallen [0; 90°] und [270°; 360°].
$\sin(\alpha)$ fällt im Intervall[90°; 270°].

5
Beispiele:
a) 0°; 180°; 360° b) 90°; 450°; –270°
c) 270°; 630°; –90°

6
a) 0 b) 1
c) –1 d) 0
e) 0 f) –1
g) 0 h) 1
i) 0 j) –1

7
① $\sin 720° = \sin 900° = \sin 1080° = 0$
$\sin 810° = 1$; $\sin 990° = -1$
Der Graph stellt einen Ausschnitt der Sinusfunktion dar.
② $\sin 630° = -1$ statt 1
kein Ausschnitt der Sinusfunktion

5
a) $x = 0° + k \cdot 180°$ (k ganze Zahl)
b) $x = 90° + k \cdot 360°$ (k ganze Zahl)
c) $x = 270° + k \cdot 360°$ (k ganze Zahl)

6
$\sin 0° = 0 = \sin 180°$
$= \sin(5 \cdot 180°) = \sin 900°$
$\sin 25° = \sin(25° + 360°) = \sin 385°$
$= \sin(25° + 4 \cdot 360°) = \sin 1465°$
$\sin 45° = \sin(45° + 360°) = \sin 405°$
$= \sin(45° + 2 \cdot 360°) = \sin 765°$

7
① $\sin 2160° = \sin 2340° = 0$
$\sin 2250° = 1$
$\sin 2070° = \sin 2430° = -1$
Ausschnitt der Sinusfunktion
② $\sin 1710° = -1$ statt 1
kein Ausschnitt der Sinusfunktion

165 Thema: Trigonometrie im Beruf

1

a) siehe nebenstehende Abbildung

b) Bei einer Körpergröße von 1,78 m kann mit einer Augenhöhe von etwa 1,65 m gerechnet werden.
Höhe des Gebäudes:
$h = 20\text{ m} \cdot \tan 42° + 1{,}65\text{ m} \approx 19{,}7\text{ m}$
Das Gebäude ist etwa 19,7 m hoch.

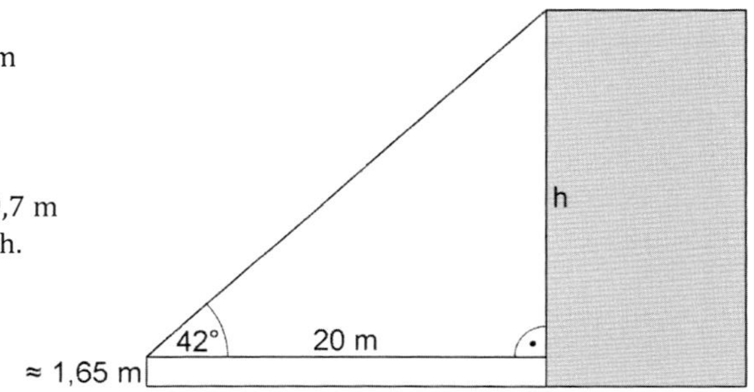

2

Bei einer Körpergröße von 1,78 m kann mit einer Augenhöhe von etwa 1,65 m gerechnet werden.
Sei s die gesuchte Entfernung.

$$s = \frac{157{,}38\text{ m} - 1{,}65\text{ m}}{\tan 83°} \approx 19{,}1\text{ m}$$

Rons Messtrupp ist etwa 19,1 m vom Fuß des Nordturms entfernt.

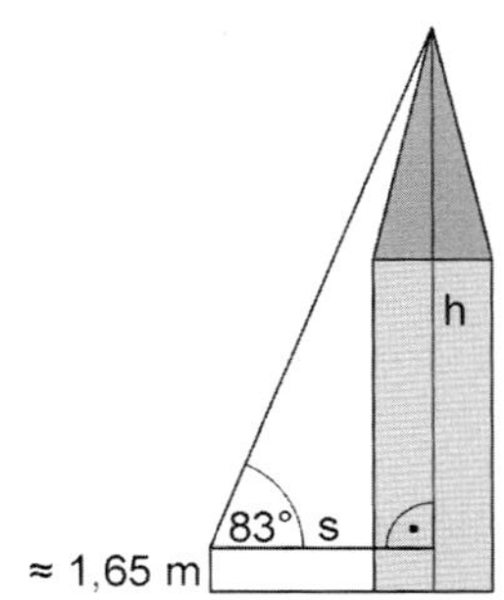

3

a) Sei jeweils b die Breite des Flusses.
Orangefarbene Figur:
Sei a die Entfernung vom Rheinufer bis zum Fußpunkt des Turmes.
$a = 164\text{ m} \cdot \tan 26° \approx 80\text{ m}$; $a + b = 164\text{ m} \cdot \tan 69° \approx 427\text{ m}$; $b = (a + b) - a \approx 347\text{ m}$
Grüne Figur: $b = 360\text{ m} \cdot \tan 45° \approx 360\text{ m}$ oder $b = 590\text{ m} \cdot \tan 31° \approx 355\text{ m}$
Blaue Figur: $b = \frac{140\text{ m}}{\tan 22°} \approx 347\text{ m}$
Die Ergebnisse der Teams Orange und Blau stimmen überein, das Ergebnis des Teams Grün weicht davon ab. Mögliche Ursachen:
- Kleine Abweichungen bei den Winkeln können u. U. große Abweichungen bei den Entfernungen zur Folge haben.
- Es kann auch sein, dass der Fluss nicht überall gleich breit ist.

4

individuell

Klar so weit?

166 Die Steigung in rechtwinkligen Dreiecken

1

	Höhen-unterschied	Horizontal-unterschied	Steigung
a)	2800 m	8000 m	**35 %**
b)	**460 m**	2000 m	23 %
c)	525 m	**3500 m**	15 %

2

a) Höhenunterschied: 8 m
Horizontalunterschied: 200 m

b) durchschnittliche Steigung: 4 %

Der Tangens eines Winkels

3

a) $\tan 64° \approx 2{,}0503$ b) $\alpha \approx 40{,}7°$

c) $\tan 22{,}5° \approx 0{,}4142$ d) $\alpha \approx 68{,}2°$

4

	Gegen-kathete	An-kathete	$\tan\alpha$	α
a)	3,8 cm	4,0 cm	**0,95**	**43,5°**
b)	2,5 cm	4,7 cm	**0,5319**	**28,0°**
c)	12,6 m	83 cm	**15,181**	**86,2°**

Der Sinus eines Winkels

5

Die Gegenkathete von α ist a.
Die Gegenkathete von γ ist c.
$\sin\alpha = \frac{a}{b}$; $\sin\gamma = \frac{c}{b}$

6

	a	c	$\frac{a}{c} = \sin\alpha$	α
a)	34 cm	92 cm	**0,3696**	**21,7°**
b)	4,2 cm	7,1 cm	**0,5915**	**36,3°**

1

a) Horizontalunterschied: 1100 m

b) Höhenunterschied: 46,8 m

c) Steigung: ≈ 1,26 %
Straße a) ist steiler als Straße b);
Straße b) ist steiler als Straße c).

2

a) durchschnittliche Steigung: 6,5 %

b) Eine Straße steigt meist nicht überall gleichmäßig an.

3

α	0°	**12,4°**	38°	**85°**	152°
$\tan\alpha$	**0**	0,22	**0,7813**	11,43	**−0,5317**

4

a) $\alpha \approx 29{,}7°$; $\beta \approx 60{,}3°$

b) $\beta \approx 29{,}2°$; $\gamma \approx 60{,}8°$

5

a) $\sin\alpha = \frac{a}{c}$; $\sin\beta = \frac{b}{c}$

b) $\sin\beta = \frac{b}{a}$; $\sin\gamma = \frac{c}{a}$

6

a) $\sin\alpha = \frac{a}{c} \approx 0{,}4457$; $\alpha \approx 26{,}5°$

b) $\sin\gamma = \frac{c}{b} \approx 0{,}8333$; $\gamma \approx 56{,}4°$

167 Der Kosinus eines Winkels

7

a) $\cos\alpha = \frac{c}{b} \approx 0{,}7738$

b) $\cos\gamma = \frac{a}{b} \approx 0{,}6310$

7

a) $\cos\gamma = \frac{a}{b} \approx 0{,}5333;\ \gamma \approx 57{,}8°$

b) $\cos\gamma = \frac{b}{a} \approx 0{,}5546;\ \gamma \approx 56{,}3°$

8

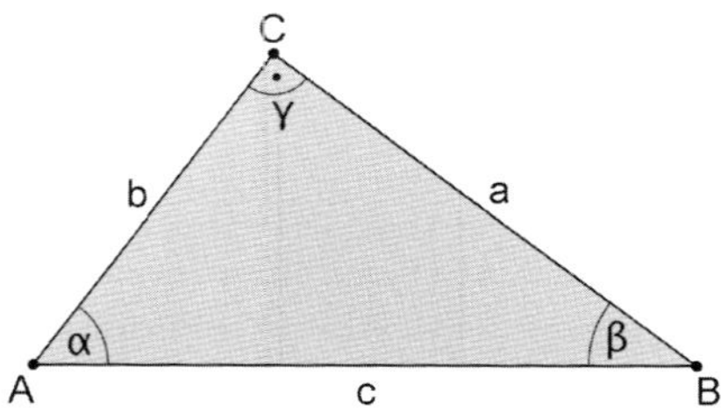

$\cos\beta = \frac{a}{c} = 0{,}8;\ \beta \approx 36{,}9°$

8

$\sin\alpha = \frac{a}{c} \approx 0{,}6207;\ \alpha \approx 38{,}4°;$

$\beta = 90° - \alpha \approx 51{,}6°$

Streckenberechnungen am rechtwinkligen Dreieck

9

a) $a \approx 31{,}7$ m b) $a \approx 6{,}01$ cm
$c \approx 11{,}67$ cm

9

a) $h \approx 1{,}06$ cm b) $a \approx 5{,}05$ m
$e \approx 9{,}80$ m

10

a) $a = c \cdot \sin\alpha \approx 12{,}04$ cm

b) $a = c \cdot \cos\beta \approx 5{,}14$ cm

10

a) $c = \frac{a}{\sin\alpha} \approx 42{,}68$ cm

b) $c = \frac{a}{\cos\beta} \approx 6{,}40$ cm

11

a) Zeichenübung

b) Der Höhenunterschied beträgt 39,7 cm.

11

Der Drachen befindet sich in 20,1 m Höhe.

Die Sinusfunktion

12

x	0°	30°	45°	60°	90°
$\sin x$	0	0,5	0,707	0,866	1

x	120°	135°	150°	180°	210°
$\sin x$	0,866	0,707	0,5	0	-0,5

x	240°	270°	300°	330°	360°
$\sin x$	-0,866	-1	-0,866	-0,5	0

12

x	-180°	-150°	-120°	-90°	-60°
$\sin x$	0	-0,5	-0,866	-1	-0,866

x	-45°	-30°	0°	30°	45°
$\sin x$	-0,707	-0,5	0	0,5	0,707

x	60°	90°	120°	150°	180°
$\sin x$	0,866	1	0,866	0,5	0

167 12 *(Fortsetzung)*

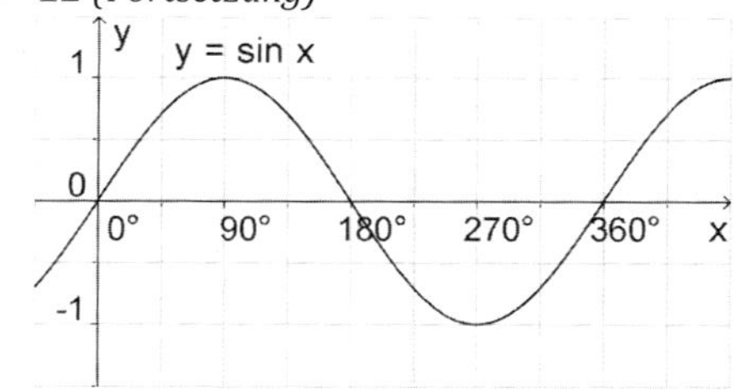

13

Graph ① zeigt die Sinusfunktion, denn es ist z. B. sin 0° = 0 und sin 90° = 1.

12 *(Fortsetzung)*

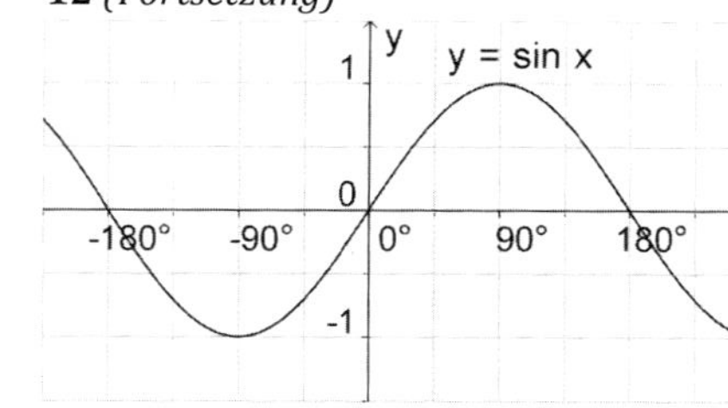

13

Graph ② zeigt einen Ausschnitt der Sinusfunktion, denn es ist z. B. sin 270° = -1 und sin 360° = 0.

168 Vermischte Übungen

1

a) durchschnittliche Steigung: 20 %

b)

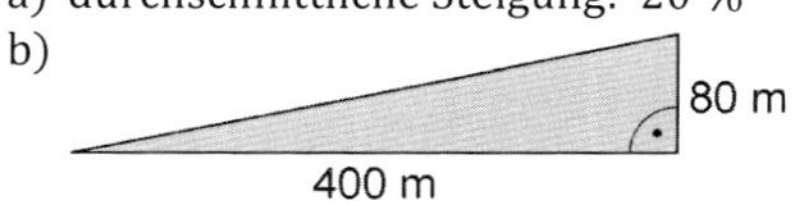

1

Steigungswinkel: 11,3°
Horizontalunterschied: 686 m
Höhenunterschied: 137 m

2

a) ② b) ① c) ①
g) individuelle Aufgaben und Lösungen

d) ②, ③ e) ①, ② f) ③

3

a) ① $\frac{b}{d} = \sin\beta$ ② $\frac{c}{d} = \cos\beta$

b) ① $\frac{b}{c} = \cos\alpha$ ② $\frac{a}{b} = \tan\alpha$

c) ① $\frac{f}{d} = \sin\varphi$ ② $\frac{e}{d} = \cos\varphi$

d) ① $\frac{f}{d} = \sin\varphi$ ② $\frac{f}{e} = \tan\varphi$

3

a) ① $\sin\alpha = \frac{a}{c}$ ② $\cos\beta = \frac{a}{c}$

b) ① $\cos\alpha = \frac{b}{c}$ ② $\tan\beta = \frac{b}{a}$

c) ① $\sin\varepsilon = \frac{e}{d}$ ② $\tan\varepsilon = \frac{e}{f}$

d) ① $\sin\alpha = \frac{y}{x}$ ② $\tan\alpha = \frac{y}{z}$

4

a) $\alpha \approx 61{,}0°;\ \beta \approx 29{,}0°$
c) $\gamma \approx 40{,}6°;\ \delta \approx 49{,}4°$

b) $\beta \approx 51{,}5°;\ \gamma \approx 38{,}5°$
d) $\alpha \approx 53{,}7°;\ \delta \approx 36{,}3°$

168 **5**

a)

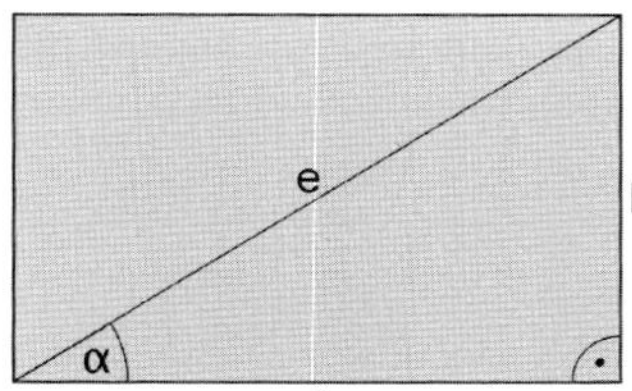

Maßstab 1 : 8

b) Der Steigungswinkel beträgt 32°.
$\tan\alpha = 0{,}625$; $\alpha \approx 32°$

169 **6**

a) $\cos 48° = \frac{x}{9\text{ m}}$; $x \approx 6{,}02$ m

c) $\tan 52° = \frac{x}{3{,}9\text{ m}}$; $x \approx 4{,}99$ m

7

$c \approx 3{,}01$ m; $\beta = 72{,}5°$

8

a) $\beta = 47°$; $a \approx 3{,}64$ cm; $c \approx 5{,}33$ cm
b) $\alpha = 43°$; $a \approx 3{,}82$ cm; $c \approx 5{,}61$ cm
c) $\gamma = 58°$; $a \approx 4{,}91$ cm; $c \approx 4{,}16$ cm
d) $\gamma = 19°$; $a \approx 19{,}17$ cm; $b \approx 20{,}27$ cm
e) $\alpha = 76°$; $a \approx 20{,}86$ cm; $b \approx 21{,}49$ cm
f) $\beta = 61°$; $a \approx 7{,}84$ cm; $b \approx 6{,}86$ cm
g) $\beta = 64°$; $a \approx 3{,}27$ cm; $c \approx 7{,}45$ cm

9

a) ① $\alpha = 30°$; $\beta = 60°$; $\gamma = 90°$ oder
② $\alpha = 30°$; $\beta = 90°$; $\gamma = 60°$

b) Beispiel zu ①:
$a = 2$ cm; $b \approx 3{,}46$ cm; $c = 4$ cm
Beispiel zu ②:
$a = 2{,}5$ cm; $b = 5$ cm; $c \approx 4{,}33$ cm

5

a)

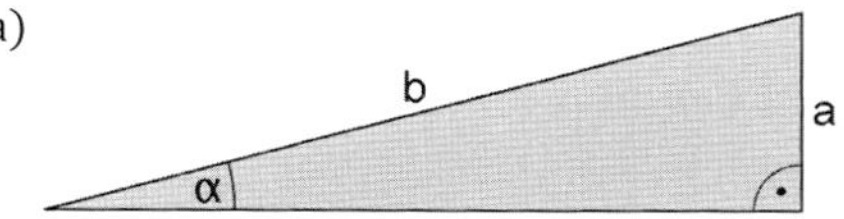

Der Steigungswinkel beträgt etwa 15°.

b) $\tan\alpha = 0{,}27$; $\alpha \approx 15{,}1°$

b) $\sin 34° = \frac{6\text{ cm}}{x}$; $x \approx 10{,}73$ cm

d) $\tan 69{,}8° = \frac{7{,}4\text{ dm}}{x}$; $x \approx 2{,}72$ dm

7

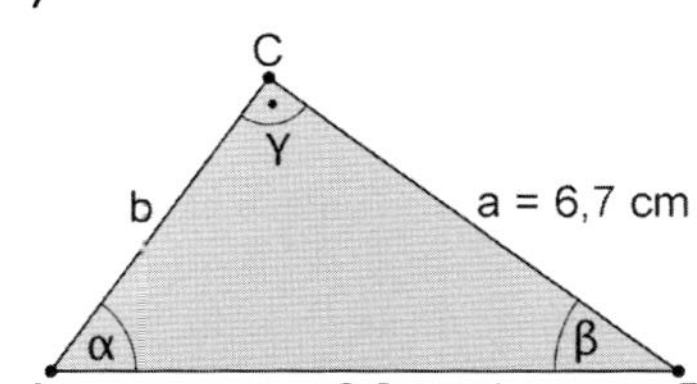

$\alpha \approx 53{,}8°$; $\beta \approx 36{,}1°$; $\gamma = 90°$; $b \approx 4{,}9$ cm

8

a) $\beta = 66°$; $b \approx 28{,}52$ cm; $c \approx 31{,}22$ cm;
$A \approx 181{,}1\text{ cm}^2$
b) $\alpha = 25°$; $a \approx 7{,}41$ dm; $c \approx 17{,}54$ dm;
$u \approx 40{,}85$ dm
c) $\alpha \approx 24{,}7°$; $\gamma \approx 65{,}3°$; $b \approx 6{,}94$ cm;
$u \approx 16{,}14$ cm
d) $\alpha \approx 42{,}9°$; $\gamma \approx 47{,}1°$; $c \approx 3{,}44$ cm;
$A \approx 11{,}02\text{ cm}^2$
e) $\beta \approx 29{,}3°$; $\gamma \approx 60{,}7°$; $a \approx 8{,}37$ cm;
$u \approx 19{,}77$ cm; $A = 14{,}965\text{ cm}^2$

9

a) Wegen der Innenwinkelsumme ist das Verdoppeln des Winkels α nur im Falle $\alpha < 45°$ möglich. Der Winkel β verringert sich dann um die bisherige Größe des Winkels α, da stets $\alpha + \beta = 90°$ gilt.

169 **9** *(Fortsetzung)*

Da immer eine Seitenlänge beliebig gewählt werden kann und sich die anderen beiden Seitenlängen daraus und aus den Winkelgrößen eindeutig berechnen lassen, gibt es in beiden Fällen jeweils unendlich viele Lösungen.

10

$\frac{c}{2} = b \cdot \cos\alpha \approx 2{,}25$ cm; $c \approx 4{,}5$ cm

11

a) Zeichenübung

b) Höhe des Kegels:
$h = r \cdot \tan\beta = 5\text{ m} \cdot \tan 75° \approx 18{,}7$ m

170 **12**

Das Gelände steigt in einem Winkel von etwa 1,9° an.

13

a) $h = \frac{6\text{ m}}{\tan 60°} \approx 3{,}46$ m
Das gesamte Haus ist 10,96 m hoch.

b) $A = \frac{1}{2} \cdot 12\text{ m} \cdot h \approx 20{,}8\text{ m}^2$

9 *(Fortsetzung)*

b) Die Werte von $\sin\alpha$, $\cos\alpha$ und $\tan\alpha$ verdoppeln sich nicht. Um dies zu zeigen, genügt es, ein Beispiel zu rechnen.
Weitere mögliche Begründungen:
- Für $30° < \alpha < 45°$ ist $\sin\alpha > 0{,}5$. Bei Verdopplung wäre dann $\sin 2\alpha > 1$. Das ist nicht möglich.
- Für $0° < \alpha < 45°$ ist $\cos\alpha > 0{,}707$. Bei Verdopplung wäre $\cos 2\alpha > 1{,}4$. Das ist ebenfalls nicht möglich.
- Für $44° \leq \alpha < 45°$ ist $\tan\alpha \approx 1$ und $\tan 2\alpha$ deutlich größer als 2:
$\tan(2 \cdot 44°) = \tan 88° \approx 28{,}6$
$\tan(2 \cdot 44{,}99°) = \tan 89{,}98° \approx 2865$

10

$\beta = \sphericalangle CAE = 90° - \alpha = 38°$
$\sphericalangle AEC = \sphericalangle DCE = 90° - \beta = 52°$
$\sphericalangle CED = 90° - \sphericalangle AEC = 38°$
$b = a \cdot \tan\alpha \approx 6{,}4$ cm
$c = e - b \approx 3{,}9$ cm; $d = a = 5$ cm
$f = e \cdot \cos \sphericalangle AEC \approx 6{,}34$ cm
$g = e \cdot \sin \sphericalangle AEC \approx 8{,}12$ cm

11

a) Höhe des Sandhaufens:
$h = r \cdot \tan 42° = 7{,}5\text{ m} \cdot \tan 42° \approx 6{,}75$ m

b) Berechnung von Höhe und Volumen eines Sandhaufens mit $r = 3$ m:
$h = r \cdot \tan 42° = 3\text{ m} \cdot \tan 42° \approx 2{,}7$ m
$V \approx 25{,}5\text{ m}^3 > 20\text{ m}^3$
Eine Bodenfläche mit 3 m Radius reicht für 20 m³ Sand aus.

12

Der Steigungswinkel beträgt durchschnittlich etwa 13,2°.

13

a) $h = \frac{6\text{ m}}{\tan 60°} \approx 3{,}46$ m
$A = 0{,}5 \cdot 12\text{ m} \cdot h \approx 20{,}8\text{ m}^2$

b) Neigung: $90° - 60° = 30°$
Länge einer Dachschräge:
$s = \frac{6\text{ m}}{\sin 60°} + 0{,}40\text{ m} \approx 7{,}33$ m

170 **14**

Höhe des Leuchtturms: ① 5,3 m ② 9,5 m ③ 39,7 m ④ 81,6 m

Der Einfluss der Instrumentenhöhe nimmt mit dem Steigen von Winkel oder Entfernung ab. So ist ④ mehr als doppelt so groß wie ③, obwohl ② kleiner als das Doppelte von ① ist. Auch ist der Quotient von ④ und ② wesentlich größer als der von ③ und ①.

15

a) $h_1 = 6{,}20$ m; $h_2 = 1{,}50$ m; $\beta = 2{,}6°$

b) $e = \dfrac{h_1 + h_2}{\tan\beta} = \dfrac{7{,}70\text{ m}}{\tan 2{,}6°} \approx 170$ m

Das Schiff ist etwa 170 m von der Kaimauer entfernt.

15

a) Die Länge der Messlatte ist gleich der Höhe des Theodoliten. Deshalb bilden der Theodolit, die Messlatte, die Seite $\overline{AB}$ und die gegenüberliegende Seite ein Parallelogramm und es ist $\alpha = \alpha'$.

b) $h = e \cdot \tan\alpha = 20{,}5\text{ m} \cdot \tan 3{,}1° \approx 1{,}11$ m

Die Baugrube ist 1,11 m tief.

171 **16**

Höhe des Baumes:

$h = 26{,}40\text{ m} \cdot \tan 27° + 1{,}70\text{ m} \approx 15{,}15$ m

Der Baum ist 15,15 m hoch.

16

Bei einer Körpergröße von 1,70 m kann mit einer Augenhöhe von etwa 1,57 m gerechnet werden. Gesuchte Entfernung:

$x = \dfrac{43\text{ m} - 1{,}57\text{ m}}{\tan 37°} \approx 55$ m

17

Augenhöhe: ≈ 1,47 m

a)

Gebäude	Höhe	Entfernung
Burdsch Chalifa	828 m	**4687 m**
Düsseldorfer Fernsehturm	240,5 m	**1356 m**
Langer Eugen	114 m	**638 m**
Marktkirche Hannover	97 m	**542 m**

b) Bei größer werdender Gebäudehöhe wird auch die Entfernung größer.

17

Augenhöhe: ≈ 1,72 m

a)

Gebäude	Höhe	Entfernung
Burdsch Chalifa	828 m	**3727 m**
Düsseldorfer Fernsehturm	240,5 m	**1077 m**
Langer Eugen	114 m	**506 m**
Marktkirche Hannover	97 m	**430 m**

b)

Gebäude	Höhe	Winkel
Burdsch Chalifa	828 m	**39,6°**
Düsseldorfer Fernsehturm	240,5 m	**13,4°**
Langer Eugen	114 m	**6,4°**
Marktkirche Hannover	97 m	**5,4°**

18

a) Die Strecke besitzt einen Höhenunterschied von 1500 m. Sie steigt von 500 m Höhe bis auf 2000 m Höhe an. Die Bahn benötigt bergauf etwa 45 Minuten und bergab etwa 30 Minuten. Die Bahn hält auf der Talstation jeweils 20 Minuten und auf der Bergstation 25 Minuten. Zwischenhalte gibt es keine. Die Bahn fährt im Zwei-Stunden-Takt. Dargestellt sind zwei Bergfahrten und eine Talfahrt.

171 **18** *(Fortsetzung)*

b) Die Informationen zur Bergfahrt sind zweimal vorhanden.

c) Da die Bahn sicherlich nicht rund um die Uhr fahren wird, werden Informationen über Betriebspausen sowie eine Uhrzeit zu irgendeinem Punkt des Diagramms (z. B. der Zeitpunkt der ersten dargestellten Abfahrt) benötigt.

19

a)

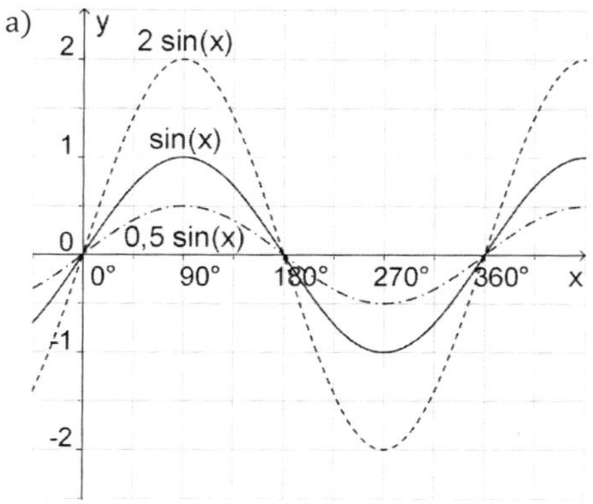

Bei $y = 2 \cdot \sin(x)$ verdoppeln sich Maximum, Minimum und alle Funktionswerte, bei $y = 0{,}5 \cdot \sin(x)$ halbieren sich Extrema und Funktionswerte. Die Periodenlänge bleibt jeweils gleich.

b) Bei $y = 5 \cdot \sin(x)$ verläuft der Graph zwischen $y_{max} = 5$ und $y_{min} = -5$:

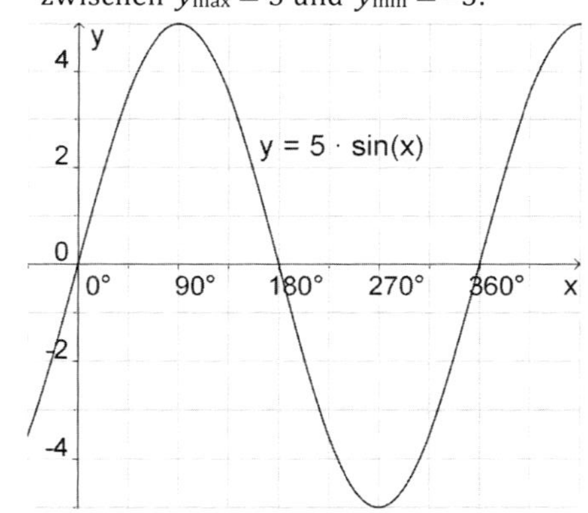

19

a)

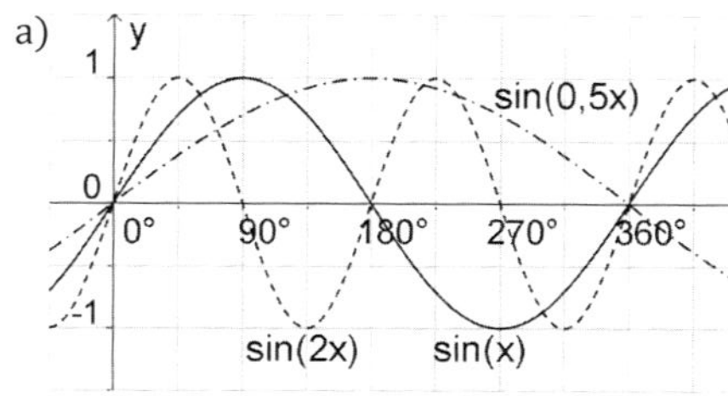

Bei $y = \sin(2x)$ halbiert sich die Periodenlänge, bei $y = \sin(0{,}5x)$ wird die Periode doppelt so lang wie bei $y = \sin(x)$. Maximum und Minimum bleiben jeweils gleich.

b) Bei $y = \sin(5x)$ ist die Periode gleich $360° : 5 = 72°$. Der Graph liegt zwischen $y_{max} = 1$ und $y_{min} = -1$. Er verläuft durch den Koordinatenursprung, dort ist er steil ansteigend. Nullstellen der Funktion sind alle ganzzahligen Vielfachen von 36°:

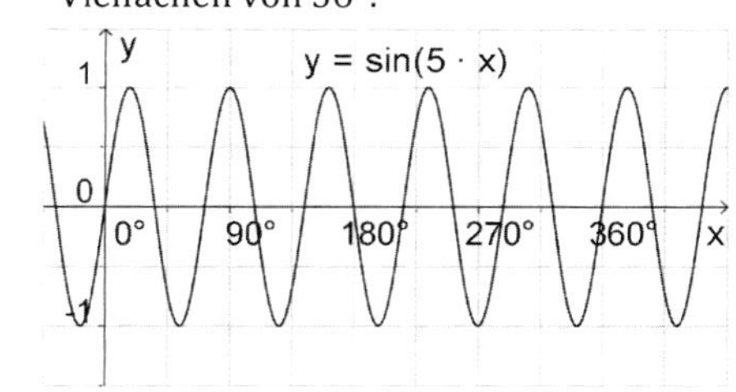

Statistische Darstellungen

176 Noch fit?

1

a)

Verkehrsmittel	Strichliste	Häufigkeit
zu Fuß	|||	**3**
Fahrrad	𝍸 |	6
Roller o. ä.	||||	**4**
Bus	𝍸 |	**6**
Zug	𝍸 ||||	**9**

b) In die Klasse 10 A gehen 28 Schülerinnen und Schüler.

2

Schuhgröße	Strichliste	Häufigkeit
39	|||	3
40	𝍸 |	6
41	|||	3
42	|||	3
43	|	1
44	||||	4

3

a)

	regelmäßig	< 1 x pro Woche
Fernsehen	25	4
Computer	20	8
Shoppen	7	13
Süßigkeiten	8	8

b) Jans Aussage ist wahr, Laras Aussage ist falsch.

1

a)

Verkehrsmittel	Strichliste	Häufigkeit
Auto	|||	3
zu Fuß	𝍸 𝍸 |	11
Fahrrad	𝍸 ||	7
Bus	𝍸 |||	8
Zug	|	1

b) In die Klasse 10 B gehen 30 Schülerinnen und Schüler.

c) Individuelle Lösungen. Eine Tabelle ist z. B. übersichtlicher.

2

Ergebnis	Strichliste	Häufigkeit
1	𝍸 𝍸 𝍸 𝍸 𝍸 𝍸	30
2	𝍸 𝍸 𝍸 𝍸 |	21
3	𝍸 𝍸 𝍸 ||||	19

3

a)

	regelmäßig	< 1 x pro Woche
Fernsehen	25	4
Computer	20	8
Shoppen	7	13
Süßigkeiten	8	8

b) Es konnten mehrere Antworten gegeben werden, da z. B. die Gesamtzahl der Antworten in der Rubrik „regelmäßiger Konsum" (60) deutlich größer ist als übliche Schülerzahlen einer Klasse.

c) individuelle Lösungen

177 **4**

a) 54 kg < 58 kg < 59 kg < 62 kg < 68 kg < 75 kg

b) 1,61 m < 1,67 m < 1,74 m < 1,80 m < 1,81 m < 1,90 m

c) 7,70 € < 8,42 € < 8,57 € < 11,60 € < 14,65 € < 14,69 € < 14,82 € < 15,58 €

5

Bruch	$\frac{1}{2}$	$\mathbf{\frac{1}{4}}$	$\mathbf{\frac{1}{5}}$
Dezimalzahl	**0,5**	0,25	0,6
Prozent	**50 %**	**25 %**	**60 %**

Bruch	$\frac{4}{5}$	$\mathbf{\frac{3}{5}}$
Dezimalzahl	**0,8**	0,6
Prozent	**80 %**	**60 %**

6

a)

Verkehrsmittel	absolute Häufigkeit	relative Häufigkeit
zu Fuß	50	25 %
Fahrrad	60	**30 %**
Roller o. ä.	25	**12,5 %**
Bus	45	**22,5 %**
Zug	20	**10 %**
Gesamt	200	**100 %**

b) Die Summe der relativen Häufigkeiten muss immer 100 % ergeben.

7

a) Die Schachtel wurde 200-mal geworfen.

b) große Fläche: 62 %;
kleine Fläche: 14 %;
Reibfläche: 24 %

4

a) 1,52 m < 1,53 m < 1,57 m < 1,67 m < 1,76 m < 1,77 m < 1,78 m = 1,78 m < 1,84 m < 1,85 m < 1,86 m < 1,90 m < 1,93 m

b) 10,02 € < 11,39 € < 12,84 € < 13,04 € < 14,78 € < 14,98 € < 15,00 € < 15,09 € < 15,41 € < 16,35 € < 17,59 € < 17,66 €

5

Bruch	$\frac{2}{25}$	$\mathbf{\frac{3}{8}}$	$\mathbf{\frac{11}{20}}$
Dezimalzahl	**0,08**	**0,375**	0,55
Prozent	**80 %**	37,5 %	**55 %**

Bruch	$\frac{2}{3}$	$\mathbf{\frac{12}{25}}$
Dezimalzahl	$\mathbf{0,\overline{6}}$	0,48
Prozent	$\mathbf{66,\overline{6}}$ %	**48 %**

6

Jahr	Gesamtzahl	relative Häufigkeit	
		Jungen	Mädchen
2010	677 900	51,2 %	48,8 %
2011	662 700	51,3 %	48,7 %
2012	673 500	51,3 %	48,7 %
2013	682 000	51,3 %	48,7 %

Die relativen Häufigkeiten für die Geburt eines Jungen bzw. eines Mädchens sind im Laufe der vier Jahre annähernd konstant geblieben.

7

a) 70,4 % der Wahlberechtigten gaben eine gültige Stimme ab.

b) CDU: 37,2 %; SPD: 29,4 %;
DIE LINKE: 8,2 %; GRÜNE: 7,3 %;
CSU: 8,1 %

c) Auf andere Parteien entfielen 4 238 386 Stimmen. Das sind 9,7 % der gültigen Stimmen.

Daten auswerten

178 Entdecken

1
individuelle Lösungen

179 Üben und anwenden

1
Minimum: 29
Maximum: 42
Durchschnitt: $37,\overline{3}$

2
a) Minimum: 298; Maximum: 459
b) 399 c) ≈ 392,29

3
a) Die Liste ② umfasst auch den Trainer.
b) ① Median: 16; Durchschnitt: $16,\overline{1}$
② Median: 16; Durchschnitt: $19,\overline{90}$

4
a) niedrigste Monatstemperatur: −6,6 °C
höchste Monatstemperatur: 30,8 °C
geringster Monatsniederschlag: 0 mm
höchster Monatsniederschlag: 776 mm
b) mittlere Jahrestemperatur von Münster: ≈ 9,3 °C
mittlerer Jahresniederschlag von Douala: ≈ 334,6 mm

1
a) 2; 3; 4; 4; 5; 5; 5; 6; 6; 7; 8; 9
Minimum: 2; Maximum: 9
b) 7 c) 5 d) $5,\overline{3}$

2
a) ≈ 3,1
b) 3,4

3
a) Jeder Bauer hat im Durchschnitt etwa 27 Kühe.
b) Jede Kuh liefert im Durchschnitt täglich 15 Liter Milch.

4

a)		Durchschnitt	Minimum	Maximum
Münster	°C	≈ 9,3	1,2	17,4
	mm	≈ 59,8	42	87
Helsinki	°C	≈ 4,8	−6,6	17,2
	mm	≈ 57,4	36	73

b) 0,04 mm (Dakhla) < 57,4 mm (Helsinki) < 59,8 mm (Münster) < 334,6 mm (Douala)
4,8 °C (Helsinki) < 9,3 °C (Münster) < 22,6 °C (Dakhla) < 25,8 °C (Douala)

Daten darstellen

180 Entdecken

1
individuelle Lösungen, z. B.:
- Vorteile der Tabelle: genaue Zahlen, Veränderungen sind angegeben
- Nachteil der Tabelle: wenig anschaulich
- Vorteile der Grafiken: anschaulich, übersichtlich
- Nachteil der Grafiken: keine genauen Zahlen und Veränderungen erkennbar

181 Üben und anwenden

1
a)

Alter	15	16	17	18
Anzahl	1	4	5	2

b) klassenabhängige Lösungen

2
a)

Alter	14	15	16	17
Anzahl	**2**	**6**	**4**	**3**
Prozent	**13,3**	**40**	**26,7**	**20**

b) Darstellung verkleinert:

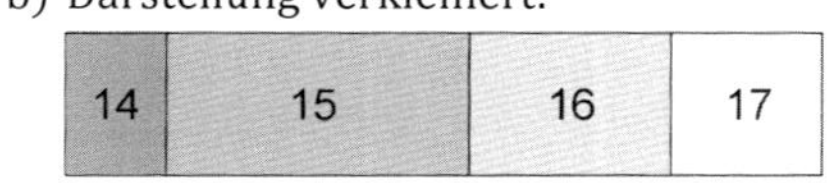

c)

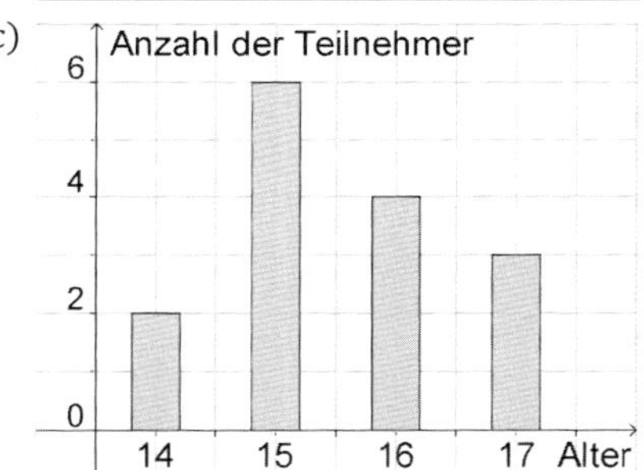

Statt der absoluten Teilnehmerzahlen können auch die Prozentangaben auf der y-Achse abgetragen werden.

1
a)

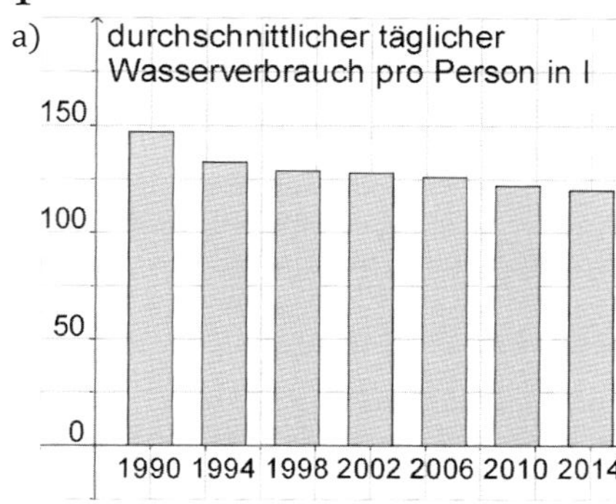

b) individuell; nimmt Jahr für Jahr ab
c) z. B. Balkendiagramm, Liniendiagramm

2
a)

Partei	Sitzanteil	Winkel im Kreisdiagramm
CDU	40,4 %	145,5°
SPD	30,6 %	110,1°
DIE LINKE	10,1 %	36,5°
GRÜNE	10,0 %	35,9°
CSU	8,9 %	32,0°

b)

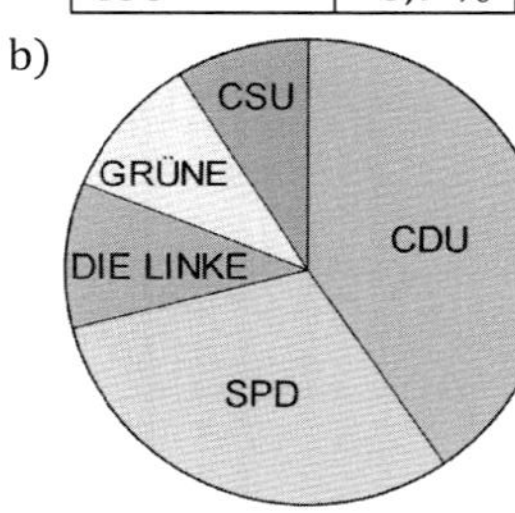

c) Die halbkreisförmige Darstellung deutet die räumliche Anordnung der Sitze im Plenarsaal des Bundestages an.

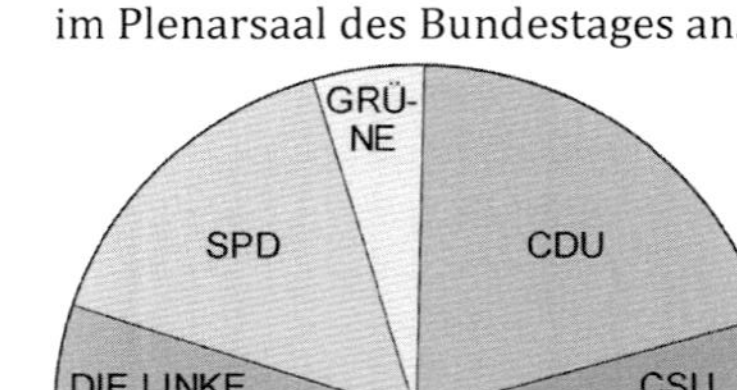

181 **3**

a) individuelle Lösungen
① z. B. Säulendiagramm, Balkendiagramm, Liniendiagramm
② z. B. Säulendiagramm, Kreisdiagramm
③ z. B. Piktogramm, Säulendiagramm
④ z. B. Balkendiagramm, Säulendiagramm, Liniendiagramm

b) individuelle Zeichenübung; Beispiele:

①
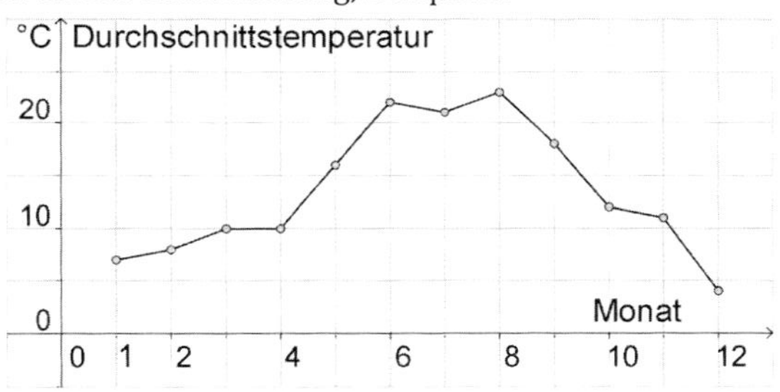

②
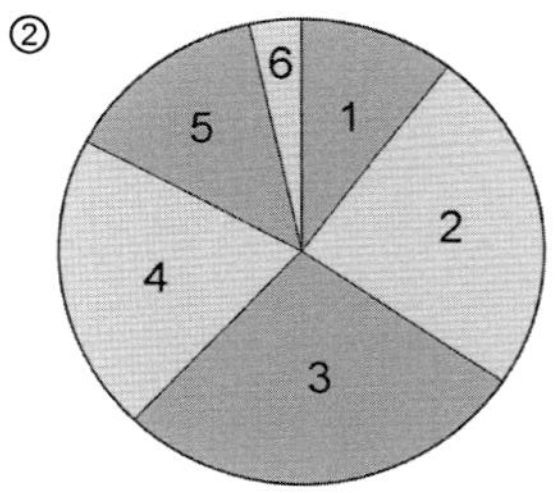

③
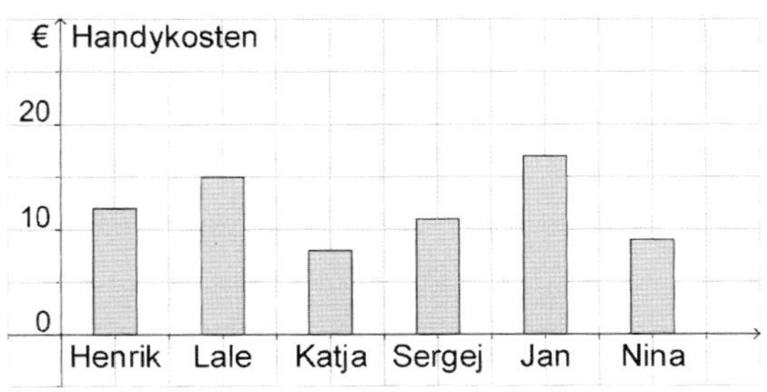

④
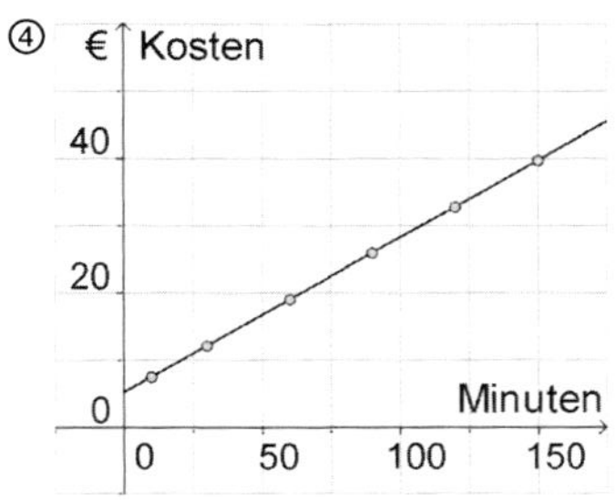

182 **4**

Die Wasserabgabe war um 18:50 Uhr am höchsten und um 19:45 Uhr am niedrigsten.

4

individuelle Beschreibung

5

a) ① falsch, Partei A gewann nur sehr knapp
② wahr ③ wahr ④ wahr

b) individuelle Aussagen

6

a) individuell b) 27,1 % c) 17,3 % d) 34,3 %

e) individuelle Fragen und Antworten

7

individuelle Antworten; Beispiele:

a) Klassensprecherwahl

b) Abstimmung, ob eine Abschlussfahrt gemacht werden soll

183 **8**

Gruppenarbeit

9

a) sicherer Arbeitsplatz, guter Verdienst

b) Das Diagramm bestätigt diese Aussage.

9

a) Die Frage war so formuliert, dass mehrere Antworten möglich waren.

b) Gruppenarbeit

10

individuelle Lösungen

10

individuelle Lösungen

Boxplots

184 Entdecken

1

a) 142 > 112 > 94 > 81 > 80 > 73 > 32 > 19 > 13 > 5 > 2 > 1

b) Minimum: 1; Maximum: 142; Median: 52,5

c) Median der 6 kleinsten Werte: 9; Median der 6 größten Werte: 87,5

d) Minimum: Ende der unteren Antenne; Maximum: Ende der oberen Antenne;
Median: waagerechte Linie, die die Box teilt;
Median der 6 kleinsten Werte: unterer Rand der Box;
Median der 6 größten Werte: oberer Rand der Box

e) 95 > 79 > 76 > 74 > 68 > 67 > 53 > 42 > 40 = 40 > 39 > 37
Minimum: 37; Maximum: 95; Median: 60;
Median der 6 kleinsten Werte: 40; Median der 6 größten Werte: 75

f) individuelle Lösungen

185 Üben und anwenden

1

① Maximum:	40
② oberer Viertelwert:	30
③ Median:	15
④ unterer Viertelwert:	10
⑤ Minimum:	5

1

① Maximum:	60 €
② oberer Viertelwert:	35 €
③ Median:	25 €
④ unterer Viertelwert:	15 €
⑤ Minimum:	10 €

Nachgedacht

Die Anzahl der befragten Personen ist am Boxplot nicht ablesbar.

185 **2**

a) 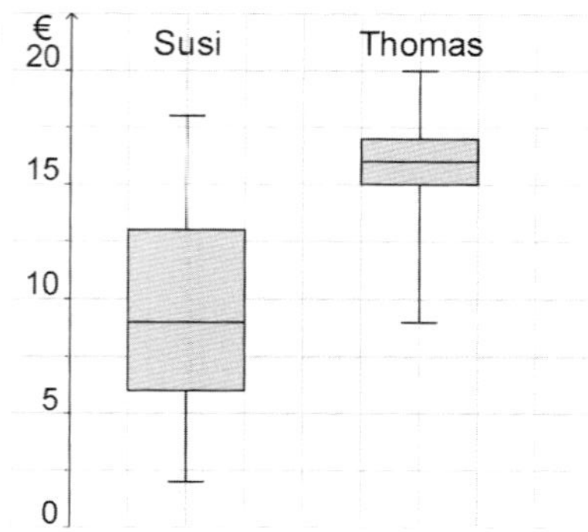

b) individuell

2

a)

	Min.	Max.	Med.	ob.	unt.
Denise	2	17	10,5	13	10
Jacqu.	5	20	9,5	14	7
Kai	11	18	15,5	18	14

b) 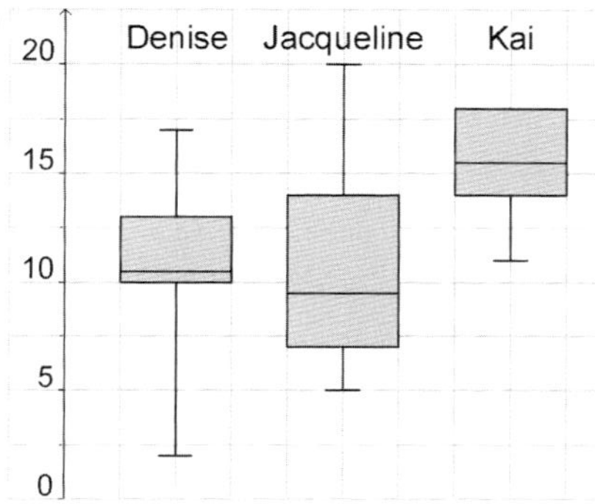

c) individuell

3

a) 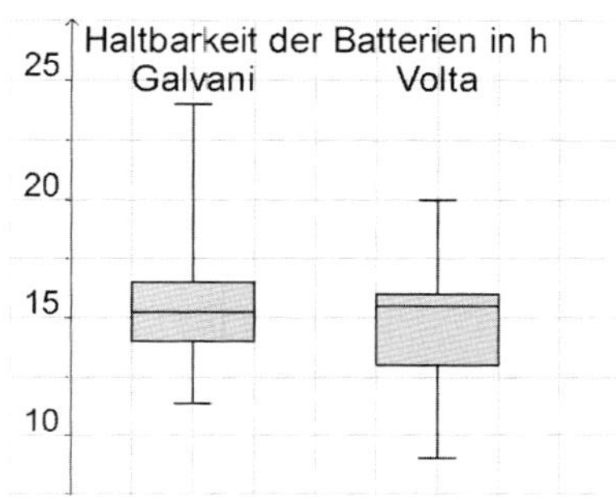

b)
- Spannweite insgesamt:
  Galvani: 12,6 h; Volta: 11 h
- Bereich der Box:
  Galvani: von 14 h bis 16,5 h,
  Bereichslänge 2,5 h;
  Volta: von 13 h bis 16 h,
  Bereichslänge 3 h

c) individuell

4

a) 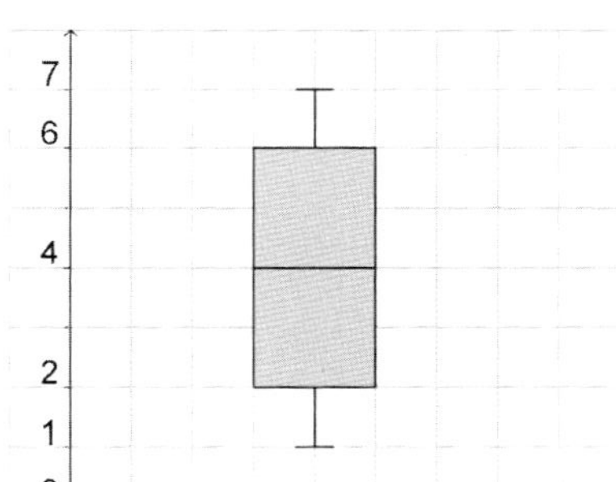

b) individuell, z. B.
1; 2; 4; 6; 7 oder
1; 1; 3; 3; 5; 5; 7; 7

Manipulationen in Darstellungen

186 Entdecken

1

a) ① „Man hat den Eindruck, dass die Zahl der Verträge sehr stark gesunken ist."
② „Man hat den Eindruck, dass die Zahl der Verträge deutlich zurückgegangen ist."
③ „Man hat den Eindruck, dass sich die Zahl der Verträge kaum verändert hat."

b) Gruppenarbeit

187 Üben und anwenden

1

a) Die Aktie stieg um etwa 0,9 %.

b) Die y-Achse wurde nicht ab 0 gezeichnet, sondern erst ab 210.

1

a) Zwischen 2009 und 2015 hat sich der Eintrittspreis fast verdoppelt.

b) 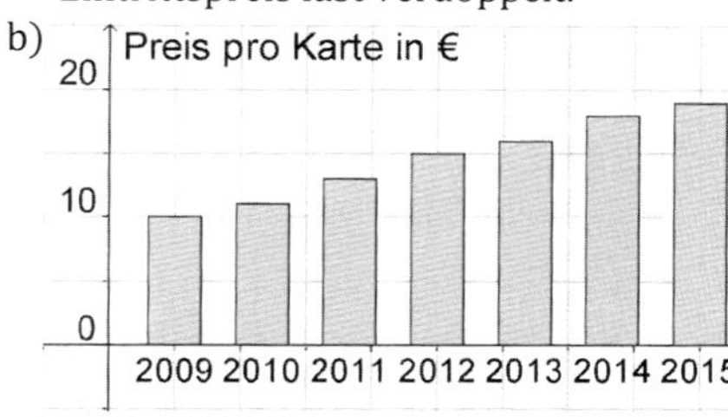

Zum Weiterarbeiten

individuell, z. B.:
- Sind die Achsen korrekt und zweckmäßig eingeteilt und beschriftet?
- Beginnt die y-Achse bei 0?
- Liegen außerhalb des dargestellten Diagrammausschnitts noch wesentliche Daten, die eine andere Aussage ergeben? Wurden Daten weggelassen?
- Ergibt die Summe der Anteile in Kreis- und Streifendiagrammen 100 %?
- Ist die Überschrift des Diagramms zutreffend oder wurde sie manipulativ formuliert?
- Wurde bei Piktogrammen beachtet, dass Flächen- und Rauminhalte nicht im selben Verhältnis zueinander stehen wie Längen?
- Wurden optische Effekte in manipulativer Absicht verwendet?
- Ist bei Umfragen die Auswahl der befragten Personen repräsentativ?

Die Liste kann auch als Klassenplakat erstellt und kontinuierlich ergänzt werden.

2

Die Summe der Anteile ergibt nur 80 % statt 100 %. Möglicherweise wurden „Weiß nicht"-Antworten weggelassen.

2

Im Diagramm wurden die Stimmenthaltungen nicht dargestellt. Die Summe der Anteile beträgt nur 92 % statt 100 %.

3

a) Die ersten beiden Diagramme wurden dadurch, dass die y-Achse nicht ab 0 gezeichnet wurde, manipulativ gestaltet. Auf diese Weise soll erreicht werden, dass Erfolge groß und Misserfolge unauffällig wirken.

187 3 *(Fortsetzung)*
b) Zeichenübung

4
Die Stichprobe ist zu klein und deshalb nicht repräsentativ.

4
Die Umfrage ist manipuliert, denn:
- Die Auswahlmöglichkeiten sind nicht ausgewogen. Es ist nicht möglich, eine Zustimmung zu Piercings zu äußern.
- Der Einleitungstext bezieht einseitig Stellung gegen Piercings.

188 5
a) Im Diagramm ② wurde die y-Achse verzerrt dargestellt.
b) Die Schwankungen sehen kleiner aus. Somit wirkt die Aktie für Anleger sicherer.

6
a) Messübung
b) Die Fläche von Bernds Schein ist um 56,25 % größer als die von Maxis Schein.

6
a) Die erste Darstellung zeigt für Carina doppelt so viele Münzen wie für Stefan. Die zweite Darstellung zeigt für Carina einen Goldbarren, der doppelt so lang, breit und hoch ist wie der für Stefan.
b) Die Darstellung ① ist korrekt. Die Darstellung ② ist hingegen manipulativ, da das Volumen von Carinas Goldbarren achtmal so groß ist wie das von Stefans.
c) Wenn Stefan ehrlich sein möchte, dann sollte er Darstellung ① verwenden. Wenn nicht, dann kommt es darauf an, ob Stefans Großeltern auf manipulative Darstellungen hereinfallen oder nicht.

7
Die Prognose reicht zu weit in die Zukunft für die wenigen Daten. Es ist unwahrscheinlich, dass die Vertragsabschlüsse weiter so wachsen.

189 Thema: Statistische Darstellungen im Beruf

1
a) Minimum: 14; Maximum: 25; Durchschnitt: 19,5; Median: 19,5
b) Minimum: 0; Maximum: 12; Durchschnitt: 2,5; Median: 3,1
c) Männer: $2,8\overline{3}$; Frauen: 3,5
d) individuelle Lösungen

2
Gruppenarbeit

Klar so weit?

190 Daten auswerten

1
Minimum: 395 l; Maximum: 523 l;
Median: 445,5 l; Durchschnitt: $447,\overline{3}$ l

1
a) Minimum: 0 min; Maximum: 300 min;
Median: 110 min;
Durchschnitt: 132,1875 min
b) Minimum: 1,58 m; Maximum: 1,84 m;
Median: 1,675 m;
Durchschnitt: 1,696 m

2
Pro Kantine waren es durchschnittlich 812,8 Gäste.

2
In der ersten Woche ist Herr Weber am weitesten gefahren, und zwar waren es im Durchschnitt 467,2 km pro Tag.

Daten darstellen

3
Der durchschnittliche Verdienst beträgt 724,20 €.
a) individuell
b) In den Bereichen Industrie und Handel sowie Öffentlicher Dienst liegt die Vergütung über dem Durchschnitt.

3
Individuelle Beschreibungen.
Zum Beispiel steigen die Ausbildungsvergütungen im Laufe der Ausbildungszeit und sind in Westdeutschland höher als in Ostdeutschland.

4
Individuelle Lösungen. Beispiel:

a)

Anzahl	24	25	27	29	30
Häufigkeit	1	3	2	2	3

b)
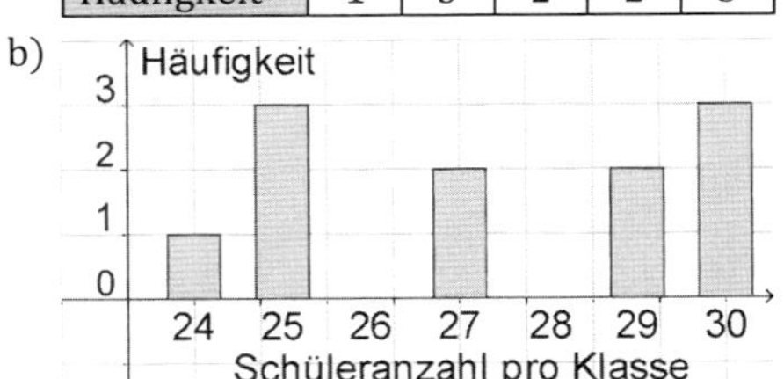

4
Individuelle Lösungen. Beispiel:
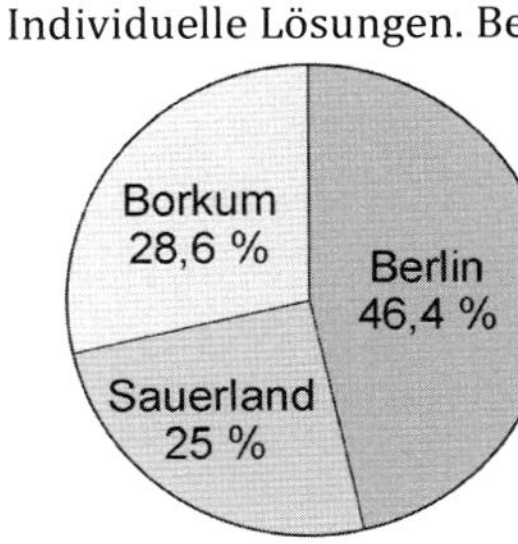

191 Boxplots

5
Minimum: 10; Maximum: 36;
Median: 28;
oberer Viertelwert: 30;
unterer Viertelwert: 24

5
individuelle Aussagen, z. B.:
- gleiches Minimum;
- links Spannweite höher;
- links Werte dichter am Median

191 **6**

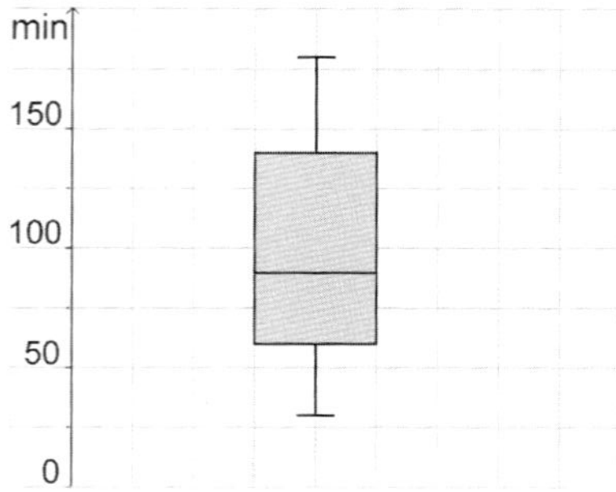

6

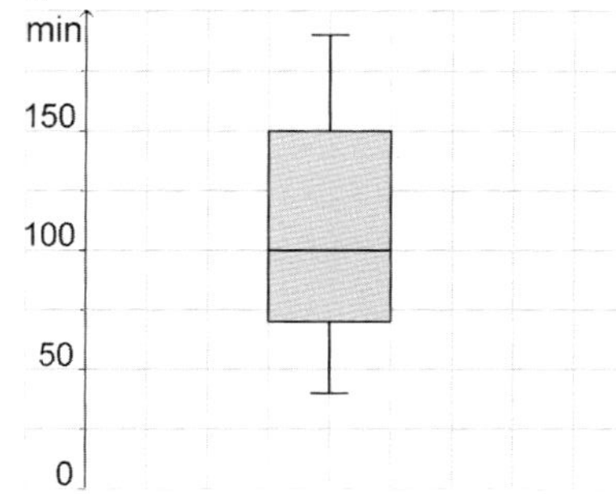

Manipulationen in Darstellungen

7

Das linke Diagramm ist sachlich richtig, weil dort die y-Achse bei 0 beginnt.

8

Die Darstellung ist unrichtig, weil der linke Eimer das $3^3 = 27$-fache Volumen des rechten Eimers hat.

8

Die Fläche wächst quadratisch, daher ist die Darstellung verfälscht.

192 Vermischte Übungen

1

a) nein b) ja c) ja d) nein e) nein f) ja

2

a) Minimum: 42 (Versicherungskaufleute)
Maximum: 104 (Höhere Handelsschule)
b) Durchschnitt: $66,\overline{3}$

2

a) Minimum: 3,59 m; Maximum: 10,47 m;
Median: 6,24 m; Durchschnitt: 6,38 m
b) Minimum: 4,71 m; Maximum: 13,62 m;
Median: 7,64 m;
Durchschnitt: 8,068 125 m

3

Individuelle Lösungen. Beispiele:
a) 17; 9; 5; 8; 7; 25; 8; 6; 17
b) 13; 1; 19; 15; 42; 1; 3; 15; 16
c) 4; 37; 1; 2; 65; 10; 11; 41; 9
d) 24; 39; 24; 12; 9; 8; 40; 27; 30
e) individuelle Aufgaben und Lösungen

3

a) Die Datenreihe ① hat die geringere Differenz zwischen Durchschnitt und Median, weil bei dieser Datenreihe die oberen drei Werte näher am Median liegen, während die unteren vier Werte bei beiden Reihen übereinstimmen.
① Durchschnitt: 18; Median: 17
② Durchschnitt: ≈ 44,7; Median: 17
b) Individuelle Lösungen. Beispiel:
0; 0; 0; 0; 999; 999; 999

192 **4**

a) Es waren mehrere Antworten möglich.
b) Ein Kreisdiagramm ist nur zur Darstellung von Sachverhalten geeignet, bei denen die Summe der Anteile 100 % beträgt.
c)

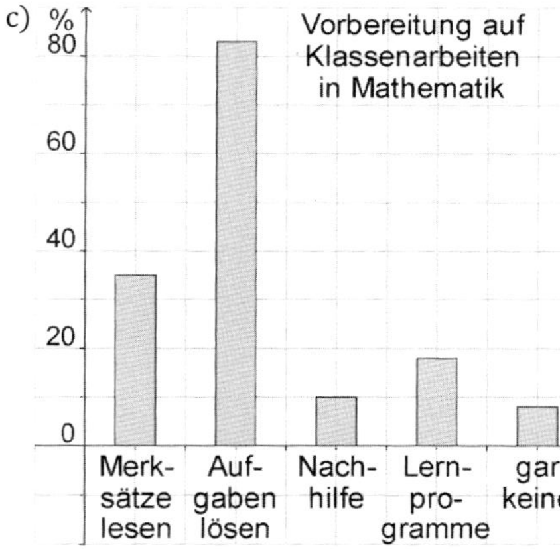

5

Median und oberer Viertelwert sind falsch dargestellt. Korrektur:

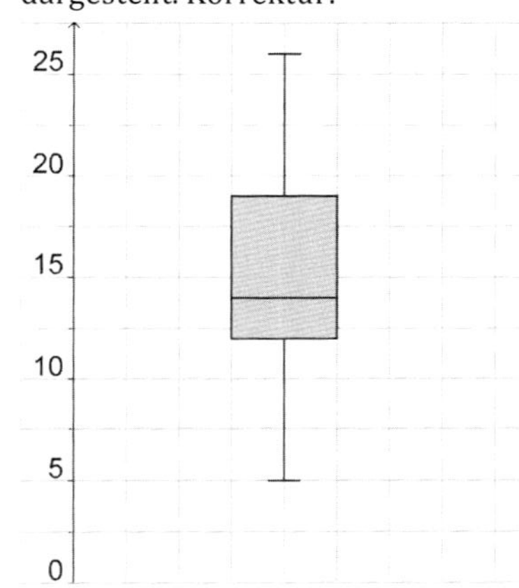

5

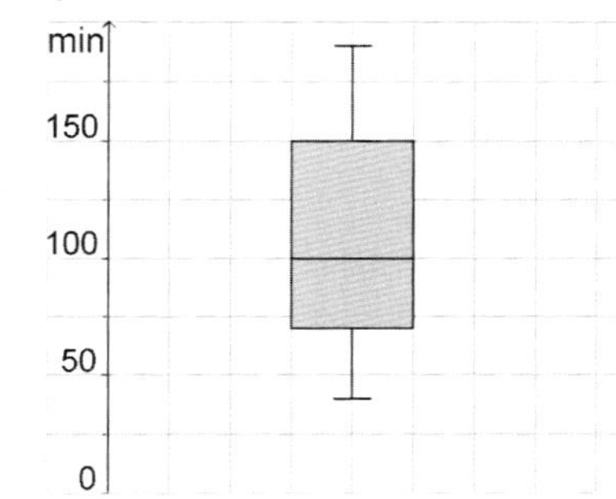

Eine mögliche Datenreihe:
3; 7; 8; 9; 10; 10; 13; 16; 18
Es gibt mehrere Möglichkeiten.

193 **6**

a) Die Antworten können in den fünf Streifendiagrammen abgelesen werden.
b) „nie/selten“; „manchmal“; „oft/immer“
c) 18 % der Befragten gaben an, „oft“ oder „immer“ Angst vor Klassenarbeiten zu haben.
d) individuelle Fragen und Antworten

7

a) Bei Grafik ① beginnt die y-Achse nicht ab 0. Grafik ② ist korrekt, allerdings ist hier die Veränderung schlechter zu erkennen.

7

a) ① ein Jahr ② drei Monate
b) ① Der Kurs schwankt und sinkt am Ende stark.
② Der Kurs steigt schnell.

193 **7** *(Fortsetzung)*

b) Bei Grafik ① wirkt der Rückgang der Arbeitslosenzahl stärker.

7 *(Fortsetzung)*

c) Der Käufer sollte Grafik ① verwenden, da diese mehr Informationen enthält.

d) Zeichenübung; der Abschnitt von Oktober bis Dezember ist z. B. geeignet.

Lerncheck

1

Der Flächeninhalt der Tischdecke beträgt 1,6986 m².

2

a) 4 b) −90 c) −16,9 d) 0

3

individuell; ca. 67 h (4020 min)

4

a) 2070 € b) 1775,25 €

194 **8**

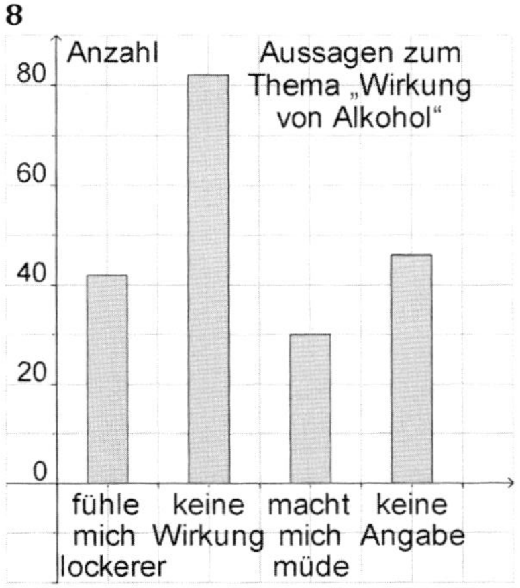

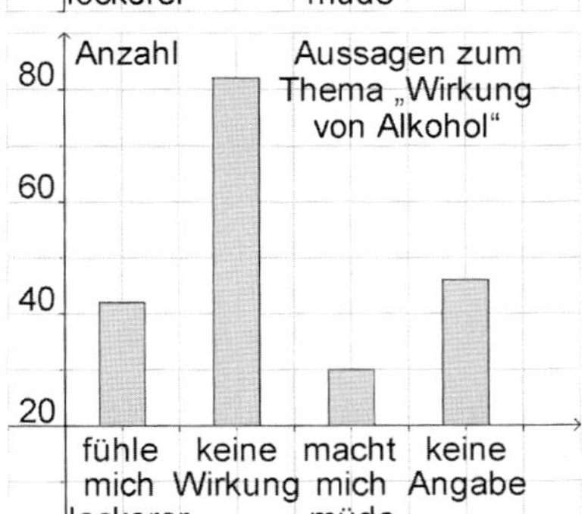

8

Bei dem unteren Kreisdiagramm entsteht der Eindruck, mehr als die Hälfte der Befragten hätten keine besondere Wirkung des Alkohols bei sich festgestellt. Es sind aber weniger, wie das obere Diagramm zeigt.

194 **9**

a) Der Wechselkurs war im Juni am niedrigsten und im April am höchsten.

b) individuelle Lösungen; nicht falsch, aber manipulativ; bei Beachtung der y-Achse übersichtlich

9

a) individuelle Lösungen

b) Die Darstellung ist sachlich richtig, aber manipulativ, da die y-Achse nicht ab 0 beginnt.

c) ≈ 1,45 €

10

a) Die Darstellung ist sachlich richtig.

b) Die Darstellung ist falsch, da die Flächeninhalte der Quadrate im Verhältnis 1 : 1,44 zueinander stehen.

10

Fehler: Die Grafik wurde in beide Richtungen gestreckt. Der Flächeninhalt wächst dadurch quadratisch.

Zeichenübung

11

a) z. B. Säulendiagramm, Balkendiagramm, Liniendiagramm

b) Computerübung c) individuell

195

Thema: Blutspende

1

a) ca. 64,8 Mio. Menschen b) ca. 2,475 Mio. Liter

c) Das Becken fasst 2,5 Mio. Liter. Die jährlich benötigte Blutmenge passt also etwa hinein.

2

a) Am meisten ist die Blutgruppe A vertreten, am wenigsten die Blutgruppe AB.

b) A: 11 825; 0: 11 275; B: 3025; AB: 1375

3

a)

Land \ Gruppe	A	0	B	AB
Deutschland	35,2 Mio.	256,6 Mio.	33,6 Mio.	4,1 Mio.
Schweiz	3,74 Mio.	246,3 Mio.	3,26 Mio.	0,32 Mio.
Türkei	31,8 Mio.	25,2 Mio.	470,4 Mio.	6,0 Mio.

b) Zeichenübung

4

a) Die Blutgruppe AB ist bei 475 Spendern zu erwarten.

b) Blutgruppe A ($44,\overline{4}$ %)

c)

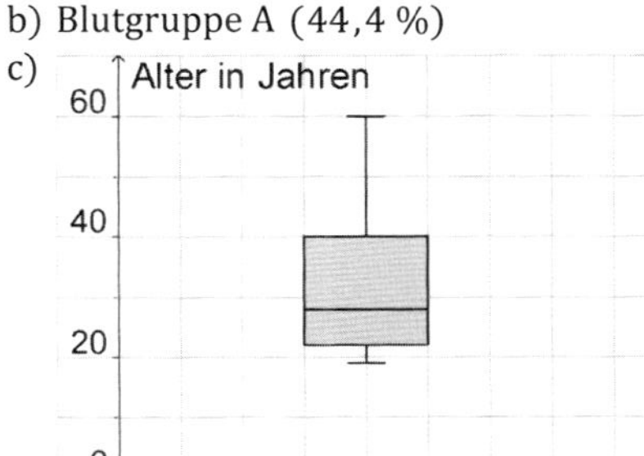

Vernetzte Aufgaben

200 Thema: Verdienstmöglichkeiten in Ausbildungsberufen

1

a) individuell; die Balken geben die Gehaltsspanne an; je 3 Zeilen pro Beruf

b)

Ausbildungsberuf	1. Jahr	2. Jahr	3. Jahr
Fachkraft für Lagerlogistik	738 – 820	800 – 882	876 – 966
Fliesenleger/-in	608 – 690	836 – 1060	1056 – 1340
Fertigungsmechaniker/-in	880 – 900	932 – 948	986 – 1016
Fachkraft für Möbel-, Küchen- und Umzugsservice	630 – 714	700 – 788	798 – 890

(Es sind leicht abweichende Ergebnisse beim Ablesen möglich.)

c)

Ausbildungsberuf	1. Jahr	2. Jahr	3. Jahr	insgesamt
Fachkraft für Lagerlogistik	779	841	921	847
Fliesenleger/-in	649	948	1198	≈ 931,67
Fertigungsmechaniker/-in	890	940	1001	≈ 943,67
Fachkraft für Möbel-, Küchen- und Umzugsservice	672	744	844	≈ 753,33

d) individuell/Recherche

2

In den drei Jahren verdiente Jana durchschnittlich 593,33 € im Monat.

3

a) Herr Sabeti verdient monatlich 2200 €, sein Kollege 1520 €.

b) pro Woche ≈ 18 h; pro Monat ≈ 72 h; pro Jahr ≈ 859 h

201 **4**

Nettogehalt: im Monat 522,76 €; Jahreswert 1568,28 €

a) 127,24 €

b) Das Nettogehalt ist im Monat um 127,24 € bzw. um ca. 19,6 % niedriger als das Bruttogehalt. Der Jahreswert netto liegt um 381,72 € bzw. um ca. 19,6 % niedriger als der Jahreswert brutto.

c) Adrian hat seine Ausbildung Anfang September begonnen. Das ist daran zu erkennen, dass die Jahreswerte für drei Monate berechnet wurden.

d) Adrians Verdienst ist niedriger als der steuerliche Freibetrag (in 2015: 8472 €/Jahr).

e) Mirja erhält 554,93 € überwiesen. Es fallen insgesamt 19,575 % Abzüge an.

201 **5**

Verdienstabrechnung (Dezember)	
Text	Monat (€)
Gesamtbrutto	2000,00
Lohnsteuer **(10,279 %)**	205,58
Solidaritätszuschlag **(0,565 %)**	11,30
Kirchensteuer **(0,925 %)**	18,50
Sozialabgaben Krankenversicherung (7,3 %)	**146,00**
Pflegeversicherung (1,425 %)	**28,50**
Rentenversicherung (9,35 %)	**187,00**
Arbeitslosenversicherung (1,5 %)	**30,00**
Nettogehalt	**1373,12**

Anmerkung: Der Solidaritätszuschlag beträgt in der Regel 5,5 % auf die Lohnsteuer. Die Kirchensteuer beträgt 9 % auf die Lohnsteuer.

a) individuell/Recherche b) siehe Tabelle

c) Janine zahlt monatlich 391,50 € Sozialabgaben.

d) Das Nettogehalt beträgt 68,656 % des Bruttogehalts.

e) In einem Jahr verdient Janine 24 000 € brutto bzw. 16 477,44 € netto.

f) Die Zahlen variieren je nach Modell. Es sind ca. 1,22 Mio. € brutto bzw. 840 000 € netto bei folgenden Annahmen: Arbeit bis 67 Jahre, erste Steigerung mit 28 Jahren, konstante Steuern. Gegebenenfalls kann noch ein 13. Monatsgehalt hinzukommen.

202 Thema: Die erste eigene Wohnung

1

individuell/Recherche

2

a) Die Kaltmiete beträgt 239,53 €, die Warmmiete 311,53 €.

b) individuell/Recherche

3

a) Claudias Bruttolohn beträgt 1709,52 €.

b) Claudia gibt 28,9 % ihres Nettogehalts für die Wohnung aus.

4

Individuelle Lösungen. Bei b) sollten die Lebenshaltungskosten (Nahrung, Kleidung usw.), aber auch Freizeitaktivitäten mit eingerechnet werden.

5

Claudia kann nach drei Jahren mit einer Kautionssumme von 751,41 € rechnen.

Jahr	Kapital am Anfang des Jahres	Zinsen	Kapital am Ende des Jahres
1	**718,59 €**	**10,78 €**	**729,37 €**
2	**729,37 €**	**10,94 €**	**740,31 €**
3	**740,31 €**	**11,10 €**	**751,41 €**

203 **6**

a)

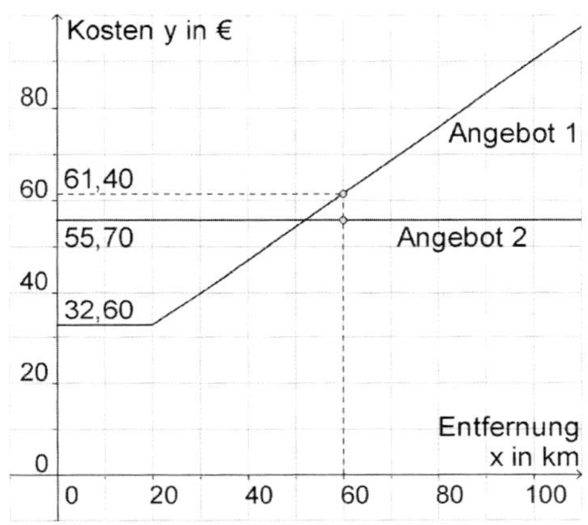

b) Claudia sollte sich für das Angebot 2 entscheiden. Dieses Angebot ist mit 55,70 € billiger als das Angebot 1 mit 61,40 €.

7

Zeichenübung

8

a) Es werden 34,11 m^2 Teppichboden benötigt.
b) Claudia zahlt mit Mehrwertsteuer 300,37 €.

9

Es werden 23,7 m Leisten benötigt, deshalb müssen 9 Leisten gekauft werden. Diese kosten insgesamt 126,00 €.

10

a) Die Fläche der zu tapezierenden Wände beträgt 67,32 m^2. Eine Tapetenrolle hat einen Flächeninhalt von 17,755 m^2. Es werden also vier Rollen benötigt.
b) Das Material für die Tapezierarbeiten kostet 41,20 €.

11

Warmmiete	311,53 €
Kaution	718,59 €
Umzugswagen	55,70 €
Teppichboden	300,37 €
Fußleisten	126,00 €
Tapezierarbeiten	41,20 €
Gesamtkosten:	1553,39 €

204 Thema: Die Erde

1

Berechnung mit dem Äquatorradius: $V_1 \approx 1{,}087 \cdot 10^{12}$ km³
Berechnung mit dem Polradius: $V_2 \approx 1{,}076 \cdot 10^{12}$ km³
Das mit dem Äquatorradius berechnete Volumen ist um 1 % größer als das mit dem Polradius berechnete.

2

a) Der Radius der Kugel beträgt ca. 6371,2 km und entspricht damit etwa dem mittleren Erdradius.
b) Die Mondoberfläche macht etwa 7,4 % der Erdoberfläche aus.

3

a) Zeichenübung
b) je nach Größe abweichend, ca. 11 bis 12 m

4

individuell/Recherche

5

a) Die Erde braucht 24 Stunden, um sich einmal um sich selbst zu drehen.
b) Nach 8 h 24 min geht in Calgary die Sonne unter.

Kannst du das?

206 Noch fit?

1
a) 3100 cm b) 0,05 kg
c) 10 000 cm^2 d) 1 cm^3
e) 54,2 m^3 f) 120 min

2
Die Brücke ist in Wirklichkeit 520 m lang.

3
a) $\frac{5}{6}$ b) $\frac{1}{20}$ c) $\frac{9}{4} = 2\frac{1}{4}$
d) $\frac{2}{15}$ e) $12\frac{1}{2}$ f) $30\frac{3}{8}$

4
a) 5,797 b) 5,81
c) 29,61 d) 8,5
e) 0,69 f) 0,37

5
Der Kontostand beträgt jetzt 1023 €.

6
a) 22 b) −0,6 c) −33,7 d) 8,3

7
a) $19a + 13b - 15$
b) $150r - 15s$

8
a) $a = 6$ b) $b = 2$
c) $c = -2$ d) $d = 0,5$

9
a) 7^6 b) $x^2 \cdot y^3 \cdot z$
c) $(3c)^4$ d) $\left(\frac{1}{2}\right)^3$

10
a) 1; 16; $\frac{1}{9}$; 0,25 b) 1; 27; $\frac{1}{8}$; 0,001
c) 6; 22; $\frac{1}{2}$; 0,7 d) 1; 3; $\frac{1}{2}$; 10

11

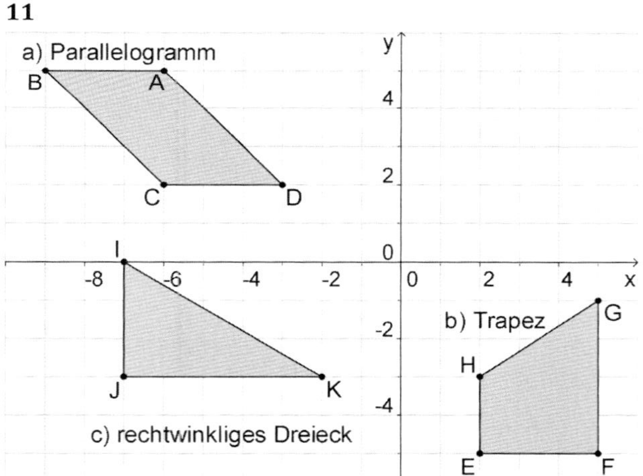

12
Zeichenübung

206 13
a) Rechteck oder Quadrat
b) Raute oder Quadrat
c) gleichschenkliges Dreieck
d) Drachenviereck, Raute oder Quadrat

14
a) $\alpha = 76°$
b) $\beta = 75°$; $\gamma = 105°$

15
a) $u = 60$ cm; $A = 136$ cm^2
b) $u = 28$ cm; $A = 36$ cm^2
c) $u \approx 89,13$ cm; $A \approx 484,5$ cm^2

207 16
a) $c \approx 13,89$ cm
b) $b \approx 126,7$ m

17
a) $a^2 + c^2 = 676$ m$^2 = b^2$
Das Dreieck ist rechtwinklig; der rechte Winkel ist β.
b) $a^2 = 104\,976$ mm^2
$b^2 + c^2 = 106\,448$ mm^2
Das Dreieck ist nicht exakt rechtwinklig, aber näherungsweise: $\alpha \approx 89,2°$.

18
Das Aquarium enthält 108 Liter Wasser.

19
a) $V = 144$ dm^3 b) $V \approx 141,4$ cm^3

20
a)

Anzahl Brote	2	5	11
Preis (in €)	**4,60**	11,50	**25,30**

b)

Anzahl Tiere	2	6	12
Vorrat (in d)	**30**	**10**	5

21
a) Wenn drei Schüler fehlen, beträgt der Preis pro Person 16,80 €.
b) ① 25 g Chips kosten beim ersten Angebot 0,32 € und beim zweiten 0,325 €. Das erste Angebot ist also günstiger.
② 1,5 Liter Limonade kosten beim zweiten Angebot 1,38 €. Das erste Angebot ist günstiger.

22
Beispiele:
a) Bei wie viel Prozent der Fahrräder war das Licht defekt? Bei 14,4 % der Räder.
b) Wie hoch ist der neue Preis? 71,20 €.
c) Wie viele Schüler sind in der Klasse? Es sind 25 Schülerinnen und Schüler.

23
a) Herr Fuchs erhält am Jahresende 3075 €.
b) Nach sieben Monaten bekommt er nur 3043,75 €.
c) Pro Tag erhält er rund 0,21 € Zinsen.

207 **24**

f_1: $y = -0{,}25x + 2$
f_2: $y = -3$
f_3: $y = 2x - 2$

25

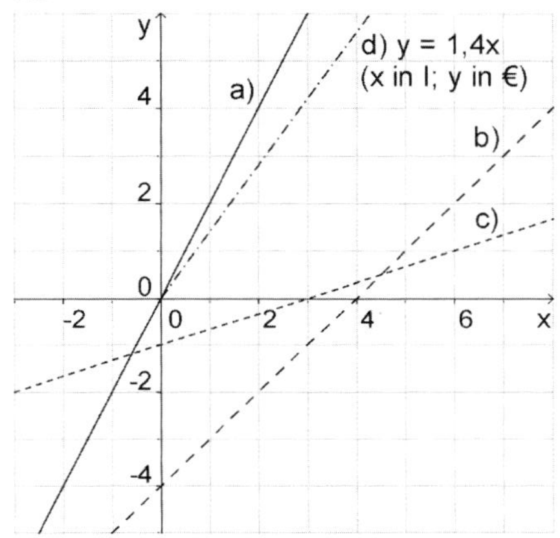

26

Rafting: 32,1 %
Klettern: 42,9 %
Hockey: 25,0 %

27

b) Machine Wars: 450 Personen
Triassic Park: 750 Personen
Servant: 600 Personen

28

Die Wahrscheinlichkeit beträgt $\frac{5}{8} = 0{,}625$.

29

Bei 4000 Stück sind etwa 240 defekte Handys zu erwarten.

208 Maßeinheiten und Maßstab

Wahr oder falsch?

a) Es gibt 8 verschiedene Euro-Münzen (1 ct, 2 ct, 5 ct, 10 ct, 20 ct, 50 ct, 1 €, 2 €) und **7** verschiedene Euro-Scheine (5 €, 10 €, 20 €, 50 €, 100 €, 200 €, 500 €).
b) wahr (z. B. Längen-, Volumen-, Zeiteinheiten)
c) Flächen gibt man mit **Flächeneinheiten** an. Die Maßzahlen der Flächeninhalte von Quadraten mit ganzzahliger Seitenlänge sind **Quadratzahlen.**
d) wahr

1

a) 27,20 € b) 36,25 € c) 40,05 €
d) 21,68 € e) 44,74 € f) 18,26 €

2

a) 2200 cm b) 0,43 m c) 20 mm
d) 0,2 km e) 0,04 dm f) 0,0015 km

3

a) 325 190 cm b) 2 853 655 mm c) 2 150 128,2 cm

208 **4**

a) 5500 g b) 2700 kg c) 45 000 mg
d) 0,003 kg e) 0,001 75 t f) 0,023 kg

5

a) 12,250 03 kg b) 2,170 709 kg c) 0,568 686 3 kg

6

a) 420 min b) 570 min c) 1095 d oder 1096 d
d) 0,75 h e) 12,95 min = 12:57 min f) 86 400 s

7

Der Bus fuhr um 20:10 Uhr los.

8

a) 400 cm^2 b) 1 200 000 m^2 c) 700 dm^2
d) 2000 a e) 0,05 cm^2 f) 0,000 009 km^2

9

a) 31 000 dm^3 b) 12 000 cm^3 c) 10 dm^3
d) 1 500 000 l e) 1 750 000 cm^3 f) 0,01 l

10

	Bild	Original	Maßstab
a)	5 cm	**5 m**	1 : 100
b)	**5,6 cm**	56 m	1 : 1000
c)	4 dm	16 m	**1 : 40**

11

Zu erwartender Gewinn: $50 \cdot 21{,}20\,€ + 80 \cdot 7{,}60\,€ = 1060\,€ + 608\,€ = 1668\,€$

12

Der Zaun ist 150 m lang und kostet 1725 €.

13

Ohne Zucker wiegt der Salat 2520 g. Es sind also 80 g Zucker darin.

14

a) Fußballfeld: Länge: $a = 130 \cdot 0{,}8\,m = 104\,m$; Breite: $b = 85 \cdot 0{,}8\,m = 68\,m$;
Flächeninhalt: $A = a \cdot b = 104\,m \cdot 68\,m = 7072\,m^2$
Volleyballfeld: Länge: $a = 24 \cdot 0{,}8\,m = 19{,}2\,m$; Breite: $b = 12 \cdot 0{,}8\,m = 9{,}6\,m$;
Flächeninhalt: $A = a \cdot b = 19{,}2\,m \cdot 9{,}6\,m = 184{,}32\,m^2$
b) In ein Fußballfeld passen etwa 38 Volleyballfelder.

209 Brüche und Dezimalzahlen

Wahr oder falsch?

a) In einem Bruch steht der Nenner **unten.**
b) Auch Brüche mit ungleichem Nenner lassen sich addieren oder subtrahieren, indem man sie durch Erweitern oder Kürzen in Brüche mit gleichem Nenner umwandelt.
c) „Erweitern" bedeutet Zähler und Nenner mit der gleichen Zahl **multiplizieren.** **„Kürzen"** bedeutet Zähler und Nenner durch die gleiche Zahl dividieren.
d) wahr

1

a) $\frac{3}{20} = 0{,}15$ b) $\frac{2}{5} = 0{,}4$ c) $\frac{11}{20} = 0{,}55$ d) $\frac{19}{20} = 0{,}95$
e) $\frac{11}{10} = 1\frac{1}{10} = 1{,}1$ f) $\frac{3}{2} = 1\frac{1}{2} = 1{,}5$ g) $\frac{19}{10} = 1\frac{9}{10} = 1{,}9$ h) $\frac{41}{20} = 2\frac{1}{20} = 2{,}05$

2

a) $\frac{3}{7} < \frac{1}{2} < \frac{15}{14} < 1\frac{5}{14}$ b) $\frac{2}{3} < \frac{8}{9} < 1\frac{1}{9} < 1\frac{1}{3}$ c) $0{,}05 < 0{,}055 < 0{,}5 < 0{,}55 < 5{,}5$

3

a) $\frac{1}{4} < \frac{1}{3}$ b) $\frac{1}{3} > 0{,}3$ c) $\frac{2}{3} > 0{,}6$ d) $\frac{3}{4} < 0{,}8$
e) $\frac{2}{8} < \frac{3}{8}$ f) $\frac{7}{10} = 0{,}7$

4

Angelina: Überschlag: (9 + 1 + 1 + 10 + 3 + 5 + 2) € = 31 €; exaktes Ergebnis: 31,05 €
Jennifer: Überschlag: (4 + 3 + 15 + 1 + 1 + 1 + 5) € = 30 €; exaktes Ergebnis: 29,91 €
Angelina zahlt mehr.

5

a) 12 Autos b) 28 € c) 99 km d) 140 l

6

Masse	Preis (pro kg)	Betrag
2,365 kg	1,85 €	**4,38 €**
1,783 kg	2,98 €	**5,31 €**
11,720 kg	0,73 €	**8,56 €**
0,678 kg	4,35 €	**2,95 €**

7

$\frac{7}{3} = 2\frac{1}{3}$; $\frac{21}{4} = 5\frac{1}{4}$; $\frac{19}{5} = 3\frac{4}{5}$; $\frac{37}{5} = 7\frac{2}{5}$; $\frac{10}{3} = \mathbf{3\frac{1}{3}}$

209 8

a) $\frac{8}{15}$ b) $\frac{7}{36}$ c) $\frac{44}{7} = 6\frac{2}{7}$ d) $\frac{31}{11} = 2\frac{9}{11}$
e) $\frac{1}{8}$ f) $\frac{1}{21}$ g) $\frac{22}{9} = 2\frac{4}{9}$ h) $\frac{4}{7}$

9

a) 1,75 + 0,75 − 0,125 = 2,375 b) 1,4 + 4,3 − 17,1 = −11,4
c) $\frac{12}{10} - \frac{26}{250} = \frac{1200-104}{1000} = \frac{1096}{1000} = 1{,}096$ d) $\frac{3}{2} \cdot \frac{3}{2} = \frac{9}{4} = 2\frac{1}{4} = 2{,}25$
e) 0,34 · 15 = 5,1 f) 5,13 + 19,74 = 24,87

10

a) Tarik erhält $\frac{3}{8}$ des Erlöses. b) Anna: 45 €; Max: 30 €; Tarik: 45 €

11

a) Es entstehen 1,45 Liter Bowle. Die Karaffe reicht also aus.
b) Es können sieben Gläser gefüllt werden. Am Schluss bleiben 0,05 Liter übrig.
c) Für die doppelte Menge werden 1 Liter Orangensaft, 0,5 Liter Kirschsaft und 1,4 Liter Mineralwasser benötigt.

210 Rationale Zahlen

Wahr oder falsch?

a) Am Zahlenstrahl ist die links stehende Zahl **kleiner** als die rechts stehende.
b) wahr
c) wahr (Ausnahme: 0 · 0 = 0)

1

Individuelle Lösungen. Beispiele:
a) Jemand hat 100 € Schulden.
b) Der tiefste bewohnte Punkt der Niederlande (im Stadtgebiet von Rotterdam) liegt 6 m unter NN.
c) −5 °C

2

a) −150; Gegenzahl: 150 b) −130; Gegenzahl: 130
c) −90; Gegenzahl: 90 d) −50; Gegenzahl: 50
e) 15; Gegenzahl: −15 f) 100; Gegenzahl: −100
g) 140; Gegenzahl: −140 f) 210; Gegenzahl: −210

3

a) 3 < 4 b) −3 > −4 c) −31 > −32 d) 0,3 < 0,4
e) −2,18 > −2,19 f) −0,1 > −0,01

210 **4**

a) $-7 < -4 < -3 < 1 < 1{,}2 < 4$
b) $-0{,}7 < -0{,}35 < 0 < 0{,}35 < 0{,}7$
c) $-2{,}26 < -2{,}2 < -2 < 2{,}22 < 2{,}26$
d) $-0{,}11 < -0{,}01 < -0{,}001 < 0{,}1 < 1$

5

a) Beispiele: −1,7; −1; −0,5
b) Beispiele: −0,79; −0,75; −0,72

6

a) Lisa fährt 11 Etagen nach oben.
b) Der Kontostand stieg um 477 €.

7

a) 8 b) −13 c) −11,4 d) 2,4

8

a) −52 b) −12 c) 187 d) −8
e) 25 f) 36 g) 11 h) 19

9

1. Möglichkeit: $G(-4 \mid 3)$; $H(-1 \mid 0)$
(zentrische Streckung eines Quadrats)

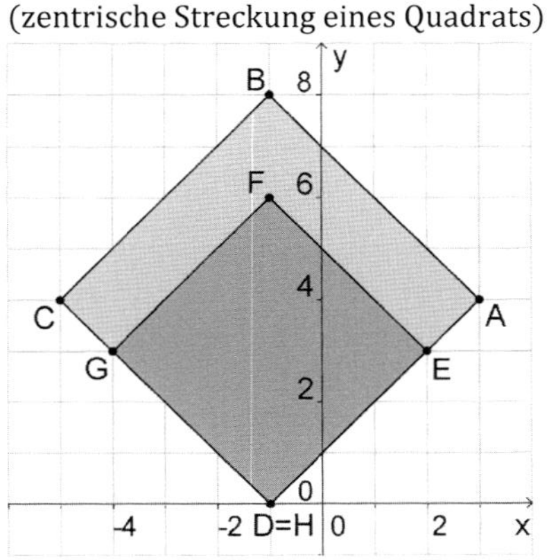

2. Möglichkeit: $G(-3 \mid 4)$; $H(-1 \mid 2)$
(Schneckenlinie)

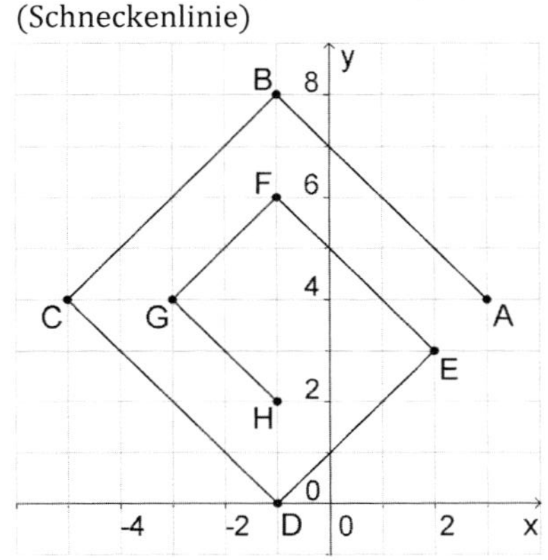

10

a) −51; −41; −32; −24; **−17; −11; −6; −2; 1;** ...
(von einem Folgenglied zum nächsten Addition von 10; 9; 8; 7; ...)
b) −256; −128; −64; **−32; −16; −8; −4; −2;** ...
(Gegenzahlen der Zweierpotenzen: -2^8; -2^7; -2^6; -2^5; ...)
c) 2; −4; 8; −16; **32; −64; 128; −256; 512;** ...
(alternierende Folge positiver und negativer Zweierpotenzen: 2^1; -2^2; 2^3; -2^4; ...)

11

a) **−15** + (−8) = −23
b) 22 + (**−7**) = 15
c) −21 + (**+3**) = −18
d) −42 + (**−5**) = −47
e) **−9** + (−7) = −16
f) **−8,5** + (−3) = −11,5
g) −19 − (**−23,2**) = 4,2
h) −39,7 + (**−2,3**) = −42

210 **12**

Individuelle Lösungen. Beispiele:
a) −0,2 + (−0,9) = −1,1
b) −1,2 − (−0,3) = −0,9
c) 12 · (−1,8) = −21,6
d) $40 : (-1{,}2) = -33\frac{1}{3}$

13

a) 0 m − 15 m + 7 m − 12,5 m − 11 m + 6,5 m = −31,5 m + 6,5 m = −25 m
Das U-Boot ist insgesamt um 25 m gesunken.
b) Das Meer ist im Übungsgebiet mindestens 31,5 m tief.

211 Terme und Gleichungen

Wahr oder falsch?

a) wahr b) wahr
c) Einen Term mit einem Pluszeichen nennt man auch **Summe.**
Einen Term mit einem **Minuszeichen** nennt man auch Differenz.
d) wahr

1

a)

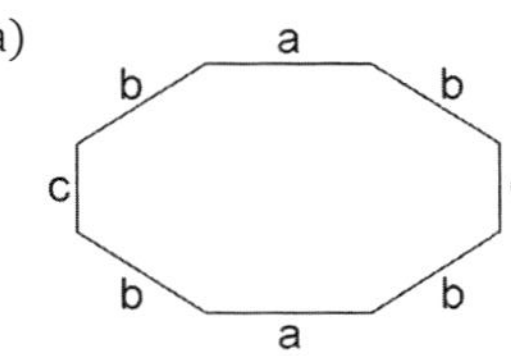

$u = 2a + 4b + 2c$
$u = 2 \cdot 1{,}1\text{ cm} + 4 \cdot 1\text{ cm} + 2 \cdot 0{,}6\text{ cm}$
$u = 7{,}4\text{ cm}$

b)

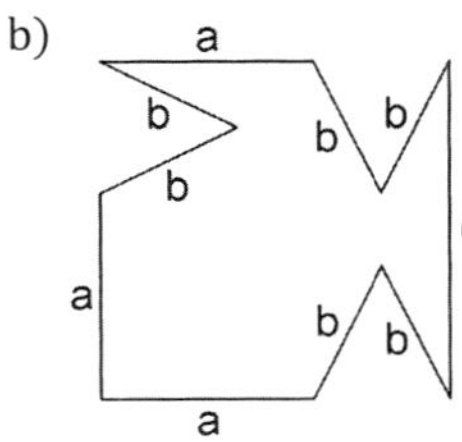

$u = 3a + 6b + c$
$u = 3 \cdot 1{,}4\text{ cm} + 6 \cdot 1\text{ cm} + 2{,}3\text{ cm}$
$u = 12{,}5\text{ cm}$

2

a) $3x + 3$ b) $2{,}5a + b + c$ c) $1{,}5x^3 + 1{,}5x^2 + 1{,}5x$ d) $\frac{7}{10}a + \frac{1}{6}b$

3

a) $5a - 7$ b) $151b - 7$ c) $7c - 1$

4

a) $a = 45$ b) $b = -7$ c) $c = -4$ d) $d = 26$

5

a) $x = -3$ b) $y = 2$ c) $x = 2{,}625$ d) $z = -1{,}2$

211 **6**

a) $a = \frac{u}{4}$ b) $r = \sqrt{\frac{A}{\pi}}$ c) $h = \frac{2A}{g}$ d) $I = \frac{U}{R}$

7

a) $165 = 30 + 3x$; $3x = 135$; $x = 45$
b) $x + x + x + x - 15 = x + x + 47$; $4x - 15 = 2x + 47$; $2x = 62$; $x = 31$

8

$(3x + 2) + (2x + 1) + (4x - 5) = 70$; $9x - 2 = 70$; $9x = 72$; $x = 8$ (cm)
Probe: $a = 3 \cdot 8 + 2 = 26$ (cm); $b = 2 \cdot 8 + 1 = 17$ (cm); $c = 4 \cdot 8 - 5 = 27$ (cm);
$u = 26 + 17 + 27 = 70$ (cm). Die Dreiecksungleichung ist auch erfüllt.

9

Sei x die Strecke in km, die Vanessa am ersten Tag gefahren ist.
$x + x + (x - 10) = 65$; $3x = 75$; $x = 25$; $x - 10 = 15$
Vanessa ist an den ersten beiden Tagen jeweils 25 km und am dritten Tag 15 km gefahren.

10

$(3x + 4) : 5 = 11$; $3x + 4 = 55$; $3x = 51$; $x = 17$. Amina hat sich die Zahl 17 gedacht.

11

a) Im ersten Bild ist ein Quadrat zu sehen, im zweiten Bild fünf Quadrate, im dritten Bild neun Quadrate.
b) In jedem Schritt kommen vier Quadrate dazu.
c) Im Schritt 5 sind es 17 Quadrate.
b) Im Schritt n sind es $4n + 1$ Quadrate.

12

$(x + 6) \cdot 7 = 91$; $x + 6 = 13$; $x = 7$. Die gesuchte Zahl ist 7.

212 Potenzen und Wurzeln

Wahr oder falsch?

a) wahr (für Potenzen mit ganzzahligen Exponenten)
b) In dem Term 6^2 ist 6 **die Basis** und 2 **der Exponent.**
c) Die Wurzel kann man nur aus positiven Zahlen **und der Zahl 0** ziehen.

1

a) 2^3 b) $(-4)^3$ c) $\left(\frac{6}{7}\right)^2$ d) e^5
e) $(-7) \cdot (-7) \cdot (-7) \cdot (-7) \cdot (-7)$ f) $\frac{2}{5} \cdot \frac{2}{5} \cdot \frac{2}{5} \cdot \frac{2}{5}$

2

a) 2^2 b) 2^4 c) 2^6

212 **3**

a) $2^5 = 32$ b) $6^3 = 216$ c) $70^2 = 4900$ d) $25^3 = 15\,625$
e) $(-6)^2 = 36$ f) $(-10)^3 = -1000$

4

a) $3^7 < 3^8$; $2187 < 6561$ b) $1^{10} = 1^{11}$; $1 = 1$ c) $5^4 > 5^3$; $625 > 125$ d) $0{,}8^2 > 0{,}8^3$; $0{,}64 > 0{,}512$

5

a) 123 400 b) 5 000 000 c) 29 000
d) 0,0039 e) 0,0003 f) 0,000 068 4

6

a) $8 \cdot 10^3$ b) $1{,}2 \cdot 10^5$ c) $1{,}23 \cdot 10^4$
d) $2{,}4 \cdot 10^{-1}$ e) $5 \cdot 10^{-4}$ f) $5{,}61 \cdot 10^{-2}$

7

a) falsch; Korrektur: $10^4 = 10 \cdot 10 \cdot 10 \cdot 10 = 10\,000$
b) falsch; Korrektur: $10^{-3} = \frac{1}{10^3} = \frac{1}{1000}$
c) Diese Aussage ist wahr. Sie trifft auf die Zahlen 0 und 1 zu, wobei 0 allerdings nur mit positiven Exponenten potenziert werden darf. Außerdem ist noch $(-1)^n = -1$ für alle <u>ungeraden</u> ganzzahligen Exponenten n.

8

a) 81 b) 2,56 c) 0,04 d) 6 e) 1,2 f) 0,07

9

a) 125 b) 8 c) 1 000 000 d) 3 e) 10 f) 0,2

10

a) $\frac{1}{8}$ b) $\frac{9}{16}$ c) $\frac{9}{16}$ d) $\frac{1}{4}$ e) $\frac{12}{19}$ f) $\frac{2}{5}$

11

a) $18 + 81 = 99$ b) $144 + 144 = 288$ c) $484 + 10\,648 - 4 = 11\,136$
d) $36 - 6 = 30$ e) $1{,}2 + 1{,}44 = 2{,}64$ f) $2{,}7 + 3 = 5{,}7$

12

Es sind insgesamt $7^4 = 2401$ Süßigkeiten.

13

Radius der Sonne: 696 000 km
Durchmesser der Erde: 12 700 km
Radius der Erde: 6350 km
Die Sonne hat einen rund 110-mal größeren Radius als die Erde.

14

① $A = 900\ \text{cm}^2$ ② $V = 125\ \text{dm}^3$ ③ $a \approx 22{,}9$ cm

212 **15**
Das Volumen des Quaders beträgt 1500 cm³, die Kantenlänge des Würfels etwa 11,45 cm.

16
a) Zeichenübung. Die Rasenfläche hat eine Seitenlänge von 31 m.
b) Die Streifen um das Beet sind 12 m breit.
c) Es bleibt eine Rasenfläche von 912 m².

213 Zeichnen mit Geodreieck und Zirkel

Wahr oder falsch?
a) wahr (Angabe im Bogenmaß oder in Neugrad ist aber auch möglich.)
b) Ein stumpfer Winkel ist **größer** als ein spitzer Winkel.
c) Senkrechte Geraden schneiden sich im **90°-Winkel.**
d) wahr

1
a) α: spitzer Winkel, 68°
b) β: spitzer Winkel, 27°; γ: stumpfer Winkel, 140°

2
Zeichenübung

3
Zueinander parallel verlaufen die Geraden a_1 und a_3.
Zueinander senkrecht verlaufen die Geraden a_1 und b_3, ebenso die Geraden a_3 und b_3.

4

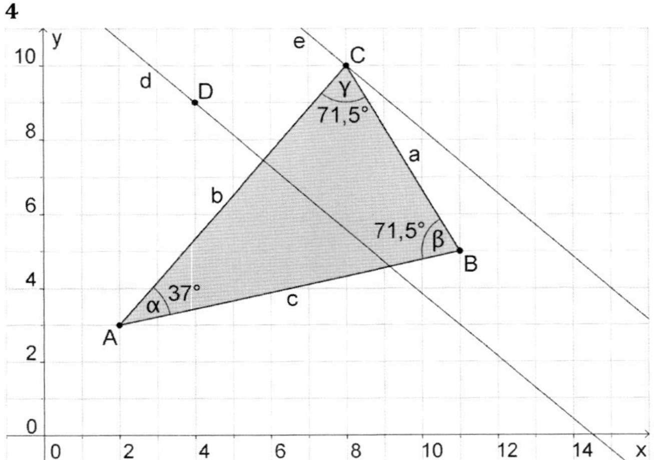

213 **5**
a) b) c)

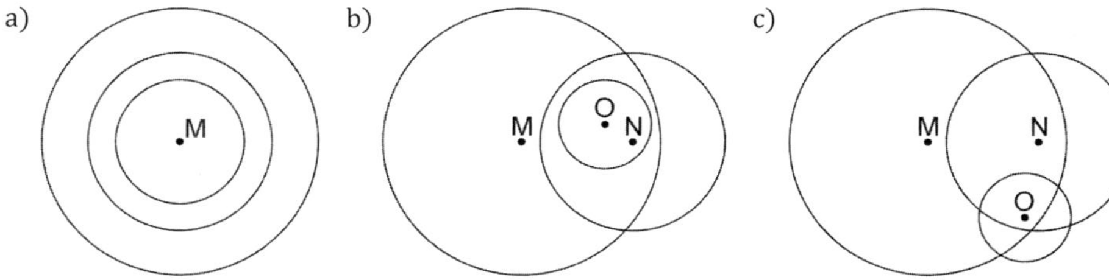

6

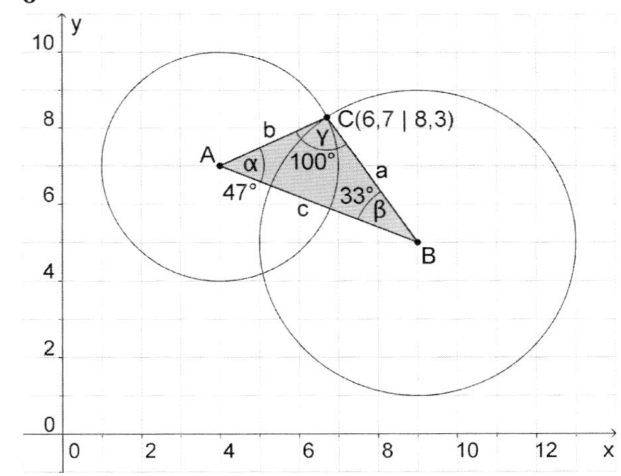

7
a) b)

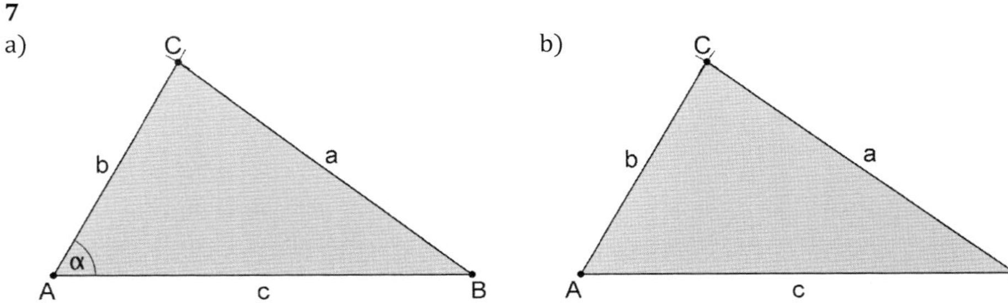

213 7 *(Fortsetzung)*

c)

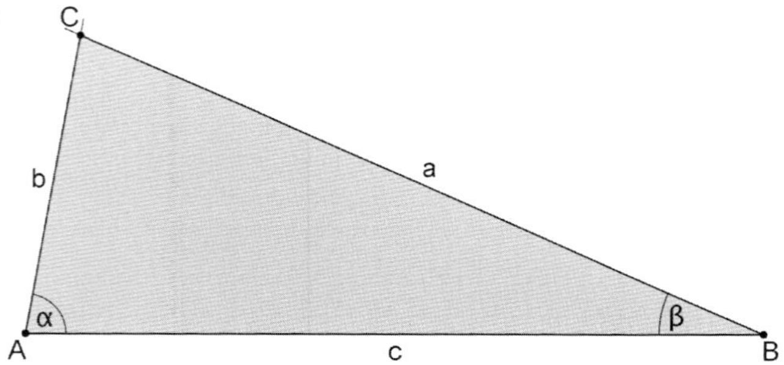

d)

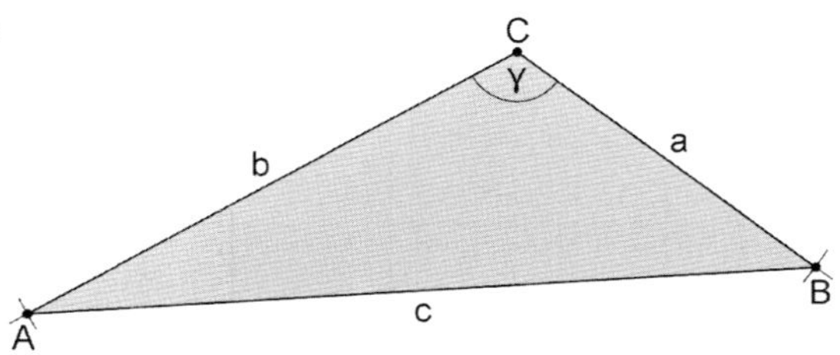

e) Darstellung im Maßstab 1 : 2

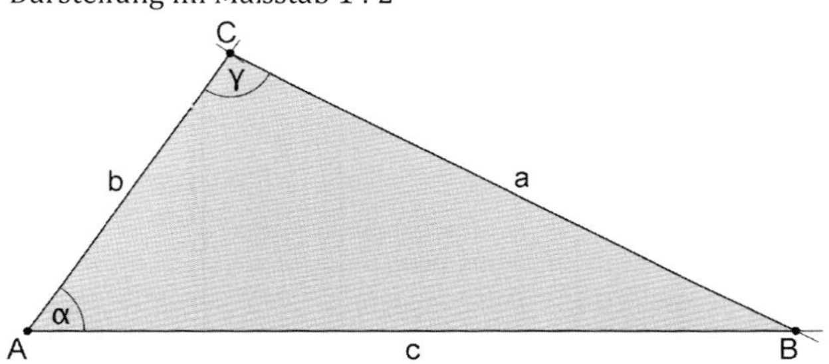

8

a) Es ist $a + b < c$ und damit die Dreiecksungleichung $a + b > c$ nicht erfüllt. Folglich lässt sich kein Dreieck mit den gegebenen Abmessungen konstruieren. Bei einem Konstruktionsversuch schneiden sich die Kreise um die Endpunkte der zuerst gezeichneten Dreiecksseite nicht, so dass kein Dreieck entsteht.

b) Dieses Dreieck ist konstruierbar, da die Dreiecksungleichung erfüllt ist: $a + b > c$; $a + c > b$; $b + c > a$. Es entsteht ein gleichseitiges Dreieck mit der Seitenlänge 7,5 cm.

c) Es ist $a + b = c$ und damit die Dreiecksungleichung $a + b > c$ nicht erfüllt. Folglich lässt sich kein Dreieck mit den gegebenen Abmessungen konstruieren. Bei einem Konstruktionsversuch berühren sich die Kreise um die Endpunkte der zuerst gezeichneten Dreiecksseite in einem Punkt, der mit den beiden Endpunkten der Seite auf einer Geraden liegt. Deshalb entsteht kein Dreieck.

213 9

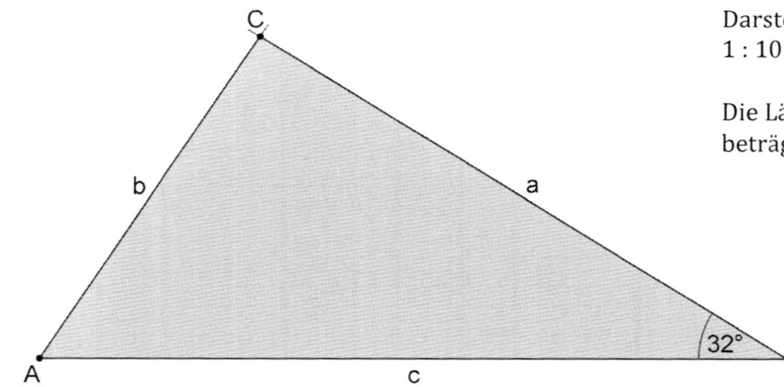

Darstellung im Maßstab 1 : 10 000.

Die Länge der Brücke beträgt 477 m.

214 Ebene Geometrie

Wahr oder falsch?

a) Jedes **Quadrat** ist ein **Rechteck.**

b) wahr

c) In jedem gleichschenkligen Dreieck sind **mindestens zwei** Seiten gleich lang.
In jedem **gleichseitigen** Dreieck sind alle drei Seiten gleich lang.

d) wahr

1

a) – Der Name der Figur ist von der Anzahl der Ecken abhängig. In diesem Falle handelt es sich um ein Sechseck.
– Wenn alle Seiten gleich lang und alle Innenwinkel gleich groß sind, dann ist Figur ① ein regelmäßiges Sechseck, andernfalls ein unregelmäßiges.

b) Die Figuren ②, ③, ④, ⑥ und ⑦ sind Vierecke, da sie jeweils vier Eckpunkte besitzen und von vier Strecken begrenzt werden.
Die Figuren ③, ④ und ⑥ sind Trapeze, da sie Vierecke mit mindestens einem Paar zueinander paralleler Seiten sind.
Die Figuren ③ und ④ sind Parallelogramme, da sie Vierecke mit zwei Paaren zueinander paralleler Seiten sind.

2

① gleichschenkliges, spitzwinkliges Dreieck
② unregelmäßiges, stumpfwinkliges Dreieck
③ gleichseitiges (und damit auch gleichschenkliges), spitzwinkliges Dreieck
④ unregelmäßiges, rechtwinkliges Dreieck

3

Jedes Viereck lässt sich durch eine Diagonale in zwei Dreiecke zerlegen. Die Innenwinkelsumme des Vierecks ist gleich der Summe der Innenwinkelsummen beider Dreiecke, also gleich $180° + 180° = 360°$.

214 **4**

Würde es ein Dreieck mit zwei rechten Winkeln geben, dann wäre dessen Innenwinkelsumme, da es noch einen dritten Winkel gibt, größer als $90° + 90° = 180°$. Das aber ist nicht möglich.

5

a) Die Geraden a und b sind zueinander parallel.
b) Die Winkel δ_2, β_1 und β_2 sind so groß wie δ_1.
c) γ_1 ist Scheitelwinkel zu α_1.
d) β_2 ist Stufenwinkel zu β_1.
e) γ_1 ist Wechselwinkel zu α_2.
f) β_2 und δ_2 sind Nebenwinkel zu γ_2.

6

a) $\alpha = 180° - 144° = 36°$ (Nebenwinkel ergänzen sich zu 180°.)
b) $\alpha = 116°$ (Scheitelwinkel sind gleich groß.)
$\beta = 180° - 116° = 64°$ (β ist Stufenwinkel zu einem Nebenwinkel des 116°-Winkels.)
c) $\beta = 72°$ (Basiswinkel im gleichschenkligen Dreieck sind gleich groß.)
$\gamma = 180° - 72° - 72° = 36°$ (Die Winkelsumme im Dreieck beträgt 180°.)
d) $\gamma = 180° - 90° - 27° = 63°$ (Die Winkelsumme im Dreieck beträgt 180°.)
e) $\alpha = 180° - 134° = 46°$ (α ist Stufenwinkel zu einem Nebenwinkel des 134°-Winkels.)

7

Insgesamt werden mindestens sechs Dreiecke benötigt. In diesem Falle entsteht ein in sechs gleichseitige Dreiecke unterteiltes regelmäßiges Sechseck mit der Seitenlänge des Anfangsdreiecks.

215 Umfang und Flächeninhalt

Wahr oder falsch?

a) wahr
b) wahr
c) Den Flächeninhalt eines Kreises berechnet man mit der Formel $\boldsymbol{A = \pi r^2}$.
Den **Umfang** eines Kreises berechnet man mit der Formel $A = 2\pi r$.
d) Flächeninhalte werden in **Flächeneinheiten/Quadrateinheiten (mm², cm², dm², m², a, ha, km²)** angegeben.

1

	Grundseite g	Höhe h	Flächeninhalt A
a)	8 cm	14,5 cm	**58 cm²**
b)	3,8 cm	**2,5 cm**	4,75 cm²
c)	**9,8 cm**	7,4 cm	36,26 cm²

2

	a	c	h	A
a)	4,5 cm	2,9 cm	3,4 cm	**12,58 cm²**
b)	3,6 m	12,8 m	**5,5 m**	45,1 m²
c)	72 cm	**50 cm**	13,6 dm	82,96 dm²
d)	**12,67 m**	0,38 m	104 dm	67,86 m²

215 **3**

Jedes der beiden Quadrate hat eine Seitenlänge von 9 m. Der Umfang des Feldes beträgt $6 \cdot 9\ \text{m} = 54\ \text{m}$.

4

Das Rechteck hat die Seitenlängen $a = 8{,}6$ cm und $b = 2{,}15$ cm. Sein Flächeninhalt beträgt 18,49 cm².

5

	Radius r	Umfang u	Flächeninhalt A
a)	77 mm	**483,8 mm**	**18 627 mm²**
b)	**9 km**	56,55 km	**254,5 km²**
c)	**3 cm**	**18,85 cm**	28,27 cm²
d)	**2,6 dm**	16,34 dm	**21,25 dm²**

6

a) $A \approx 26{,}42\ \text{cm}^2$ b) $A \approx 16{,}93\ \text{m}^2$ c) $A \approx 21{,}82\ \text{cm}^2$

7

a) $A \approx 50{,}27\ \text{cm}^2$ b) $A \approx 38{,}87\ \text{cm}^2$

8

a) $A = 46{,}5\ \text{cm}^2$ b) $A \approx 6{,}429\ \text{cm}^2$

9

a) $A = 2{,}5a^2 = 96{,}1\ \text{cm}^2$ b) $A = 1{,}475a^2 = 56{,}699\ \text{cm}^2 \approx 56{,}7\ \text{cm}^2$

216 Der Satz des Pythagoras

Wahr oder falsch?

a) wahr
b) In einem rechtwinkligen Dreieck gibt es zwei **Katheten** und eine **Hypotenuse.**
c) Die **Hypotenuse** liegt dem rechten Winkel gegenüber.
d) wahr

1

① $a^2 + c^2 = b^2$ ② $g^2 + t^2 = a^2$ ③ $x^2 + z^2 = y^2$ ④ $o^2 + t^2 = r^2$
⑤ $s^2 + u^2 = p^2$

2

a) Thomas: Die Exponenten fehlen. Korrektur: $8^2 + 6^2 = x^2$
Ulrike: Der Exponent bei x fehlt. Korrektur: $8^2 + 6^2 = x^2$
Steffi: Die Größen 6 m und 8 m müssen in Klammern geschrieben werden, damit nicht nur die Einheit, sondern auch die Maßzahl quadriert wird. Korrektur: $(6\ \text{m})^2 + (8\ \text{m})^2 = x^2$
b) $(6\ \text{m})^2 + (8\ \text{m})^2 = x^2$; $x^2 = 36\ \text{m}^2 + 64\ \text{m}^2 = 100\ \text{m}^2$; $x = 10\ \text{m}$

216 **3**

	Winkel	Seite a	Seite b	Seite c
a)	$\gamma = 90°$	3,5 cm	5 cm	**6,10 cm**
b)	$\gamma = 90°$	1,5 cm	**8,87 cm**	9 cm
c)	$\alpha = 90°$	8,5 cm	**6,02 cm**	6 cm

4

$a \approx 37{,}59$ m; $b \approx 48{,}30$ m; $c \approx 35{,}27$ m; $u = a + c + 83$ m ≈ 156 m
Der Zaun um das Gehege muss insgesamt 156 m lang sein.

5

a) $a^2 + c^2 = 153\ \text{cm}^2 \neq 169\ \text{cm}^2 = b^2$. Das Dreieck ist nicht rechtwinklig.
b) $a^2 + b^2 = 125\ \text{m}^2 \neq 144\ \text{m}^2 = c^2$. Das Dreieck ist nicht rechtwinklig.
c) $b^2 + c^2 = 225\ \text{mm}^2 = a^2$. Das Dreieck ist rechtwinklig; der rechte Winkel ist α.

6

Die Diagonale des Feldes ist 136 m lang. Die Gesamtstrecke beträgt damit:
$10 \cdot (136\ \text{m} + 80\ \text{m}) = 2160$ m.

7

a) $d \approx 6{,}71$ cm; $e \approx 7{,}81$ cm b) $h \approx 9{,}68$ cm

8

Das abgebrochene Stück ist 23,56 m lang. Die Gesamthöhe des Baumes betrug also
23,56 m + 1,70 m = 25,26 m ≈ 25,3 m.

9

$A = a^2 = 2b^2 = 2 \cdot (24\ \text{cm})^2 = 1152\ \text{cm}^2$
Der Flächeninhalt des großen Quadrats beträgt 1152 cm².

217 Berechnungen an Körpern

Wahr oder falsch?

a) Es gibt z. B. folgende Körper, deren Kanten alle gleich lang sind: Würfel, Tetraeder, Oktaeder, Dodekaeder, Ikosaeder, archimedisches Antiprisma.
Ein Körper, der von sechs Rechteckflächen begrenzt wird, heißt Quader.
b) wahr c) wahr d) wahr

1

Beispiele:
a) Würfel, Tetraeder, Oktaeder, Dodekaeder, Ikosaeder
b) Kegel, Halbkugel, Kugelkappe, Kugelausschnitt, Hohlkugel
c) Pyramide, Kegel
d) Dreieckprisma, Dreieckpyramide, dreieckiger Pyramidenstumpf

2

a) $O = 726\ \text{m}^2$; $V = 1331\ \text{m}^3$ b) $a \approx 8{,}22$ cm; $O \approx 405\ \text{cm}^2$
c) $a \approx 9{,}54$ dm; $O = 546\ \text{dm}^2$; $V \approx 868\ \text{dm}^3$

217 **3**

Zeichenübung

4

$O = 651{,}5\ \text{cm}^2$; $1{,}1 \cdot O = 716{,}65\ \text{cm}^2 = 717\ \text{cm}^2$
Es werden etwa 717 cm² Pappe benötigt.

5

a) $O = 112{,}5\ \text{cm}^2$; $V = 62{,}5\ \text{cm}^3$ b) $O = 46{,}78\ \text{m}^2$; $V = 11{,}628\ \text{m}^3$
c) $G \approx 35{,}07\ \text{cm}^2$; $O \approx 394\ \text{cm}^2$; $V \approx 421\ \text{cm}^3$

6

a) $V = 36{,}25\ \text{cm}^3$ b) $V = 36{,}44\ \text{cm}^3$
Vanessa sollte die zweite Packung wählen. Der Unterschied ist allerdings sehr klein.

7

Beispiele individuell. Allgemeine Lösung: Sei r der Radius und h die Höhe des Zylinders ②.
Die Zylinder haben dann folgende Rauminhalte:
① $V_1 = \pi \cdot (2r)^2 \cdot 0{,}5h = 2\pi r^2 h$ ② $V_2 = \pi r^2 h$
Das Volumen des Zylinders ① ist also doppelt so groß wie das des Zylinders ②.

8

Volumen des Zylinders: $V_1 = \pi \cdot (5\ \text{cm})^2 \cdot 10\ \text{cm} \approx 785{,}4\ \text{cm}^3$
Volumen des Würfels: $V_2 = (10\ \text{cm})^3 = 1000\ \text{cm}^3$
Das Volumen des Zylinders beträgt etwa 78,5 % des Würfelvolumens, ist also etwas größer als drei Viertel (75 %) des Würfelvolumens. Als grobe Schätzung z. B. für Überschlagsrechnungen ist der Wert „drei Viertel des Volumens des Würfels" jedoch brauchbar.

9

a) $V \approx 58{,}13\ \text{cm}^3$; Seitenflächenhöhe: $h_a \approx 4{,}742$ cm; $O \approx 89{,}14\ \text{cm}^2$
b) $V \approx 2011\ \text{cm}^3$; $O \approx 1147\ \text{cm}^2$

218 Proportionale und antiproportionale Zuordnungen

Wahr oder falsch?

a) Bei proportionalen Zuordnungen gilt: Je weniger, desto **weniger.**
b) Antiproportionale Zuordnungen sind **produktgleich.**
c) wahr
d) Der Graph einer antiproportionalen Zuordnung ist ein **Hyperbelast.**
Der Graph einer **proportionalen** Zuordnung ist eine Gerade.

1

a) proportionale Zuordnung, wenn nach Arbeitszeit bezahlt wird (allerdings nicht, wenn für einen Teil der Schicht Nachtzuschlag gewährt wird);
keine proportionale Zuordnung, wenn nach Stückzahl bezahlt wird, da das Arbeitstempo variieren kann
b) keine proportionale Zuordnung, da das Wachstum eines Menschen nicht gleichmäßig erfolgt und Erwachsene überhaupt nicht mehr wachsen

218 **1** *(Fortsetzung)*

c) antiproportionale Zuordnung bei sinnvollen Arbeiteranzahlen, da das Produkt aus Anzahl der Arbeiter und Arbeitszeit konstant ist; keine antiproportionale Zuordnung bei zu vielen Arbeitern, die sich gegenseitig behindern

d) proportionale Zuordnung bei konstanter Geschwindigkeit, keine proportionale Zuordnung bei ungleichmäßiger Geschwindigkeit

2

a) Der Stückpreis der Ware beträgt 2,25 €.

Anzahl	1	3	7	13
Preis (€)	2,25	**6,75**	**15,75**	**29,25**

b) 400 g Material kosten 0,96 €.

Material (g)	100	400	750	900
Preis (€)	**0,24**	0,96	**1,80**	**2,16**

3

a)

Menge (g)	100	300	500	750	900
Preis (€)	**2,40**	**7,20**	12,00	**18,00**	**21,60**

b)

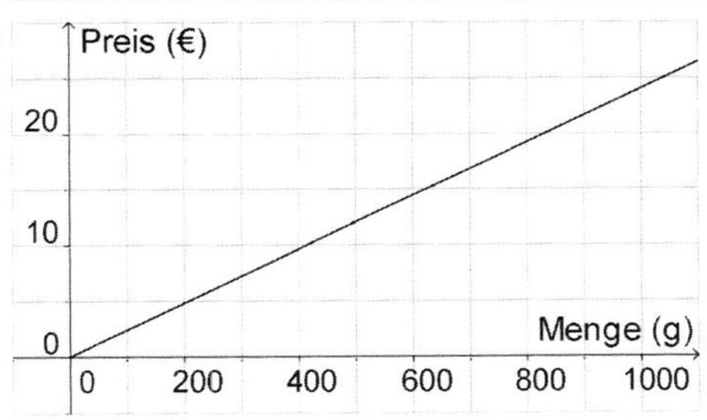

4

a) 8 Pumpen füllen oder leeren ein Schwimmbecken in 6 Stunden.

Pumpen	8	4	3	2
Zeit (h)	6	**12**	**16**	**24**

b) Ein Essensvorrat reicht für 75 Personen 4 Tage.
Wie lange reicht er bei 100; 50 bzw. 15 Personen?

Anzahl	100	75	50	15
Zeit (d)	**3**	4	**6**	**20**

5

a)

Anzahl der Personen	2	3	4	8	10
Kosten pro Person (€)	**24**	**16**	12	**6**	**4,80**

218 **5** *(Fortsetzung)*

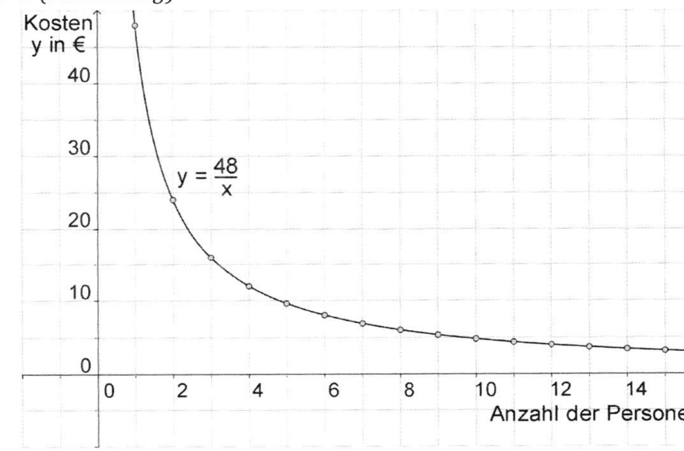

6

Der Graph f_1 gehört zu einer antiproportionalen Zuordnung, denn der Graph ist ein Hyperbelast und das Produkt $x \cdot y$ ist konstant.
Der Graph f_4 gehört zu einer proportionalen Zuordnung, denn der Graph ist eine Gerade, die durch den Koordinatenursprung verläuft.
Die Graphen f_2 und f_3 gehören weder zu proportionalen noch zu antiproportionalen Zuordnungen, denn diese Graphen sind keine Ursprungsgeraden und keine Hyperbeln.

7

Für vier Rollen Tapete muss Milena 23,40 € bezahlen.

8

Bei vier Wochen Urlaub kann Hannah täglich 3 € ausgeben.

9

a) Beim Start waren 25 Liter Benzin im Tank.
b) Das Auto ist 212,5 km weit gefahren.
c) Der Tank fasst mindestens 45 Liter Benzin.
d) Nach 125 km Strecke wurde getankt.
e) Auf den ersten 125 Kilometern der Hinfahrt wurden 15 Liter Benzin verbraucht. Auf der Rückfahrt mit 212,5 km Gesamtstrecke ist dann ein Verbrauch von 25,5 Litern zu erwarten. Die am Ende der Hinfahrt im Tank verbliebene Benzinmenge von mehr als 30 Litern reicht also für die Rückfahrt aus.
f) Die Zuordnung ist nicht proportional, da der Graph keine Ursprungsgerade ist.

219 Prozent- und Zinsrechnung

Wahr oder falsch?

a) Ein Prozent ist ein **Hundertstel** einer Zahl.
b) wahr c) wahr

1

Prozent	1 %	**7 %**	**20 %**	500 %	**75 %**
Bruch	$\mathbf{\frac{1}{100}}$	$\frac{7}{100}$	$\mathbf{\frac{1}{5}}$	$\mathbf{\frac{5}{1}}$	$\frac{3}{4}$
Dezimalzahl	**0,01**	**0,07**	0,2	**5**	**0,75**

2

a) Zeichenübung b) 44 % c) $\frac{44}{100} = \frac{11}{25} = 0{,}44$

3

a) 5 % b) 35 % c) 25 % d) 60 %
e) 8,5 % f) $1\frac{2}{3}$ %

4

a) 66 m b) 152 l c) 34 € d) 2,28 cm

5

a) 2000 kg b) 250 € c) 50 m d) 1800 l

6

Der Preis wurde um 10,43 € auf 138,57 € gesenkt.

7

Anna verdiente im ersten Lehrjahr monatlich 496 € und im zweiten 558 €.

8

53 Fahrräder haben Mängel, 259 Fahrräder sind in Ordnung.

9

Am Ende ist der Preis niedriger als am Anfang, da die 10 % Preissenkung von einem höheren Grundwert berechnet wurden als die 10 % Erhöhung. Beispiel: Wenn die Jeans anfangs 50 € gekostet hat, dann kostet sie nach der Erhöhung 55 € und nach der darauffolgenden Preissenkung 49,50 €. Der Unterschied zum Anfangspreis beträgt allerdings nur 50 Cent. 35,79 35,96

10

	K	Z	p %	i
a)	478,34 €	**8,98 €**	3,1 %	218 Tage
b)	**28 308,86 €**	279,55 €	7,9 %	45 Tage
c)	2120,56 €	35,96 €	2,8 %	**218 Tage**
d)	777,00 €	13,45 €	**5,025 %**	124 Tage

219 11

Bei Bank A betragen die Zinsen 480 €. Bei Bank B betragen die Grundgebühr 288 € und die Zinsen 240 €, der Kredit kostet also insgesamt 528 €. Malte sollte sich also für das Angebot der Bank A entscheiden.

12

Die Handwerkerrechnung beträgt mit 19 % Mehrwertsteuer 509,32 €. Hinzu kommen die Materialkosten in Höhe von 357,97 €, in denen die Mehrwertsteuer bereits enthalten ist. Frau Marx muss also insgesamt 867,29 € bezahlen.

13

Von den 580,00 € wurden 19 % abgezogen. Das ist falsch. Die 580,00 € sind 119 % des Nettobetrages, der Nettobetrag ist also der Grundwert und berechnet sich wie folgt:

$G = \frac{100}{119} \cdot 580{,}00\text{ €} \approx 487{,}39\text{ €}$

14

	Anteil	Winkel im Kreisdiagramm
weiter zur Schule	59,3 %	213,3°
Ausbildung	33,3 %	120,0°
unentschlossen	7,4 %	26,7°

220 Funktionen darstellen

Wahr oder falsch?

a) wahr
b) Die Zuordnung ist meistens eine Funktion, allerdings dann nicht, wenn in der Klasse ein Name doppelt vorkommt.
c) wahr
d) Der erste Satz ist wahr, der zweite nicht: m ist die Steigung und b der Achsenabschnitt.

1

Nur der Graph a) gehört zu einer Funktion, denn bei den anderen beiden Graphen gibt es x-Werte, denen zwei oder mehrere y-Werte zugeordnet werden.

2

Alle beide Tabellen stellen Funktionen dar, denn es wird jedem x-Wert immer nur ein y-Wert zugeordnet.

220 **3**

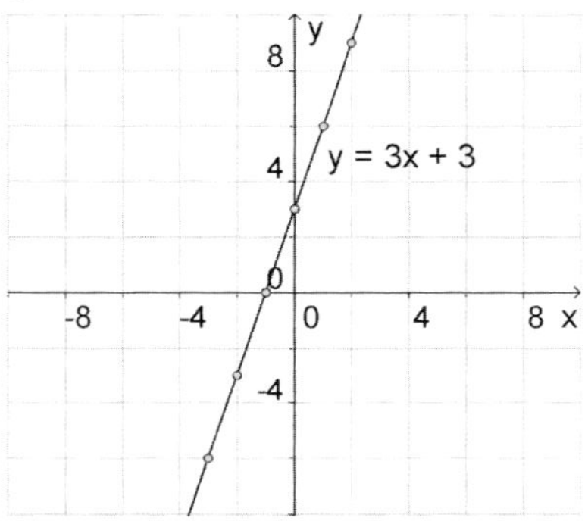

Es handelt sich um eine lineare Funktion, da die Punkte im Diagramm alle auf einer Geraden liegen und sich die Zuordnung auch durch die Gleichung $y = 3x + 3$, die die Form $y = mx + b$ hat, beschreiben lässt.

4

x	−2	−1	0	1	2
$y = 2x - 1$	**−5**	**−3**	**−1**	**1**	**3**

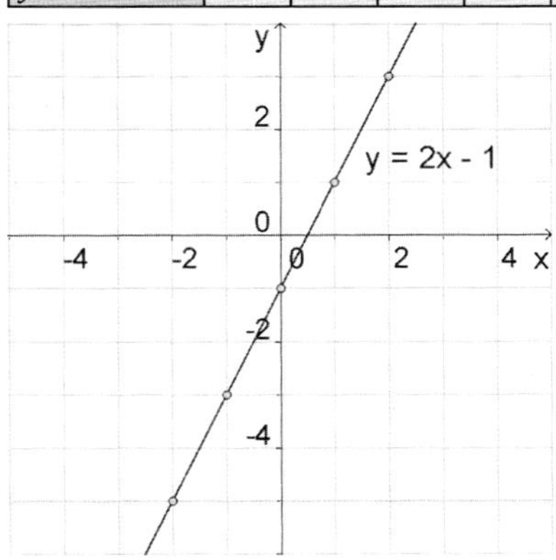

5

Entfernung in km	0	1	2	3	4	5	6	7	8
Preis in €	2,50	3,35	4,20	5,05	5,90	6,75	7,60	8,45	9,30

6

a) $m = -\frac{2}{3}$ b) $m = \frac{3}{2}$ c) $m = \frac{2}{3}$

7

a) $m = 0{,}5;\ b = 1;\ y = 0{,}5x + 1$ b) $m = -3;\ b = 2;\ y = -3x + 2$

220 **8**

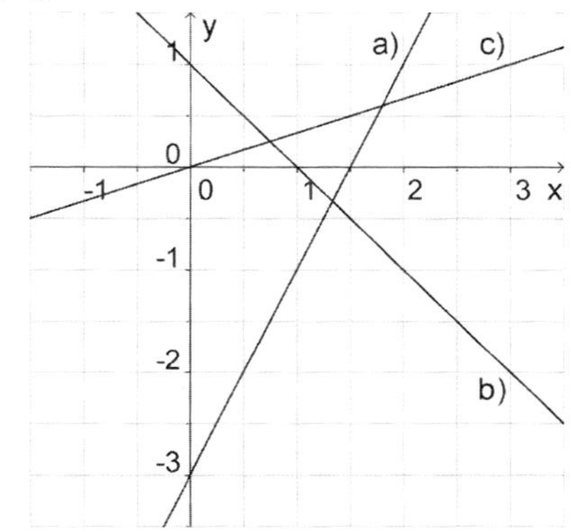

9

a) $y = 3x$ b) $y = x - 7$ c) $y = 2x + 5$

10

a) $y = 27x + 80$ (x: Anzahl der Fahrstunden; y: Preis in €)
b) 18 Fahrstunden kosten 566 €.
c) Für maximal 700 € kann man 22 Fahrstunden nehmen. Diese kosten 674 €.

221 Daten

Wahr oder falsch?

a) Der Durchschnitt wird auch **arithmetischer Mittelwert** genannt.
b) wahr
c) Dies ist oft der Fall, die Anteile können aber auch als Brüche oder Dezimalzahlen gegeben sein.

1

Mannschaft A erzielte durchschnittlich 5,8 Punkte pro Spieler, Mannschaft B durchschnittlich 5,67 Punkte. Mannschaft A hat somit gewonnen.

2

a) ≈ 6,86 mm b) 2 mm
c) Der Durchschnitt ist hier besser geeignet, die Situation zu beschreiben, da man aus dem Durchschnitt durch Multiplikation mit 7 unmittelbar die Niederschlagssumme für die ganze Woche berechnen kann, was beim Median nicht möglich ist.

3

a) individuelle Beschreibungen
b) Lea erzielte insgesamt 100 Punkte, Paul ebenfalls. Beide waren also etwa gleich gut.
c) Lea erzielte durchschnittlich 25 Punkte pro Test, Paul ebenfalls 25 Punkte.

221 **4**

Größe	M	L	S	XL
Anzahl	12	6	3	3

5

a) Die blaue Säule ist halb so hoch wie die blaue. Dieser Eindruck täuscht aber, da die y-Achse nicht bei 0, sondern erst bei 150 beginnt.

b) Der Preis bei „Günstig unterwegs" beträgt drei Viertel des Preises bei „Überall Reisen".

c)

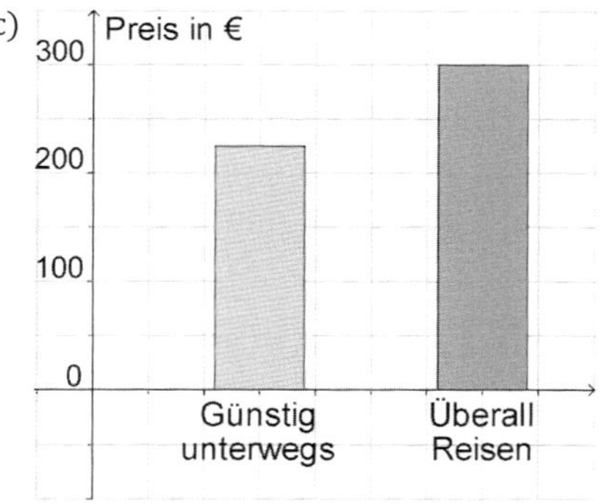

6

a) Die dritte Zahl ist 11, da die Summe der drei Zahlen 18 sein muss.

b) Die Summe der beiden verbleibenden Zahlen muss 15 sein. Beispiele: (3; 7; 8); (3; 6; 9); (3; 3; 12); (3; 0; 15); (3; –2; 17)

7

Beispiele: (2; 7; 7; 12); (0; 6; 8; 14); (–13; 0; 14; 27)

222 Zufall und Wahrscheinlichkeit

Wahr oder falsch?

a) wahr

b) Die relative Häufigkeit eines Ergebnisses ist nicht dasselbe wie die Wahrscheinlichkeit, sondern ein Näherungswert dafür, der um so besser wird, je mehr Versuche durchgeführt werden.

c) Das Gegenteil ist der Fall: Zufallsexperimente, bei denen alle Ergebnisse gleich wahrscheinlich sind, heißen Laplace-Experimente.

d) wahr

1

Reiseziel	Deutschland	Europa	außerhalb Europas
absolute Häufigkeit	58	137	**55**
relative Häufigkeit	**23,2 %**	**54,8 %**	**22 %**

2

a) 0,5 = 50 %   b) 0,3 = 30 %

c) Diese Wahrscheinlichkeit können erfahrene Meteorologen aus aktuellen Messwerten mithilfe von Computerprogrammen näherungsweise berechnen (jeweils bezogen auf einen bestimmten Ort). Für Laien ist dies nicht möglich.

222 **2** *(Fortsetzung)*

d) $\frac{1}{7} \approx 14{,}3\ \%$

e) Diese Wahrscheinlichkeit lässt sich nur anhand von über längere Zeit gesammelten Erfahrungswerten ungefähr schätzen.

3

Gewinnwahrscheinlichkeiten:

① $\frac{3}{8} = 37{,}5\ \%$ ② $\frac{5}{13} \approx 38{,}5\ \%$

Beim Experiment ② ist die Gewinnwahrscheinlichkeit geringfügig höher als beim Experiment ①.

4

Jens hielt im Training 40 % aller Bälle, Jörg nur 36 %. Der Trainer sollte sich also für Jens entscheiden.

5

Die Wahrscheinlichkeit, im vierten Versuch eine 6 zu würfeln, beträgt $\frac{1}{6} \approx 16{,}7\ \%$.

Sie hängt nicht davon ab, was vorher gewürfelt wurde, denn der Würfel besitzt kein „Gedächtnis" für Ergebnisse.

6

a) $\frac{7}{19} \approx 36{,}8\ \%$ b) $\frac{6}{19} \approx 31{,}6\ \%$ c) $\frac{14}{19} \approx 73{,}7\ \%$ d) $0 = 0\ \%$

7

a)

Anzahl der Versuche	10	25	50	100	300	500
absolute Häufigkeit der roten Socke	6	10	18	23	72	121
relative Häufigkeit der roten Socke	**60 %**	**40 %**	**36 %**	**23 %**	**24 %**	**24,2 %**

b) Die Wahrscheinlichkeit, die rote Socke zu ziehen, beträgt 25 %. Die relativen Häufigkeiten nähern sich mit steigender Versuchsanzahl immer mehr diesem Wert an.

8

a) Vermutlich sind etwa 88 % der 625 Schüler Rechtshänder, das sind 550 Schüler.

b) klassenabhängige Lösungen

c) Unter 30 720 Personen wären etwa 10 240 Linkshänder.

9

In dem Beutel sind vermutlich acht weiße Kugeln.

Bist du vorbereitet?

Übergang zur weiterführenden Schule

231 Formeln umstellen

1

$V = \frac{1}{3}\pi \cdot r^2 \cdot h_{Körper}$; $h_{Körper} = \frac{3 \cdot V}{\pi \cdot r^2}$; $r = \sqrt{\frac{3 \cdot V}{\pi \cdot h_{Körper}}}$

	V	$h_{Körper}$	r
a)	600 cm³	**7,23 cm**	8,9 cm
b)	1257 cm³	**3,40 cm**	18,8 cm
c)	0,257 m³	**4,26 cm**	2,4 m
d)	1666 m³	12,8 m	**11,15 m**
e)	9745 cm³	45,6 cm	**14,29 cm**
f)	1,87 cm³	0,56 cm	**1,79 cm**

2

$V = \frac{1}{3}a^2 \cdot h_{Körper}$; $h_{Körper} = \frac{3 \cdot V}{a^2}$; $a = \sqrt{\frac{3 \cdot V}{h_{Körper}}}$

3

$a = 144$ m

4

$V = \pi \cdot r^2 \cdot h_{Körper}$; $h_{Körper} = \frac{V}{\pi \cdot r^2}$; $r = \sqrt{\frac{V}{\pi \cdot h_{Körper}}}$

	V	$h_{Körper}$	r
a)	5353 m³	**2,60 m**	25,6 m
b)	616,4 cm³	1,29 dm	**3,90 cm**
c)	0,145 m³	**3,20 dm**	3,8 dm

5

$A = \frac{a+c}{2} \cdot h$; $h = \frac{2 \cdot A}{a+c}$; $a = \frac{2 \cdot A}{h} - c$; $c = \frac{2 \cdot A}{h} - a$

	A	h	a	c
a)	48 cm²	**8 cm**	5 cm	7 cm
b)	149,85 m²	9 m	17,5 m	**15,8 m**
c)	80,37 dm²	**11,4 dm**	**7,2 dm**	6,9 dm

232

1

$G = \frac{W \cdot 100}{p}$

2

	Grundwert	Prozentwert	Prozentsatz
a)	347,58 €	12,47 €	**3,588 %**
b)	**13 219,12 €**	898,90 €	6,8 %
c)	71 347 €	8745 €	**12,257 %**
d)	**10 119,64 €**	56,67 €	0,56 %

3

$K = \frac{Z \cdot 100 \cdot 360}{i \cdot p}$; $i = \frac{Z \cdot 100 \cdot 360}{K \cdot p}$; $p = \frac{Z \cdot 100 \cdot 360}{K \cdot i}$

4

	Kapital K	Zinsen Z	Zinssatz p %	Zeit i
a)	5600 €	70,93 €	**3,8 %**	120 Tage
b)	**89 360 €**	759,56 €	3,6 %	85 Tage
c)	866,55 €	6,86 €	2,85 %	**100 Tage**
d)	13 000 €	59,15 €	**4,2 %**	39 Tage
e)	35 000 €	1737,65 €	5,86 %	**305 Tage**
f)	**5600 €**	409,61 €	11,6 %	227 Tage
g)	3585 €	33,61 €	**2,5 %**	135 Tage

5

$x_{1/2} = \pm\sqrt{\frac{b}{a}}$ (Voraussetzung: $a > 0$ und $b \geq 0$ oder $a < 0$ und $b \leq 0$)

6

$p_1 = \frac{(m_1+m_2) \cdot p - m_2 \cdot p_2}{m_1} = p + \frac{m_2 \cdot (p - p_2)}{m_1}$

$p_2 = \frac{(m_1+m_2) \cdot p - m_1 \cdot p_1}{m_2} = p + \frac{m_1 \cdot (p - p_1)}{m_2}$

	m_1	p_1	m_2	p_2	p
a)	4 kg	7 €	8 kg	10 €	**9 €**
b)	3 kg	**2 €**	5 kg	6 €	4,50 €
c)	7 kg	**4 €**	8 kg	**10 €**	7,20 €

234 Kathetensatz und Höhensatz

1

a) $c = \frac{a^2}{p} = 10$ cm; $b = \sqrt{c^2 - a^2} \approx 8{,}66$ cm

b) $c = \frac{b^2}{q} \approx 4{,}57$ cm; $a = \sqrt{c^2 - b^2} \approx 2{,}21$ cm

c) $b = \sqrt{q \cdot c} \approx 10{,}57$ cm; $a = \sqrt{c^2 - b^2} \approx 13{,}57$ cm

d) $p = \sqrt{a^2 - h^2} \approx 3{,}36$ cm; $q = \frac{h^2}{p} \approx 4{,}07$ cm;

$c = p + q \approx 7{,}43$ cm; $b = \sqrt{c^2 - a^2} \approx 5{,}50$ cm

2

a) $h = 3$ cm b) $h \approx 1{,}94$ cm c) $h \approx 3{,}90$ cm d) $h \approx 10{,}51$ cm

3

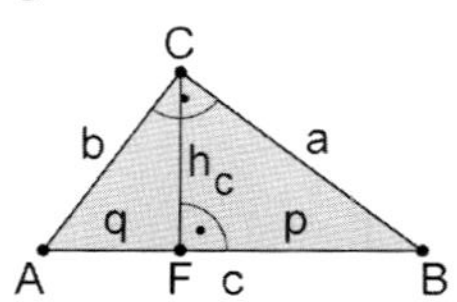

$p = 0{,}9$ cm; $q = 1{,}6$ cm; $h_c = 2{,}1$ cm
$a^2 = (2\text{ cm})^2 = 4\text{ cm}^2 = 1{,}6\text{ cm} \cdot 2{,}5\text{ cm} = p \cdot c$
$b^2 = (1{,}5\text{ cm})^2 = 2{,}25\text{ cm}^2 = 0{,}9\text{ cm} \cdot 2{,}5\text{ cm} = q \cdot c$
$h^2 = (1{,}2\text{ cm})^2 = 1{,}44\text{ cm}^2 = 0{,}9\text{ cm} \cdot 1{,}6\text{ cm} = p \cdot q$

4

	a	*b*	*c*	*p*	*q*	*h*
a)	20 m	15 m	**25 m**	**16 m**	**9 m**	**12 m**
b)	**4,5 cm**	**6 cm**	7,5 cm	2,7 cm	**4,8 cm**	**3,6 cm**
c)	**7 m**	**24 m**	**25 m**	1,96 m	23,04 m	**6,72 m**
d)	**9,50 dm**	**2,82 dm**	**9,91 dm**	**9,11 dm**	0,8 dm	2,7 dm
e)	**4 cm**	7,5 cm	8,5 cm	**1,88 cm**	**6,62 cm**	**3,53 cm**

5

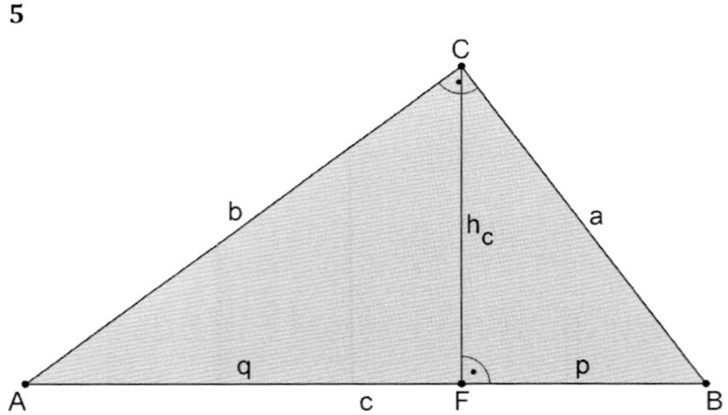

(oder gespiegeltes Dreieck mit $a = 6$ cm und $b = 4{,}5$ cm)

a) $c = \sqrt{a^2 + b^2} = 7{,}5$ cm

b) $p = \frac{a^2}{c} = 2{,}7$ cm

$q = \frac{b^2}{c} = 4{,}8$ cm

(im gespiegelten Dreieck: $p = 4{,}8$ cm; $q = 2{,}7$ cm)

c) $h_c = \sqrt{p \cdot q} = 3{,}6$ cm

234 6

Es sei $\gamma = 90°$ vorausgesetzt. Gegeben: $b^2 = 42{,}25\text{ cm}^2$; $c = 8{,}45$ cm

Lösung: $q = \frac{b^2}{c} = 5$ cm; $p = c - q = 3{,}45$ cm

7

a) $c = p + q = 6$ cm; $h = \sqrt{p \cdot q} \approx 2{,}94$ cm;
$a = \sqrt{p \cdot c} \approx 3{,}79$ cm; $b = \sqrt{q \cdot c} \approx 4{,}65$ cm

b) $p = \frac{h^2}{q} = 6{,}4$ cm; $c = p + q = 10$ cm;
$a = \sqrt{p \cdot c} = 8$ cm; $b = \sqrt{q \cdot c} = 6$ cm

c) $c = \sqrt{a^2 + b^2} = 13$ cm; $p = \frac{a^2}{c} \approx 11{,}08$ cm;
$q = c - p \approx 1{,}92$ cm; $h = \sqrt{p \cdot q} \approx 4{,}62$ cm

d) $h = \sqrt{a^2 - p^2} = 12$ cm; $q = \frac{h^2}{p} = 16$ cm;
$c = p + q = 25$ cm; $b = \sqrt{c^2 - a^2} = 20$ cm

8

Gegeben: $\gamma = 90°$; $a = 20$ m; $b = 21$ m

a) $c = \sqrt{a^2 + b^2} = 29$ m; $p = \frac{a^2}{c} \approx 13{,}8$ m;
$q = c - p \approx 15{,}2$ m; $h = \sqrt{p \cdot q} \approx 14{,}5$ m
Die Seile sind in 14,5 m Höhe befestigt.

b) Der Mast steht von der linken Spitze 15,2 m und von der rechten 13,8 m entfernt.

9

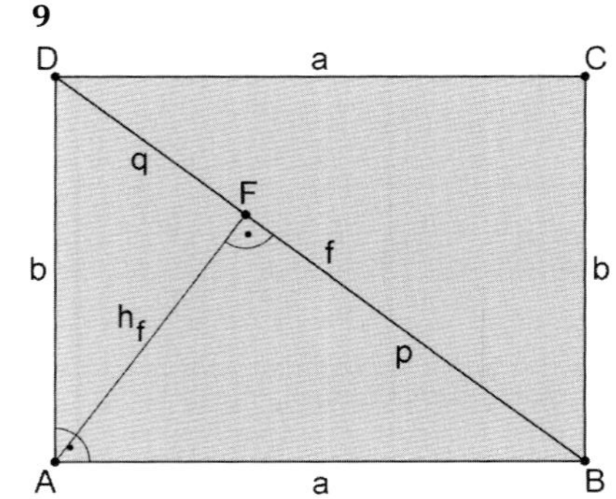

Gegeben: $a = 4{,}8$ cm; $b = 3{,}6$ cm

$f = \sqrt{a^2 + b^2} = 6$ cm; $p = \frac{a^2}{f} = 3{,}84$ m;

$q = f - p = 2{,}16$ cm; $h_f = \sqrt{p \cdot q} = 2{,}88$ cm

Der Eckpunkt *A* ist 2,88 cm von der Diagonalen *f* entfernt.

10

Für das rechtwinklige Dreieck links oben im Bild gilt: $a = 3{,}00$ m; $b = 1{,}25$ m; $c = 3{,}25$ m; $p \approx 2{,}77$ m; $q \approx 0{,}48$ m; $h \approx 1{,}15$ m; $h + 4{,}30\text{ m} \approx 5{,}45$ m.
Die Höhe des Gebäudes beträgt 5,45 m, liegt also im zulässigen Bereich.

236 Reelle Zahlen

1

$2 < \sqrt{5} < 3 \quad |^2 \Rightarrow \quad 4 < 5 < 9$

$2{,}2 < \sqrt{5} < 2{,}3 \quad |^2 \Rightarrow \quad 4{,}84 < 5 < 5{,}29$

$2{,}23 < \sqrt{5} < 2{,}24 \quad |^2 \Rightarrow \quad 4{,}9729 < 5 < 5{,}0176$

$2{,}236 < \sqrt{5} < 2{,}237 \quad |^2 \Rightarrow \quad 4{,}999\,696 < 5 < 5{,}004\,169$

2

$1 < \sqrt{3} < 2 \quad |^2 \Rightarrow \quad 1 < 5 < 4$

$1{,}7 < \sqrt{3} < 1{,}8 \quad |^2 \Rightarrow \quad 2{,}89 < 5 < 3{,}24$

$1{,}73 < \sqrt{3} < 1{,}74 \quad |^2 \Rightarrow \quad 2{,}9929 < 5 < 3{,}0276$

$1{,}732 < \sqrt{3} < 1{,}733 \quad |^2 \Rightarrow \quad 2{,}999\,824 < 5 < 3{,}003\,289$

3

a)
$2 < \sqrt{8} < 3$
$2{,}8 < \sqrt{8} < 2{,}9$
$2{,}82 < \sqrt{8} < 2{,}83$
$2{,}828 < \sqrt{8} < 2{,}829$

b)
$4 < \sqrt{17} < 9$
$4{,}1 < \sqrt{17} < 4{,}2$
$4{,}12 < \sqrt{17} < 4{,}13$
$4{,}123 < \sqrt{17} < 4{,}124$

c)
$6 < \sqrt{39} < 7$
$6{,}2 < \sqrt{39} < 6{,}3$
$6{,}24 < \sqrt{39} < 6{,}25$
$6{,}244 < \sqrt{39} < 6{,}245$

4

Felix hat unrecht. $\sqrt{3}$ ist sehr wohl eine irrationale Zahl. Nur $\sqrt{9} = 3$ ist in der Tat keine irrationale, sondern eine rationale Zahl.

5

a) $\approx 2{,}2361$ b) $\approx 9{,}9499$ c) $\approx 1{,}2247$ d) $\approx 6{,}2832$ e) $\approx 9{,}8696$ f) $\approx 1{,}7725$

6

a) $\approx 7{,}7067$ b) $(3+\sqrt{2})(3-\sqrt{2}) = 3^2 - (\sqrt{2})^2 = 9 - 2 = 7$ c) $\approx 10{,}2154$

7

Individuelle Lösungen. Beispiele:

	α	$\sin\alpha$	$\cos\alpha$	$\tan\alpha$
a)	90°	1	0	–
b)	0°	0	1	0
c)	30°	0,5	irrational	irrational
d)	45°	irrational	irrational	1
e)	180°	0	–1	0

8

a) $3 \cdot 20\text{ mm} + 2 \cdot 15\text{ mm} + 2 \cdot 10\text{ mm} + 5\text{ mm} = 115\text{ mm}$
(rational, da abbrechende Dezimalzahl)

b) $\pi \cdot (15\text{ mm} + 10\text{ mm} + 5\text{ mm}) = 30\,\pi\text{ mm} \approx 94{,}2478\text{ mm}$
(irrational, da nichtperiodische Dezimalzahl)

c) $20\text{ mm} + 20\sqrt{2}\text{ mm} + 20\text{ mm} + 15\sqrt{2}\text{ mm} + 15\text{ mm} + 10\sqrt{2}\text{ mm} + 10\text{ mm}$
$= (65 + 45\sqrt{2})\text{ mm} \approx 128{,}6396\text{ mm}$ (irrational, da nichtperiodische Dezimalzahl)